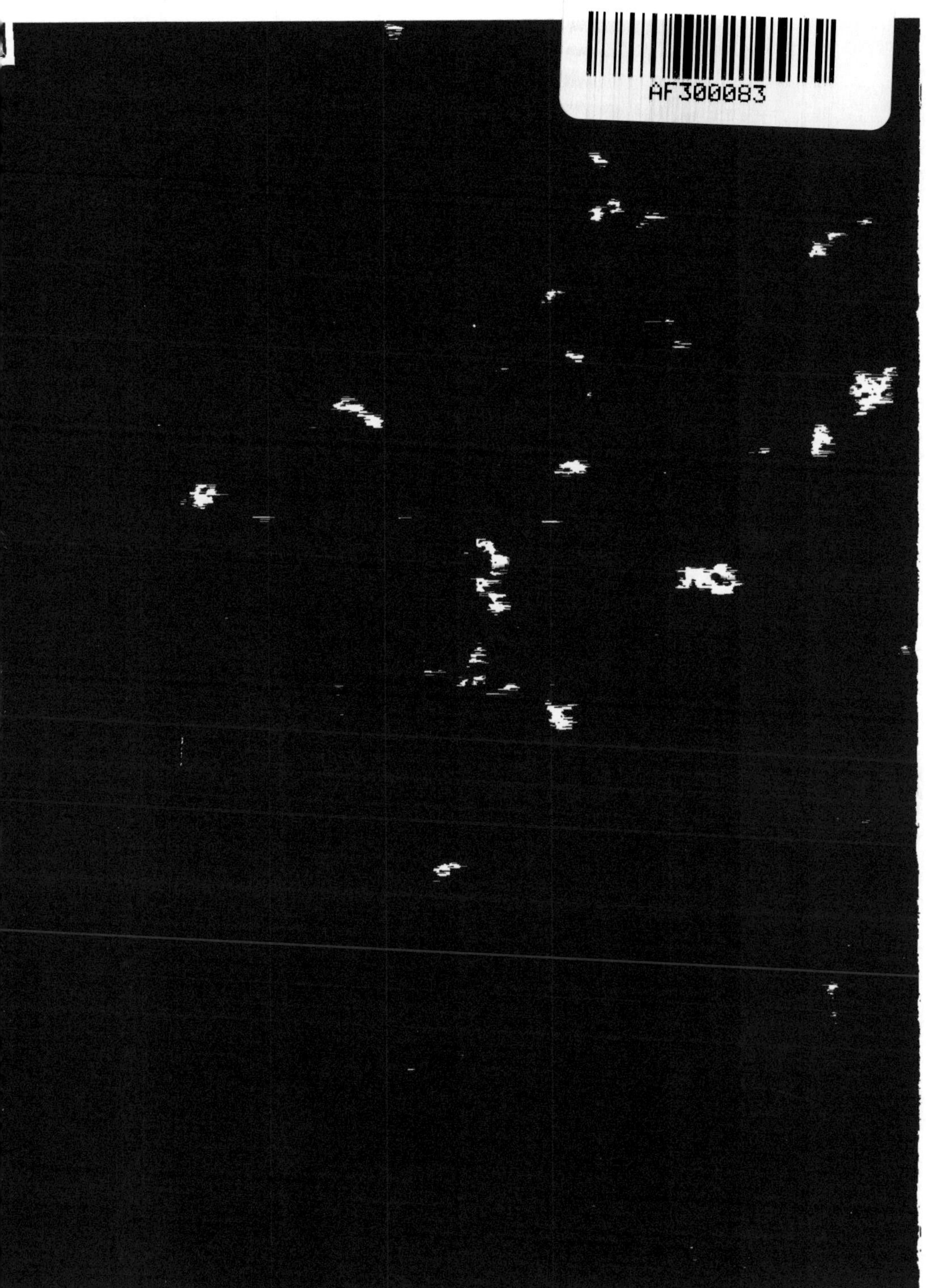

ÉTUDE

SUR LES

SIGNAUX DE CHEMINS DE FER

A DOUBLE VOIE

Paris. — Imprimé par E. Thunot et Cⁱᵉ, rue Racine, 26.

ÉTUDE

SUR LES SIGNAUX

DE

CHEMINS DE FER A DOUBLE VOIE

PAR

M. ÉDOUARD BRAME

INGÉNIEUR DES PONTS ET CHAUSSÉES

PARIS

DUNOD, ÉDITEUR

SUCCESSEUR DE V^{or} DALMONT

Précédemment Carilian-Gœury et V^{er} Dalmont

LIBRAIRE DES CORPS IMPÉRIAUX DES PONTS ET CHAUSSÉES ET DES MINES

Quai des Augustins, 49

(Tous droits de reproduction et de traduction réservés.)

1867

INTRODUCTION

Il y a quelques années, à la suite de graves accidents survenus sur les chemins de fer, Son Excellence M. Magne, Ministre de l'Agriculture, du Commerce et des Travaux Publics, forma une Commission spéciale chargée de faire une étude des mesures les plus propres à garantir la régularité et la sûreté de la circulation sur les chemins de fer (1).

Cette Commission a examiné avec un grand soin les signaux en usage sur les diverses lignes françaises, et, dans son rap-

(1) Cette commission était composée de :

MM. ROUHER, vice-président du conseil d'État, président;
    THAYER, conseiller d'État, directeur général des postes;
    VUITRY, conseiller d'État;
    Comte DUBOIS, conseiller d'État, directeur général des chemins de fer;
    Le général PIOBERT, membre de l'Institut;
    FRISSARD, inspecteur général des ponts et chaussées;
    COMBES, inspecteur général des mines;
    Vicomte DE VOUGY, directeur des télégraphes;
    DE BOUREUILLE, inspecteur général, directeur des mines;
    BUSCHE, inspecteur divisionnaire des ponts et chaussées;
    TOURNEUX (Prosper), chef du service de l'exploitation des chemins de fer, secrétaire rapporteur;
    MOREAU, auditeur de 2ᵉ classe au conseil d'État, secrétaire adjoint.

port, elle s'est ainsi exprimée sur cette branche si importante
du service :

« Il est regrettable que les Compagnies n'adoptent pas,
« pour tout ce qui concerne la sécurité publique, une espèce
« de langue universelle, des signes identiques parlant aux
« yeux de tous, et qui, rapidement compris et appris, même
« par les personnes étrangères aux chemins de fer, pourraient
« prévenir de nombreux accidents, surtout aux passages à
« niveau ou aux stations. Ainsi, aujourd'hui le système des
« disques à distance étant universellement adopté, tout le
« monde sait que lorsque le disque présente la couleur rouge,
« perpendiculairement à la voie, c'est qu'il y a un obstacle
« sur la ligne et que le train doit s'arrêter. En est-il de même,
« lorsque l'on voit sur une ligne un agent au port d'armes,
« sur une autre un agent déployant un drapeau blanc, agitant
« un drapeau vert ou rouge ? Évidemment non, et comme il
« n'y a aucune espèce d'avantage, et qu'il peut y avoir des in-
« convénients à tenir le public dans l'ignorance des moyens
« adoptés pour le sauvegarder du danger, la Commission émet
« le vœu que l'Administration ramène toutes les Compagnies
« à l'uniformité des signaux. Cette uniformité aurait encore
« un autre avantage qu'il suffit à la Commission de signaler;
« c'est d'éviter pour les agents qui passent d'une ligne sur
« une autre un noviciat qui n'est pas sans danger pour la sé-
« curité publique.

« Du reste, ce que nous demandons n'est pas une nou-
« veauté dans l'exploitation des chemins de fer.

« Ainsi, en Angleterre, ce pays de *self-Government*, les
« amalgamations nombreuses de Compagnies qui ont eu lieu,
« le parcours des trains de différentes Compagnies sur la
« même ligne, la multiplicité extrême des embranchements,

« ont amené les directeurs d'exploitation à une entente com-
« plète en ce qui concerne les règlements de signaux. Les si-
« gnaux de toutes les grandes lignes sont aujourd'hui iden-
« tiques : les trois mots *Danger*, *Précaution*, *Voie libre*,
« c'est-à-dire *Arrêt*, *Ralentissement*, *Marche*, sont traduits
« partout de même, d'une manière si tranchée, soit par les
« signaux fixes, soit par les signaux mobiles, qu'il est im-
« possible de les confondre.

« Le *Rouge*, le *Vert* et le *Blanc* sont l'unique base de ce
« vocabulaire ; la *Voie libre* n'est pas indiquée par l'absence
« de signaux, mais par des signaux spéciaux.

« Enfin, pour les signaux faits à la main, sans aucun objet
« visible, la disposition des bras des agents est la même pour
« toute l'Angleterre, pour prescrire l'*Arrêt*, le *Ralentissement*
« et *la Marche*. »

Ces observations, bien qu'elles aient dix années de date, ont
conservé toute leur vérité. Sans contredit, il serait désirable
que les bases sur lesquelles repose l'organisation des signaux
fussent partout les mêmes sur le réseau français, et que le
public se familiarisât avec elles.

D'un autre côté, les améliorations apportées, sur les diverses
lignes, à cette partie du service, ne sont point assez connues
et assez appréciées.

Nous croyons qu'une étude des signaux peut, à ce double
point de vue, présenter quelque intérêt et quelque utilité.

Il n'entre point dans notre pensée de provoquer une réglementation absolue, applicable à tout le réseau français ; une
semblable mesure, si elle était imposée par l'Administration,
tuerait l'esprit d'initiative et de progrès dont les Compagnies
sont animées.

Notre but est simplement d'établir, dans un travail sommaire, la situation des chemins de fer en ce qui concerne les signaux, et d'indiquer des différences que rien ne justifie lorsqu'elles portent, non sur le système, mais sur des signes de convention.

Classification des signaux.

Notre étude prendra pour point de départ l'organisation des signaux sur le réseau du *Nord ;* elle comprendra *trois divisions principales :*

Signaux fixes ,
Signaux mobiles ,
Signaux des trains.

Chacune de ces divisions sera elle-même subdivisée de la façon suivante :

Signaux fixes.

Disques manœuvrés à la main.
Disques manœuvrés à distance pour couvrir les stations, les voies d'évitement, les embranchements particuliers, etc., etc.
Disques automoteurs.
Entretien et éclairage des disques.
Signaux d'aiguilles ou de direction.
Signaux de bifurcation.
Signaux de ponts tournants.
Signaux de passages à niveau.
Signaux de souterrains.
Signaux destinés à maintenir l'écartement entre les trains.
Interprétation des règlements relatifs aux disques à distance.
Distance à maintenir entre la queue des trains arrêtés et les disques destinés à les couvrir.
Postes télégraphiques.

Signaux mobiles.

Drapeaux.
Lanternes.
Pétards.
Signaux à main dans les souterrains et en temps de brouillard.
Trompe.
Sonnette, sifflet de poche.
Signal annonçant l'approche d'un train ou d'une machine.
Signal pour demander du secours.
Signaux destinés à couvrir les voies en cas de réparations.
Signaux destinés à couvrir un point spécial en cas de détérioration
    des voies.
Signaux de ralentissement nécessité par l'état des voies.
Signaux destinés à couvrir les lorris circulant sur les voies.
Signaux de marche dans les manœuvres.
Signaux de marche aux stations et sur la ligne.
Signaux acoustiques.
Devoirs des mécaniciens lorsqu'ils aperçoivent un signal d'arrêt à la
    main.
Devoirs des mécaniciens lorsqu'ils écrasent un pétard.

Signaux des trains.

Signaux des trains ou des machines en marche.
Signaux des trains dédoublés, supplémentaires ou spéciaux.
Signaux de communication entre les mécaniciens et les agents de la voie.
Signaux de communication entre les mécaniciens et les aiguilleurs.
Signaux de communication entre les mécaniciens et les gardes-freins.
Signaux de communication entre les mécaniciens et les dépôts.
Signaux destinés à couvrir un train ou une machine isolée, arrêtés
    sur la voie.
Signaux destinés à protéger un train ou une machine dont la vitesse
    se trouve momentanément ralentie.
Signaux destinés à couvrir les voies en cas d'accident.
Signaux employés lorsque les trains circulent accidentellement sur
    une voie unique.
Signaux destinés à mettre en communication les voitures d'un train.
Signaux télégraphiques.
Signaux pyrotechniques.

Cette classification simplifiera notre tâche. Nous pourrons ainsi décrire et discuter la réglementation adoptée, sur la ligne du *Nord*, pour chacun des signaux et faire ressortir, par la comparaison avec ce qui se fait sur les lignes de l'*Est*, de *Lyon*, d'*Orléans*, de l'*Ouest* et du *Midi*, les améliorations qui pourraient être apportées.

Nous ne nous occuperons, dans notre travail, que des chemins à *Double Voie.*

Couleurs adoptées.

Nous dirons, avant tout, que les couleurs généralement adoptées sur les lignes françaises, pour indiquer la *Voie libre*, le *Ralentissement* et l'*Arrêt*, sont les couleurs *Blanche*, *Verte* et *Rouge.* Par une anomalie difficile à expliquer, la Compagnie d'Orléans indique la Voie libre par la couleur *Verte*, et le Ralentissement par la couleur *Blanche*.

Cette signification donnée aux Feux verts et aux Feux blancs, sur le chemin de fer d'Orléans, peut être justement critiquée. Dans bien des cas, en effet, les mécaniciens sont exposés à croire à des signaux de ralentissement en voyant les Feux blancs qui sont nombreux dans les gares et à leurs abords. Il leur est difficile de s'assurer d'une manière précise si ces Feux leur commandent ou non un ralentissement. La grande habitude qu'ils ont de voir des Feux blancs, fait qu'ils en sont moins frappés qu'ils ne le seraient d'un Feu vert.

Ainsi qu'on vient de le voir, le Rouge prescrit l'Arrêt sur tous les chemins de fer français. On devrait croire que ce mot n'a qu'une signification et ne doit donner lieu à aucune incertitude. Il n'en est point ainsi sur certaines lignes; sur le chemin de fer du Nord, par exemple, les mécaniciens, lorsqu'ils aperçoivent le signal d'arrêt, doivent siffler aux freins, et une fois maîtres de leur vitesse, avancer lentement et avec la plus grande prudence, de manière à se faire couvrir par le signal sans compromettre la sûreté. Dans aucun cas ils ne doivent atteindre ni une aiguille ni une traversée de Voie protégée par le signal. Sur d'autres lignes, et notamment sur celles de *Lyon*, l'ordre d'Arrêt est *absolu*.

Si l'arrêt est commandé par un *Sémaphore*, le conducteur de tête doit, aussitôt que le train est arrêté, se renseigner sur la cause du signal auprès de l'agent chargé de la manœuvre du *Sémaphore*. Il donne ensuite au mécanicien des ordres conformes aux indications qu'il a reçues de cet agent.

Si le signal d'arrêt est fait par un disque manœuvré à distance, le mécanicien, après s'être arrêté, doit attendre que le conducteur de tête monte sur la machine, et il reprend ensuite sa marche en se conformant aux ordres qui lui sont donnés par cet agent. Dans tous les cas, le train qui a été arrêté par le signal d'un disque à distance, et qui reprend sa marche avant que ce signal soit effacé, doit avancer lentement et avec la plus grande prudence, de manière à pouvoir toujours être arrêté dans la partie de voie qui est en vue, s'il se présente un obstacle ou un nouveau signal. Il doit ensuite ne pas dépasser la gare ou le poste protégé par le disque, jusqu'à ce que le conducteur de tête se soit renseigné sur les causes qui ont motivé le signal d'Arrêt.

Le mécanicien conduisant une machine isolée doit, en pareille circonstance, agir sous sa responsabilité, conformément aux indications précédentes.

Règle admise sur les lignes composant le réseau français.

Disons aussi, avant de décrire les divers signaux, que, sur les lignes françaises, les dispositions sont prises *comme si un train était toujours attendu*. Il en résulte que sur les chemins à deux voies, les signaux doivent être habituellement effacés en pleine ligne et que l'une, au moins, des deux directions doit être fermée aux bifurcations.

ÉTUDE

SUR LES

SIGNAUX DE CHEMINS DE FER

A DOUBLE VOIE

PREMIÈRE PARTIE

SIGNAUX FIXES

Disques manœuvrés à la main. — Les signaux fixes manœuvrés à la main sont peu nombreux sur la ligne du Nord : ils se composent d'un disque à face blanche d'un côté et rouge de l'autre, monté sur une tige ayant en général 4 mètres de hauteur. Ces disques sont ordinairement placés aux abords des dépôts, près du poste de l'aiguilleur qui commande la sortie des machines, et à l'entrée des souterrains. Ils sont éclairés pendant la nuit par des lanternes à feux rouge et blanc, fixes ou mobiles. Nous traiterons les questions qui se rapportent à cet éclairage quand nous parlerons des signaux à distance (note 1).

Ces signaux sont d'un usage plus répandu sur d'autres lignes, notamment sur celle du Midi, où ils sont employés pour couvrir les traversées de voie et les batteries de plaques tournantes.

1

Sémaphore (Lyon). — Sur la ligne de Paris à Lyon et à la Méditerranée, les signaux manœuvrés à la main portent le nom de *sémaphore*; ils servent à protéger les gares, les bifurcations, et en général tous les points sur lesquels la circulation des trains et des machines peut rencontrer des obstacles. Ils sont employés également dans les gares et dans les parties intermédiaires, pour maintenir entre les trains se succédant dans le même sens, les intervalles réglementaires. Dans cette dernière application, le *sémaphore* doit, sans contredit, rendre de grands services. Nous reviendrons sur cette question lorsque nous parlerons des signaux destinés à maintenir l'écartement des trains.

Le *sémaphore* (Pl. I, *fig.* 1) se compose d'un poteau vertical en fonte ou en bois, de 6 à 7 mètres de hauteur, à la partie supérieure duquel, sur l'une des faces parallèles aux voies, est accrochée une lanterne accusant un feu blanc dans chacune des deux directions. A la même hauteur, et sur les faces opposées du poteau, celles perpendiculaires aux voies, sont attachés deux bras pivotant autour d'un axe commun et que l'on met en mouvement au moyen de leviers et de tringles. Ces bras sont peints en rouge extérieurement et en blanc intérieurement; ils sont percés, à égale distance du pivot, de deux trous garnis inversement d'un verre rouge et d'un verre vert qui correspondent, alternativement, au feu de la lanterne, selon les signaux que l'on veut transmettre.

Dans le dessin que nous donnons de cet appareil, le voyant A, placé horizontalement, a son verre rouge en face du feu de la lanterne; il prescrit l'arrêt aux trains qui s'en approchent sur la voie de gauche. Le verre vert qui est en bas ne se met devant le feu de la lanterne que lorsque le voyant est incliné à 45°; il indique alors le ralentissement.

Les signaux sont reproduits de la même façon, par le bras B, aux trains parcourant la voie de droite; la couleur des verres est seulement intervertie, ainsi que nous l'avons dit plus haut, par suite de l'opposition entre les deux transmissions. Le voyant incliné à 45° (*ralentissement*) a le verre vert en bas et le verre rouge en haut. Dans cette position, le verre vert est en face du feu de la lanterne, et le verre rouge qui est en haut ne projettera sa couleur que lorsque le voyant sera horizontal.

Pour chaque direction, le voyant vertical indique la voie libre.

Les trois signaux *arrêt*, *ralentissement*, *voie libre*, sont donc indiqués, la nuit, par les feux rouge, vert, blanc, et le jour par la position horizontale, inclinée à 45°, et verticale des bras ou voyants.

Disques manœuvrés à distance pour couvrir les stations, les voies d'évitement, les embranchements particuliers, etc. — Les signaux à distance destinés à couvrir les stations, les changements de voie en pleine ligne ou les embranchements industriels, se composent de disques ayant des dispositions analogues à celles des disques à la main dont il vient d'être ci-dessus question. Ils sont manœuvrés au moyen d'un levier mis en communication avec eux par un ou deux fils de fer.

Les compagnies ont adopté divers systèmes de disques à distance. Les différences portent surtout sur le mode de transmission de mouvement, sur la disposition des leviers de manœuvres et des contre-poids destinés soit à régler la tension des fils, soit à ramener le disque dans sa position normale.

Il semble inutile d'entrer dans la description détaillée de ces divers systèmes qui tous, lorsqu'ils sont convenablement établis et bien entretenus, peuvent transmettre les signaux à des distances considérables. Nous nous attacherons seulement aux appareils types employés sur les lignes du *Nord*, de l'*Est*, de *Lyon*, d'*Orléans*, de l'*Ouest* et du *Midi*.

Ils peuvent se diviser en deux catégories : les uns, adoptés sur les lignes du *Nord*, de l'*Est*, de *Lyon*, de l'*Ouest* et du *Midi*, sont à un fil avec contre-poids tendeurs et contre-poids de rappel ; les autres, adoptés sur la ligne d'*Orléans*, sont à deux fils.

Avant de décrire ces appareils, rappelons que l'obéissance du signal, proprement dit, à la manœuvre du levier, est la condition principale à laquelle doit satisfaire tout appareil destiné à protéger à distance un point de la voie.

Les modifications de tension auxquelles est exposé le fil de communication du levier au disque constituent la plus grande difficulté qui s'oppose à la continuité d'un bon service. Ce fil, toujours exposé à l'air, ne conserve pas une longueur constante : la température le fait varier, et cette variation peut, sur un fil de 800 mètres, par exemple, atteindre près de 20 centimètres pour un écart de 20° de température.

Un tel allongement permettrait au disque de tourner de lui-même, sans manœuvre, d'un quart de circonférence, et pourrait, par conséquent, fausser complétement les signaux. D'un autre côté, pour faire durer les fils plus longtemps, pour parer aux conséquences d'un mouvement brusque du moteur ou du passage sur la voie de personnes inattentives, pour diminuer aussi l'allongement, sous l'effort de tension exercée à chaque manœuvre, et par suite, pour faciliter cette manœuvre, les compagnies ont généralement adopté un diamètre de 4 à 5 millimètres. Des fils aussi gros sont sujets à des flexions permanentes, cause de résistance notable quand les parties contournées se trouvent près des anneaux ou des galets disposés de distance en distance pour les maintenir ou les guider. De là des efforts plus grands sur le levier, qui peuvent le conduire à la limite de sa course sans que le disque ait accompli une rotation suffisante, ou provoquer des ruptures.

Aucune disposition n'avait été prévue dans la construction des premiers disques pour obvier à ces inconvénients. L'inégalité de tension et de dilatation des fils faisait fréquemment prendre aux disques des positions obliques et entraînait l'incertitude des signaux. Plusieurs fois par jour il fallait régler les appareils. Les études faites par les diverses compagnies ont produit de notables améliorations, dont la principale est certainement l'application du principe de la dilatation libre réalisée pour la première fois par la Compagnie du chemin de fer de Lyon.

Description du disque du Nord. — La Compagnie du Nord a sur son réseau des disques de différents modèles, mais les plus répandus sont : *le disque à deux fils*, qu'elle employait exclusivement, à l'origine de son exploitation, et *le disque à un fil avec poids de rappel et contre-poids tendeur* placé au milieu de la distance qui sépare le disque de son levier de manœuvre.

Ce dernier type est celui qu'elle applique maintenant dans toutes ses installations nouvelles.

Il se compose essentiellement :

> *Du disque proprement dit ;*
> *De l'appareil de manœuvre ;*
> *De l'appareil de tension du fil.*

Disque. — Le disque a son mât terminé par une fourche sur laquelle se fixe le voyant (Pl. I, *fig.* 2 et 3). Celui-ci est percé, au centre, d'un orifice oblong de $0^m,35$ de largeur sur $0^m,12$ de hauteur, destiné à laisser voir, du levier de manœuvre, la lumière de la lanterne quand le disque est à l'arrêt.

La lanterne tourne avec le disque ; elle est portée par un petit châssis mobile, pour en faciliter l'accrochage. Ce châssis est remonté au centre du disque avec la lanterne par une chaîne passant sur une poulie verticale adaptée à la partie supérieure du disque.

Une échelle est accolée au disque pour faciliter l'accrochage de la lanterne ; elle est terminée par une petite plate-forme $a\,b$, à $1^m,40$ environ au-dessus du sol, et à $0^m,75$ de la position la plus basse que puisse prendre le châssis d'accrochage de la lanterne (Pl. I, *fig*. 2). Cette échelle est toujours placée dans l'axe du disque, perpendiculairement à la voie, quand le disque est du côté de l'accotement, parallèlement à la voie, et au delà du disque, quand celui-ci est dans une entre-voie.

Le disque est muni, à son pied, de taquets qui servent à régler son déplacement à angle droit.

Le poids de *rappel* est placé au-dessus du sol ; lors des premières applications, il était dans une caisse en bois formant puits, mais il arrivait parfois que cette caisse se remplissait d'eau qui, en gelant, empêchait le poids de se mouvoir. Par la nouvelle disposition, on évite cet inconvénient et l'on rend la visite et le règlement du poids plus faciles.

Appareil de manœuvre. — L'appareil de manœuvre est un levier simple, mobile autour d'un axe fixé sur un poteau vertical et dont les deux positions extrêmes correspondent à l'*arrêt* ou à la *voie libre*. Deux petits disques en tôle, l'un rouge et l'autre blanc, fixés aux deux extrémités d'un arc en fer qui guide le levier et en limite la course, indiquent la position du disque par celle du levier de manœuvre. Des crans fixent le levier à chaque extrémité de sa course.

Appareil de tension. — L'appareil de tension distingue principalement les disques du chemin de fer du Nord de ceux des autres compagnies. C'est dans cet appareil, au moyen de dispositions entièrement nouvelles et très-ingénieuses, imaginées par M. *Robert*, ancien chef de section au chemin de fer du Nord, que se compensent les variations produites dans les longueurs des fils par les changements de température (Pl. I, *fig*. 4, 5, 6, 7 et 8).

Au lieu de fixer le système de compensation à l'une des extrémités du fil, comme le font toutes les Compagnies qui adoptent le principe de la libre dilatation, M. *Robert* a eu l'idée de le placer entre le levier et le disque, exactement au milieu de la distance qui les sépare ; cette distance est mesurée en tenant compte de tous les circuits du fil.

Le fil est coupé au point où se place l'appareil de tension, et chacun des bouts s'infléchit sur une poulie de grand diamètre à axe horizontal ; un poids unique est suspendu aux deux brins (*fig.* 4).

Les deux portions du fil ayant même développement et étant, d'ailleurs, posées dans des conditions telles qu'elles soient bien exposées aux mêmes variations de température, s'allongent ou se raccourcissent de la même quantité pour le même écart de température ; il en résulte que le poids *tendeur* s'élève ou s'abaisse de cette quantité, et que les variations de température ne changent rien aux tensions du fil ou aux dispositions de la manœuvre.

L'appareil de tension se complète par une disposition spéciale dans le mode de suspension du poids *tendeur*. Ce poids est attaché à un petit levier (*fig.* 4) fixé invariablement par un bout à la partie du fil qui va vers le levier de manœuvre, et simplement accroché par l'autre bout à un anneau qui termine la partie aboutissant au disque : de telle sorte que, si le fil se casse dans la première moitié, le poids *tendeur* tombe à terre, en entraînant avec lui le bout de fil rompu ; le levier se dégage de l'anneau terminant la seconde partie, et l'action du poids *tendeur* étant supprimée, le poids de *rappel* met le disque à l'arrêt. Le disque se met également à l'arrêt si le fil vient à se rompre dans la seconde moitié, l'action du poids *tendeur* se trouvant annulée par suite de la rupture de ce fil.

Le système de compensation ainsi établi présente sur les dispositions adoptées par les autres Compagnies, divers avantages :

1° L'action du poids *tendeur* est permanente, quelles que soient les positions du levier de manœuvre et du disque.

Il n'en est pas de même lorsque l'appareil de compensation est placé près du levier : dans ce cas, avec les dispositions usitées jusqu'à ce jour, l'action du poids *tendeur* est toujours annulée pour une des deux positions du levier et pour celle correspondante du disque.

2° Les poids peuvent être plus légers que dans les autres systèmes appliqués.

En effet, si on cherche à se rendre compte des poids nécessaires pour l'appareil du Nord, on remarque que le poids de *rappel* n'a à vaincre, en sus des résistances propres au disque, que les résistances de la moitié de la longueur du fil ; ce poids peut donc être plus léger que s'il avait à dominer les résistances de tout le fil, et, par suite, le poids *tendeur* peut, lui-même, être réduit ; les efforts à vaincre pour la manœuvre du disque sont, ainsi, notablement atténués, ce qui permet de donner aux fils un diamètre plus petit. On peut aussi profiter de cet avantage pour éloigner le disque de sa manœuvre, et augmenter, par suite, la sûreté du point à protéger.

. La Compagnie du Nord a admis 2 millimètres et demi comme très-suffisants pour la grosseur des fils.

Elle a, d'ailleurs, réglé comme suit les poids à adopter dans les différents cas de pose.

Poids de rappel :

18 kilogrammes pour les disques distants de 800 mètres du levier et au-dessous ;

20   —   pour les disques distants de 800 mètres à 1000 mètres du levier ;

22   —   pour les disques situés à 1000 mètres et au delà.

On obtient ces poids variables par l'addition de rondelles de 2 kilogrammes sur un premier poids principal de 12 kilogrammes (Pl. 1, *fig.* 5).

Poids tendeur :

45 kilogrammes pour les disques jusqu'à   800 mètres ;
50   —   —   —   1000   —
55   —   —   au delà de 1000   —

Ces poids sont composés d'un poids principal de 30 kilogrammes et de rondelles additionnelles de 5 kilogrammes chacune (Pl. 1, *fig.* 6).

Les rondelles sont fendues suivant un rayon, afin de pouvoir être ajoutées après coup ; de plus, pour qu'elles ne glissent pas les unes sur les autres, elles sont percées d'un trou et munies d'un goujon (Pl. I, *fig.* 7 et 8).

Transmission. — Les longueurs des transmissions sont très-variables; elles atteignent jusqu'à 1500 mètres, mais elles sont toujours déterminées de façon qu'il reste au moins 800 mètres entre le disque et le point à couvrir.

Ainsi que nous l'avons dit plus haut, les fils de transmission ont un diamètre de 2 millimètres et demi; ils sont en fer de très-bonne qualité non recuit et galvanisé; la Compagnie du Nord exige qu'ils puissent supporter des charges de 56 kilogrammes par millimètre carré de section, sans se rompre. Dans ces conditions, ils peuvent en toute sécurité résister aux efforts auxquels ils sont soumis dans la pratique, et lorsqu'ils ont été convenablement réglés à la pose, ils ne se gondolent pas par l'usage.

Les fils sont posés autant que possible en ligne droite. Dans les parties de ligne en courbe, on donne aux fils la forme de polygones, dont les côtés ont, suivant les cas, les longueurs suivantes :

25 mètres dans les courbes au-dessous de 500 mètres de rayon.
50 —   —   de 500 à 800   —   —
75 —   —   de 800 à 1200   —   —
100 —   —   de 1200 mèt. et au-dessus —

Tous les sommets sont munis de poulies horizontales.

L'appareil de tension, pouvant être placé à un des sommets, permet d'éviter une courbure du fil.

Les fils sont supportés en ligne droite, tous les 25 mètres, au moyen de piquets munis, soit de poulies verticales, soit simplement de pitons.

Pour tous les points où le fil doit s'infléchir dans le sens vertical, les piquets sont garnis de poulies doubles, verticales.

A chaque inflexion brusque dans le sens horizontal, on remplace le fil par une portion de chaînette qui passe sur une poulie horizontale de grand diamètre, logée dans une petite boîte.

A la traversée des voies ou des passages à niveau, le fil passe dans des caniveaux en bois, briques ou ciment, ou dans des tuyaux en fonte.

Manœuvre du disque. — Pour tourner le disque à l'arrêt, on soulève le poids *tendeur* ou *central* au moyen du levier de manœuvre, et, par suite, on permet au contre-poids de *rappel* de s'abaisser.

Ce système, comme on le voit, est très-simple, très-facile à manier, et d'une très-grande sûreté de transmission. On peut toutefois y faire une objection ; mais elle est commune à tous les disques à un fil ramenés à l'arrêt par l'action du poids de pied du disque, et aucune disposition ne permet de l'éviter, c'est l'intercalation volontaire ou accidentelle, sur la seconde moitié du fil, d'un obstacle puissant qui ne pourrait être vaincu par l'action de ce poids.

Outre ce disque qui est de forme *circulaire* et dont la face est *rouge* et le revers *blanc*, on emploie sur le réseau du Nord un *disque carré* dont la face présentée aux trains est moitié *rouge*, moitié *blanche*. Ce disque est muni d'un pétard qui se place sur le rail lorsque la voie est fermée.

Il prescrit un *arrêt absolu* qui doit être obtenu avant que le train atteigne le signal. Lorsque le mécanicien écrase le pétard, il est puni. Ce disque, d'ailleurs, est toujours précédé d'un signal d'avertissement.

Description du disque d'arrêt absolu (Nord). — Le disque d'*arrêt absolu* (Pl. I, *fig.* 9, 10 et 11), ne diffère du disque à distance que par la forme de son voyant. Il est manœuvré de la même manière ; toutefois, la transmission n'est pas munie d'un contre-poids tendeur lorsque la distance entre le levier et le disque n'est pas assez considérable pour que la dilatation du fil soit sensible. La seule particularité que présente son mécanisme est relative au pétard, qui doit se placer avec précision sur le rail.

On est parvenu à obtenir ce résultat par la disposition suivante.

Le pétard des disques d'arrêt est avancé à l'aide d'une tige rigide dont l'extrémité a une course de 20 centimètres. C'est dans les six derniers centimètres de cette course que, suivant le sens de la manœuvre, le pétard se pose ou se retire du rail. Avec cette disposition, le pétard ne se place convenablement sur le rail que si la manœuvre du disque est complète ; c'est ce qui a toujours lieu dans les disques d'arrêt qui sont très-près de leurs leviers de manœuvre ; mais il n'en serait pas de même pour un disque à longue distance. C'est pour ce cas particulier que la Compagnie a étudié la disposition représentée au dessin (Pl. I, *fig.* 9, 12 et 13).

Dans cette disposition, la tige rigide est remplacée par une autre B, en deux parties C et D. La partie D, qui porte à une de ses extrémités le pétard, est assemblée à la partie C, au moyen d'une glissière ; elle porte à son autre extrémité un talon E qui se meut entre deux supports F et G distants entre eux de 0^m,136. Si, le pétard étant sur le rail, on efface le disque, la partie C de la tringle, qui reçoit le mouvement du disque, commence sa course de 20 centimètres ; elle entraîne l'autre partie par suite du frottement de la glissière. Quand les 136 millimètres ont été parcourus, le talon E venant à rencontrer le support G, le pétard reste en repos et la course s'achève aux dépens de la glissière.

Dans la manœuvre inverse, le pétard vient se placer sur le rail pendant les deux premiers tiers de la course de la partie de la tringle qui reçoit son mouvement du disque. Par suite de cette disposition, il suffit que le disque ait fait seulement, dans un sens ou dans l'autre, les deux tiers de sa course pour que le pétard ait pris sa position au-dessus du rail.

Le disque d'arrêt absolu sert à couvrir les points spéciaux et notamment les bifurcations.

L'éclairage du disque d'arrêt simple est le même que celui du disque d'arrêt absolu ; il peut, par suite, y avoir confusion pendant la nuit. Peut-être serait-il facile de différencier les lumières au moyen d'un système d'écran tournant et donnant des feux à éclipses.

Disque à deux fils (Nord). — Nous avons dit qu'il existait encore sur le réseau du Nord un assez grand nombre de disques à deux fils ; la Compagnie n'a pas cru devoir les modifier pour les ramener à son type actuel. Convaincue par les résultats qu'elle avait observés sur les disques du réseau de la Compagnie d'Orléans, qui sont tous à deux fils, qu'on pouvait en tirer bon parti, elle a étudié les conditions de règlement des fils et est arrivée, par l'application des principes développés ci-après dans une note fort intéressante de M. Poulet, inspecteur du matériel des voies (Note 2), à régler la tension des fils, au moment de la pose, de manière à assurer le fonctionnement des disques à toutes les températures comprises entre — 15° et + 35°, sans avoir jamais besoin de les retoucher.

Sur plusieurs lignes dont nous parlerons plus loin, le même disque à distance peut être manœuvré par deux ou trois gardes, et servir ainsi à couvrir plusieurs points. Jusqu'ici, sur le réseau du Nord, les disques sont à une seule transmission, ce qui conduit parfois à les multiplier.

Description du disque de l'Est. — Le disque à un fil employé sur le réseau de l'Est, est à lanterne fixe.

Nous allons décrire successivement le disque proprement dit, l'appareil de manœuvre et l'appareil de tension du fil.

Disque. — Le mât du disque, monté sur un châssis, se compose d'une colonne dans l'intérieur de laquelle pivote librement une tige métallique reposant sur un coussinet. Cette tige porte à sa partie supérieure une mire circulaire, et vers sa base une manivelle AB (Pl. III, *fig.* 1, 4 et 5), à l'extrémité de laquelle s'attachent le fil, et une tige rigide CB de 1^m,40 de longueur fixée à l'extrémité C du levier de rappel CDE. La course est limitée par ce levier et par l'arrêt M. La tige CB est munie de rondelles en caoutchouc destinées à amortir les chocs contre l'arrêt.

Le disque est percé d'une ouverture munie d'un verre rouge : il est, en outre, pourvu d'un écran portant un verre bleu dont la disposition est telle que le feu blanc d'arrière ne commence à être démasqué que lorsque celui d'avant est complétement couvert par le verre rouge.

Pour éviter les ruptures du verre rouge, on fixe ce verre dans un châssis en bois semblable aux châssis de portières de wagons.

Appareil de manœuvre. — L'appareil de manœuvre est formé d'un levier coudé FGH mobile autour d'un axe G dans un plan vertical qui coïncide avec le plan de la transmission. Le levier porte à l'extrémité du plus grand bras, une lentille F, et une poulie H à l'autre extrémité. Sur cette poulie s'enroule une chaîne à maillons KHIJ, reliée en K avec le fil, et supportant un contre-poids J mobile dans un tube vertical bien étanche fixé sur un bâti. Le contre-poids se compose d'un cylindre principal et de rondelles additionnelles dont le nombre croît avec la longueur de la transmission. La chaîne est réglée de telle sorte que par une température de 10° le contre-poids occupe le milieu de la course, le disque étant effacé.

Dans la position FGH du levier, où la voie est libre, la chaîne peut glisser sur une poulie de renvoi I. Mais lorsque le levier, en tournant autour de G, se porte vers la position F′GH′, la chaîne s'engage par un maillon de champ dans la gorge L du couvercle du tube, et alors l'action du contre-poids sur la transmission est détruite.

Appareil de tension du fil. — Le fil de transmission, galvanisé et recuit a 0^m,003 de diamètre. Sa tension est déterminée par le contre-poids J du levier de manœuvre et par le levier de rappel CDE dont le bras principal DE porte vers son extrémité une lentille E occupant, par rapport à l'axe de rotation D, diverses positions variables avec la longueur de transmission.

Le fil se détend lorsque le levier de manœuvre étant en F'GH', la chaîne vient s'accrocher en L, et que le contre-poids J cesse d'agir.

Le fil est maintenu dans sa direction par des poulies verticales ou inclinées fixées sur des piquets. En ligne droite, on emploie exclusivement des poulies verticales auxquelles on ajoute, dans les courbes, des poulies inclinées dont la direction est la résultante de la déviation horizontale du fil et de la pente de l'élément de ce fil due à la pesanteur.

Au reste, le mode d'installation du fil diffère peu de celui qu'on a adopté sur les autres chemins ; il n'a de particulier que les poulies inclinées.

La disposition générale des appareils permet de se rendre compte aisément du jeu des divers organes pour ouvrir ou fermer la voie.

Quand le disque est parallèle à la voie, le levier de manœuvre occupe la position FGH. En même temps le levier de rappel est en CDE, maintenu par l'arrêt M contre lequel s'appuie le grand bras DE. La manivelle AB du disque fait alors un angle de 45 degrés avec la partie du fil située vers le levier de manœuvre. Si l'on amène ce dernier levier en F'GH', le fil attaché en K, qui était tendu par le poids J, se détend par suite de l'enclanchement dont il a été parlé précédemment, et dont l'effet est de supprimer l'action du poids J sur le fil. Le levier de rappel agissant alors seul, son extrémité C vient en C' après avoir décrit un arc de cercle limité par l'arrêt M, et dont la corde est $0^m,255$. Le fil est entraîné dans ce mouvement, ainsi que la manivelle du disque, qui prend une position AB' perpendiculaire à AB, parce que l'hypoténuse BB' du triangle rectangle BAB' a la même valeur que CC'. Le disque tourne alors d'un quadrant et se présente normalement à la voie.

On remet le disque parallèle à la voie en reportant le levier de manœuvre de F'GH' en FGH. La chaîne KHIJ se déclanche, et le contre-poids J recommence à agir. Le fil, en se tendant, ramène le levier coudé C'DE' à sa position CDE que l'arrêt M l'empêche de dépasser, et la manivelle du disque revient en AB.

On remarquera que la course du levier de manœuvre peut atteindre 0^m,80, et que celle du levier de rappel n'est que de 0^m,255 ; en sorte qu'il n'est pas à craindre que la rotation imprimée au disque soit insuffisante.

La longueur de la chaîne du levier de manœuvre étant réglée comme il a été dit, la dilatation sera parfaitement libre, et l'on n'aura plus à toucher à cette chaîne, quelles que soient la longueur de la transmission et les variations de température.

Le principe commun des disques de l'Est et du Nord consiste en ce que ces disques se mettent à l'arrêt lorsque le fil vient à se détendre ou à se rompre pour une cause quelconque.

Sur le réseau de l'Est, la longueur de transmission ne dépasse pas 1700 mètres.

Disque à deux transmissions (Est). — Le disque à deux transmissions, usité sur les chemins de fer de l'Est, permet de manœuvrer un disque de deux points différents par des leviers du système que nous avons déjà décrit à l'occasion des transmissions simples. L'appareil de raccordement vers le mât est tel que le disque, mis à l'arrêt par l'un des deux leviers de manœuvre, ne peut plus être effacé par le deuxième levier ; il est nécessaire alors d'agir sur le premier levier pour le placer à voie libre.

Lorsque la position de l'un et l'autre levier correspond à l'arrêt, le disque ne s'efface plus que par la manœuvre de ces deux leviers.

Les fils de transmission AB, A'B' (Pl. III, *fig.* 2 et 3) qui sont tendus, à voie libre, par les contre-poids des leviers de manœuvre, comme dans le cas d'une transmission simple, maintiennent contre la tige rigide EE' les leviers de rappel CDA, C'D'A'. Les lentilles C, C' occupent alors la position la plus élevée.

Si l'on manœuvre les *leviers à distance*, celui, par exemple, qui communique avec le fil AB, ce fil se détendra, et la lentille C, en s'abaissant en C_1, fera tourner le levier CDA autour de l'axe FF'. Ce levier viendra butter contre la tige rigide EE'.

Dans ce mouvement, la tige GG', qui est reliée à deux manivelles pourvues de manchons aux points F et F', et par suite mobile, est entraînée par le levier CDA ; elle vient se placer en $G_1 G_1'$.

Mais la manivelle FGA'', qui communique le mouvement de la tige GG' à la chaîne du disque, amène le point H en H', et par suite fait décrire un quadrant au disque lui-même.

Le disque, qui était d'abord effacé, se présente normalement à la voie qu'il est appelé à couvrir.

Dans la position actuelle de la tige $G_1G'_1$, le levier C'D'A', peut être mis en jeu dans les deux sens, alternativement en contact avec l'arrêt EE', sans que la tige mobile $G_1G'_1$ puisse être déplacée.

Il en résulte que pour *effacer* le disque mis à *l'arrêt* par l'un quelconque des leviers de manœuvre, soit CDA, soit C'D'A', il faut nécessairement agir sur ce même levier, l'action de l'autre étant insuffisante.

La chaîne adaptée au mât s'étend jusqu'en J, où elle s'attache à l'extrémité d'un levier coudé JKL de contre-rappel, dont la lentille L, plus petite que celles des leviers de rappel CDA, C'D'A', aide par son propre poids à relever l'un ou l'autre de ces leviers.

Il est inutile de faire observer que le nombre des transmissions peut varier à volonté; il suffit, pour l'augmenter, d'ajouter des manchons semblables à D, D', auxquels s'adaptent de nouveaux leviers de rappel qui sont mis en relation avec autant de leviers de manœuvre disposés sur la voie d'après les besoins du service.

Sur le réseau de l'Est, on n'a fait usage, jusqu'à présent, que de deux transmissions.

Description du disque de Lyon. — Le disque à distance, modèle type, de la ligne de Paris à Lyon et à la Méditerranée, est à lanterne fixe et à transmission à un fil, avec compensateur de dilation, levier et contre-poids de rappel (*).

Disque. — Le mât du disque (Pl. IV, *fig.* 1) se compose d'un socle en fonte A supportant une colonne creuse aussi en fonte BB', dans l'intérieur de laquelle tourne l'arbre du voyant. Le mouvement angulaire du disque est limité à 90 degrés par des taquets E, E' venus de fonte; l'un, à l'extrémité supérieure de la colonne, l'autre, à la partie inférieure d'un manchon calé sur l'arbre.

L'extrémité inférieure de cet arbre tourne dans une crapaudine F

(*) Sur les embranchements de Lyon à Genève, d'Ambérieux à Mâcon, de Dijon à Belfort, de Dôle à Mouchard et de Marseille à Toulon, les disques sont à lanterne mobile glissant comme au réseau d'Orléans, au moyen d'un porte-lanterne, sur des guides en fer rond. Les parties comprises entre Saint-Germain-des-Fossés et Clermont-Ferrand, La Palisse et Montargis, sont encore munies des transmissions à deux fils établies par la Compagnie du Grand-Central.

Ces divers systèmes de disques devant être supprimés, nous bornerons notre examen à l'appareil type.

ménagée au centre d'un croisillon à quatre branches G, fixé au soubassement par quatre boulons. Un chapeau H, placé un peu au-
dessus du pivot, préserve la crapaudine de l'introduction des corps
étrangers.

Un balancier J, calé sur l'arbre, sert à lui communiquer le mouvement du fil de transmission.

Le disque ou voyant est percé d'une ouverture circulaire K dans
laquelle on place un verre rouge. Deux rondelles M en bronze,
fixées par quatre boulons et disposées de chaque côté du disque,
maintiennent ce verre serré entre elles par l'intermédiaire d'une
rondelle en caoutchouc.

La lanterne est fixée, à coulisses, sur un porte-lanterne en fonte
N qui glisse entre des guides verticaux P, P', et elle est élevée ou des-
cendue à l'aide d'une chaîne sans fin Q passant sur une poulie de
renvoi R établie à la partie supérieure des guides.

Ces guides sont portés par une console S boulonnée au socle, et
reliés à la partie supérieure du fût par une pièce de fer qui y est
fixée par deux oreilles venues de fonte.

Deux ressorts à boudin, en acier, V, V', servent à amortir le choc
du porte-lanterne au bas de sa course. Deux bagues en bronze supportent ces ressorts et facilitent leur remplacement.

Enfin, le mât du disque est monté sur un châssis en charpente,
formé de deux pièces de bois de 0^m,40 de largeur sur 0^m,20 d'é-
paisseur assemblées à angle droit (Pl. IV, *fig.* 2 et 3).

Appareil de manœuvre et de tension. — Les leviers de
manœuvre sont de deux modèles, l'ancien modèle (Pl. IV, *fig.* 4) et
le nouveau modèle (Pl. IV, *fig.* 2). Le principe commun à ces deux
leviers, est de compenser les variations de longueur du fil, dues aux
différences de température. A cet effet, l'extrémité du fil la plus
éloignée du disque se termine par une chaîne A qui passe sur une
poulie B à axe horizontal, et descend verticalement dans un tube
en fonte C. Un contre-poids D placé dans ce tube est attaché à la
chaîne et détermine la tension du fil de transmission.

Dans les deux appareils de traction, le levier est coudé ; le petit bras
est armé d'une pièce évidée en acier (Pl. IV, *fig.* 5), dont la section
intérieure affectant la forme d'un V arrondi, et fermé par le haut,
constitue une sorte d'agrafe dans laquelle passe la chaîne entre les
poulies B et G.

Lorsque le disque est ouvert, le petit bras du levier est horizontal et le grand bras légèrement incliné du côté du fil de transmission ; la chaîne passe alors librement dans la partie ronde de l'agrafe. Mais, lorsqu'on renverse le levier pour fermer la voie, la chaîne serrée par la partie étroite de l'agrafe, est entraînée avec lui.

Une lentille en fonte L, fixée par une vis de pression sur le levier de manœuvre, aide au mouvement de ce levier et l'empêche de se relever par l'action du levier de rappel, situé auprès du disque.

L'appareil ancien modèle, avec l'articulation du levier en contrehaut de l'axe de la grande poulie, présente l'inconvénient que le contre-poids suspendu dans le tube se relève, dans la manœuvre, d'environ $0^m,30$; il en résulte une perte de $0^m,30$ dans la longueur du tube réservée aux dilatations et un effort assez considérable pour relever le poids ; de plus la chaîne frotte contre les bords de l'orifice ménagé pour son passage au centre du couvercle du tube, ce qui augmente la résistance.

On a évité ces inconvénients dans le nouveau modèle en plaçant à la même hauteur, c'est-à-dire sur une même ligne horizontale, l'axe du levier et l'axe de la grande poulie. Une bague folle en fer, passée à l'articulation du levier et sur laquelle porte la chaîne, empêche celle-ci de frotter contre les bords de l'orifice du tube. La disposition relative des axes est telle que le poids ne varie pas sensiblement de hauteur dans le tube.

Sur le même châssis que le mât du signal, est fixé le support H (Pl. IV, *fig.* 2 et 3), du levier de rappel qui a pour fonction de ramener le disque parallèlement à la voie quand on lâche le fil de transmission. Ce levier K est coudé ; ses deux bras font entre eux un angle de 75°. Sur le grand bras est fixée, par une vis de pression, une lentille en fonte L'. Au petit bras s'attache une chaîne M, reliée par son autre extrémité à un bras du balancier de l'arbre du disque. Au même bras de ce balancier, mais dans la direction opposée, s'attache le fil de transmission.

Lorsque le levier de rappel est levé, le levier de manœuvre est renversé, et le disque est à l'arrêt. Réciproquement, le disque est à voie libre lorsque le levier de rappel est renversé et que le levier de manœuvre est levé. Le contraire a lieu sur celles des autres lignes où l'on a adopté les disques à un fil.

Cette disposition, qui résulte du système de levier de manœuvre admis par la compagnie de Lyon, a motivé une critique fondée, selon nous, celle de mettre le disque à voie libre en cas de rupture du fil de transmission. Sans doute, la grosseur du fil, son bon entretien, la surveillance assidue dont les appareils de signaux sont l'objet, peuvent rendre ces ruptures moins fréquentes ; néanmoins, elles ne sauraient toujours être évitées.

Les dispositions adoptées sur les autres lignes semblent donc préférables.

Transmissions. — Dans les anciennes poses, les fils avaient un diamètre de 5 millimètres. On a reconnu que cette dimension était exagérée, qu'elle augmentait inutilement les frottements et les efforts de traction. Dans les nouvelles poses, aussi bien que dans les rectifications, la grosseur du fil est actuellement de 4 millimètres.

La longueur des transmissions varie suivant le profil du chemin. Elle est de 800 à 1000 mètres dans les parties de niveau ou de faible déclivité ; elle atteint 2000 et 2100 mètres sur certains embranchements à voie unique et à fortes rampes, notamment ceux de Mouchard à Pontarlier et à Lons-le-Saulnier, de Dôle à Besançon, de Chagny à Monceaux-les-Mines.

Les fils sont généralement tenus à une hauteur variant entre $0^m,40$ et $0^m,60$ au-dessus du sol. Les raccords entre deux tronçons sont obtenus au moyen de bagues en fer creux.

De 15 en 15 mètres, le fil est supporté par des petites poulies en fonte fixées sur des piquets. Dans les parties en ligne droite, ces poulies sont verticales (Pl. IV, *fig.* 2) et ont $0^m,06$ de diamètre au fond de la gorge. Dans les parties en courbe, on fait décrire au fil un polygone dont les côtés sont aussi longs que possible. A chacun des sommets, on place une poulie horizontale de $0^m,12$ tournant sur un pivot. Dans l'intervalle des sommets, on emploie, comme en ligne droite, de petites poulies verticales.

Pour le premier piquet après le levier de manœuvre, ainsi que pour tous les points où le fil doit subir une déviation dans le sens vertical, on fait usage de supports à deux poulies verticales.

Tous les supports et toutes les poulies sont galvanisés et, par suite, préservés contre la rouille ; aussi, ces pièces présentent-elles un aspect de propreté remarquable.

Les poulies horizontales sont tellement disposées, qu'en retirant avec une pince une goupille fendue, quelques secondes suffisent pour les enlever, les nettoyer et les remettre en place. Les poulies verticales n'offrent pas le même avantage, leur axe étant rivé des deux côtés du support.

Toutes les poulies tournent avec la plus grande facilité, en raison du jeu qu'elles ont sur leurs axes et du soin apporté à leur installation. Les piquets qui les supportent sont parfaitement équarris, bien peints et solidement fixés en terre, dans une position verticale.

Lorsqu'une transmission longe un talus perreyé, une murette, une tranchée dans le rocher, les piquets sont soigneusement scellés dans un trou pratiqué à cet effet; au besoin, on entaille la pierre d'un ouvrage d'art pour les y loger. Lorsqu'elle longe une station ou une voie de garage, on la fait suivre, tant pour la protéger que pour éviter des accidents, d'une lisse en bois de 0^m,70 de hauteur.

Enfin, lorsque le fil doit passer sous terre, on le renferme dans des boîtes en bois à section rectangulaire, de 0^m,15 de largeur sur 0^m,20 de hauteur, ou dans des tuyaux en fonte de 0^m,06 de diamètre intérieur. Dans ce dernier cas, on place tous les 8 mètres une boîte en fonte avec poulie verticale pour supporter le fil.

Pour faire subir aux transmissions des déviations brusques, au delà de trois degrés, on fait usage de grandes poulies horizontales en fonte, de 0^m,40 de diamètre, tournant sur un pivot. Sur le même châssis en charpente sont montées deux petites poulies verticales pour supporter les extrémités de la chaîne qui passe sur la grande poulie. L'ensemble de ces trois poulies est préservé par une boîte de recouvrement en tôle.

Disque à plusieurs transmissions (Lyon). — Chacun des leviers de manœuvre P, Q, R, (Pl. IV, *fig.* 6 et 7) agit sur un fil de transmission distinct, tendu par les leviers de rappel P', Q', R', analogues aux leviers de rappel ordinaires et placés un peu avant le disque.

Tous ces leviers de rappel sont mobiles sur un arbre en fer A, aux deux extrémités duquel sont calés deux petits leviers droits B reliés par une entretoise en fer C parallèle à l'arbre et située en avant des leviers de rappel.

A l'extrémité de l'un de ces petits leviers B, s'attache un fil D qui agit sur le disque, au delà duquel est placé un levier de rappel ordinaire.

Un tendeur à vis, placé sur ce fil, sert à régler sa longueur au moment de la pose.

Si l'on abaisse un des leviers de manœuvre, P par exemple, on relèvera le levier de rappel correspondant P′, et le petit bras de ce levier rencontrant l'entretoise C, entraînera dans son mouvement l'arbre A et ses deux petits leviers B, et par conséquent fermera le disque qui est relié au levier B par le fil D.

Si l'on vient alors à abattre un autre levier de manœuvre, Q par exemple, le levier de rappel correspondant Q′ sera soulevé à son tour et viendra simplement presser sur l'entretoise C, mais sans la déplacer.

Le disque ne peut se rouvrir que lorsque tous les leviers de manœuvre ont été successivement relevés et, par conséquent, les leviers de rappel abaissés. A ce moment seulement, l'entretoise C est entraînée avec le disque par le levier de rappel S placé au delà du mât du disque.

Ce levier de rappel, qui n'a à vaincre que les frottements du disque et de l'arbre des trois leviers, n'exige qu'une lentille pesant 5 kilogrammes environ, placée à 0^m,60 de l'articulation du levier.

Pour les autres leviers, au contraire, la position des lentilles est déterminée, comme à l'ordinaire, d'après la longueur des transmissions correspondantes, savoir :

LONGUEURS DES TRANSMISSIONS.	LEVIER DE MANŒUVRE. — Distance du centre de la lentille au centre du levier.	LEVIER DE RAPPEL. — Distance du centre de la lentille au centre du levier.	VALEUR du contre-poids dans le tube du levier de manœuvre.
1° *Avec le fil de* 0^m,001.	mèt.	mèt.	kil.
Jusqu'à 900 mètres..............	0,70	0,45	28
De 900 à 1200 mètres.	0,80	0,59	38
De 1200 à 1500 mètres.	0,90	0,73	48
De 1500 à 1800 mètres..........	1,00	0,87	58
2° *Avec le fil de* 0^m,005.			
Jusqu'à 600 mètres............	0,70	0,45	28
De 600 à 1000 mètres..........	0,85	0,62	38
De 1000 à 1400 mètres..........	1,00	0,79	48

Dans la pose des transmissions à trois fils, on emploie pour toutes les parties où il y a plus d'un fil, des supports à trois poulies verticales et des supports à trois poulies horizontales.

Les disques à distance employés sur la ligne de Lyon sont de deux espèces.

Les premiers, dont les signaux s'adressent aux trains ou machines circulant sur les voies principales, présentent les couleurs blanche et rouge en ce qui concerne les signaux de jour. Les signaux de nuit comportent un feu rouge, deux feux blancs, et un feu bleu. Le feu blanc indique aux trains arrivant que la voie est libre; le feu rouge commande l'arrêt. Lorsque le train a dépassé le disque et le voit par derrière, le second feu blanc lui indique que le disque présente le signal d'arrêt, et le feu bleu que le disque présente le signal de voie libre.

Les disques de la seconde espèce sont employés sur les voies de service; ils sont peints en jaune sur une face et en blanc sur l'autre.

Leur lanterne présente à volonté un feu blanc ou jaune dans une direction, et un feu jaune ou blanc dans la direction opposée.

La face jaune et le feu jaune commandent l'arrêt.

On voit, par la description qui précède, le soin qui préside à l'installation des appareils de sûreté sur la ligne de Paris à Lyon et à la Méditerranée. Des instructions théoriques et pratiques, pour la pose et l'entretien de ces appareils, sont du reste données aux agents de la voie; elles sont réunies, avec des dessins à l'appui, dans un mémoire très-intéressant que M. Marié, ingénieur en chef, adjoint, du matériel et de la traction du chemin de fer de Lyon, son auteur, a bien voulu mettre à notre disposition.

Nous avons extrait de ce mémoire et transcrit dans la note 3 les calculs, *1° des résistances au mouvement; 2° de la marche de la transmission et variations de sa longueur par suite des différences de tension.*

Description du disque d'Orléans. —Les disques à distance du réseau d'Orléans sont à lanterne mobile, avec transmission à deux fils; ils ne comportent aucun système de compensation automatique.

La compensation s'opère par une tension convenable des deux fils, à l'aide de tendeurs à vis.

Disque. — Dans la plupart de ces appareils, le mât est soutenu, comme au chemin de fer du Nord, par quatre tiges en fer rond servant de contre-forts, avec cette différence cependant que deux de ces tiges, renflées tous les 30 centimètres environ, servent de montants à une échelle dont les échelons sont rivés dans les renflements (Pl. V, *fig.* 1). Les contre-forts sont réunis à leur extrémité supérieure, à 1 mètre ou 1ᵐ,50 en contre-bas du centre du voyant, par un plateau d'une assez grande surface qui permet d'accrocher la lanterne directement, soit à la hauteur du centre, soit à la partie supérieure, selon que le voyant est percé au milieu ou échancré en haut (Pl. V, *fig.* 2). L'aiguilleur est ainsi renseigné sur l'état de l'éclairage, même lorsque le disque est à l'arrêt.

Quelquefois cependant, au lieu d'être fait avec des montants en fer rond, le support est formé par une poutre en bois (Pl. V, *fig.* 3) qui porte plusieurs attaches dans lesquelles le mât peut se mouvoir. L'attache supérieure est placée le plus haut possible, afin de rendre le disque moins sensible aux coups de vent. Le voyant est percé, dans le même but, d'un grand nombre de petits trous de 2 à 3 centimètres de diamètre.

Enfin, les anciens disques à lanterne fixe et à transmission à un seul fil des lignes d'Orléans à Bordeaux et de Tours à Nantes, ont été transformés et mis à deux fils et lanterne mobile. Ces appareils présentent généralement la disposition indiquée par la figure 4, planche V.

La hauteur normale des disques, du rail au centre du voyant, est à peu près la même que sur les autres chemins de fer, c'est-à-dire de 4 à 5 mètres. On remarque, toutefois, des points assez nombreux où ces appareils atteignent une hauteur de 6, 8 et 10 mètres. Dans quelques cas particuliers, elle est encore plus considérable. Lorsque la position d'un disque, par exemple, serait telle que, placé dans une tranchée en courbe, il ne serait pas vu d'assez loin par les mécaniciens, on n'hésite pas à le placer sur la crête de la tranchée, quelle qu'en soit la hauteur, et pour cela, les fils sont dirigés en rampe le long des talus.

Lorsque les disques atteignent une grande hauteur et que, par suite, il pourrait être dangereux de gravir l'échelle une lanterne à la main, on a imaginé une disposition qui donne à l'agent la liberté de tous ses mouvements. Cette disposition consiste en une poulie fixée au plateau et sur laquelle passe une corde dont une des extrémités reçoit la lanterne (Pl. V, *fig.* 5). Lorsque la lanterne a été hissée jusqu'au haut de l'échelle, l'autre extrémité de la corde est arrêtée à l'un des échelons, et l'agent peut alors monter librement. Comme surcroît de précautions, les voyants sont armés de deux poignées *a, a,* auxquelles les hommes peuvent se tenir pendant la pose des lanternes.

Dans quelques autres cas où la distance du plateau au centre du voyant est trop grande pour qu'un homme puisse y atteindre facilement, on accroche la lanterne à un porte-lanterne qui se meut verticalement sur deux guides en fer rond, dont les extrémités supérieures sont solidaires d'un petit support claveté sur le mât (Pl. V, *fig.* 6). Ces guides, tournant en même temps que le mât, entraînent la lanterne dans leurs mouvements de rotation. Le voyant et le porte-lanterne sont percés d'un trou qui permet à un feu blanc d'arriver à l'aiguilleur lorsque le disque est tourné à l'arrêt. Lorsque le disque est tourné à voie libre, la lanterne présente un feu vert aux mécaniciens, et un feu blanc à l'aiguilleur. Une poulie fixée à la partie supérieure du disque, et une corde dont l'une des extrémités attache le porte-lanterne, complètent cette installation. Il convient de remarquer qu'avec cette disposition de lumière, les trains arrivant sur la voie opposée à celle que commande le signal, aperçoivent toujours un feu blanc qu'ils peuvent, à tort, prendre pour un signal de ralentissement, puisque sur les lignes d'Orléans la couleur blanche a cette signification.

Tous les disques que l'on construit actuellement sur le réseau d'Orléans sont établis sur ce principe. Toutefois, au lieu d'arrêter la position du porte-lanterne au centre du voyant, on l'élève jusqu'au-dessus, par l'allongement des guides. Le voyant n'a plus ainsi besoin d'être percé : le porte-lanterne seul porte une ouverture. Cette disposition ne paraît avoir d'autre intérêt que d'élever un peu plus le feu rouge.

Appareil de manœuvre. — Le système de manœuvre exclusivement employé sur ce réseau est le simple levier sur lequel sont attachés les deux fils de la transmission. Ce levier a 1^m,25 de longueur ; il pivote autour d'un axe dont la distance à chacun des points d'attache du fil est de 0^m,15. Il n'y a donc entre ces deux points d'attache qu'un écartement de 0^m,30 qui, par la position extrême que l'on fait prendre au levier pour mettre le disque à l'arrêt ou à voie libre, ne détermine qu'une course d'environ 0^m,25 (Pl. V. *fig.* 7).

La distance normale des disques d'Orléans à leur levier de manœuvre est de 1000 à 1200 mètres. L'écartement est beaucoup plus grand et atteint jusqu'à 1800 mètres, lorsque les abords des gares ou stations que les appareils doivent couvrir présentent de fortes déclivités, et plus particulièrement sur les sections à voie unique.

Les fils attachés au levier de manœuvre sont contournés sur les gorges de poulies en cuivre de 0^m,03 de diamètre, montées sur de petits axes rivés eux-mêmes sur le levier (Pl. V, *fig.* 8). Leurs extrémités opposées sont fixées de la même façon à la partie inférieure du mât du voyant, et la distance du centre de ce mât au centre de chacun des points d'attache des fils sur le levier du pied du disque est également de 0^m,15 (Pl. V, *fig.* 9).

Appareil de tension. — Ces fils sont dressés et fortement tendus à l'aide de tendeurs placés de 200 en 200 mètres environ, de façon à emmagasiner dans leur longueur une force de ressort considérable.

Ils sont supportés, tous les 15 à 20 mètres, par de petites poulies en cuivre de 3 à 4 centimètres de diamètre, montées sur des piquets en bois de 10 à 12 centimètres d'équarrissage, bien faits et bien peints. L'axe de ces poulies est simplement constitué au moyen d'une vis à tête ronde.

Les deux fils d'une même transmission sont parfaitement parallèles entre eux et espacés sur toute leur longueur d'environ 0^m,15. Les flèches qu'ils prennent entre chaque point d'appui sont insignifiantes. Ils sont assujettis à rester dans les gorges des poulies par des pitons fixés dans des piquets (Pl. V, *fig.* 10), et sont maintenus au-dessus du ballast à une hauteur de 0^m,40 à 0^m,50.

Dans les transmissions posées en courbe, on s'attache à donner aux côtés du polygone la plus grande longueur possible. A chacun des sommets est un support spécial comportant deux poulies horizontales (Pl. V, *fig.* 11) dont les axes sont, comme dans les poulies verticales, formés de vis qui en rendent le nettoyage facile.

Lorsqu'une transmission traverse un passage à niveau, les fils sont ordinairement enfermés dans un tube en fonte de 0^m,10 de diamètre. Lorsqu'elle doit passer obliquement sous les voies, sur une certaine longueur, on construit un conduit solide en maçonnerie recouvert en dalles.

Sur quelques points du réseau, particulièrement sur les lignes récemment livrées à l'exploitation, on a adopté de nouveaux types de poulies, tant pour les alignements (Pl. V, *fig.* 12) que pour les sommets de polygones (Pl. V, *fig.* 13). Elles sont galvanisées dans toutes leurs parties.

Ces nouveaux supports paraissent préférables aux premiers dont il a été ci-dessus question (Pl. V, *fig.* 10 et 11), non-seulement parce que les poulies ont un plus grand diamètre, mais parce qu'elles peuvent, à l'aide des goupilles *a, a*, être retirées sans enlever leur axe. Il est certain, en effet, qu'une vis mise et remise fréquemment dans un même trou, comme dans les anciens types, doit finir par ronger le bois au point de n'y pouvoir plus tenir solidement.

Ainsi que nous l'avons vu plus haut, la course des leviers de manœuvre des disques à distance sur le réseau d'Orléans n'est, sans exception, que de 0^m,25. Cette course suffit au parfait fonctionnement des disques, quelle que soit leur portée, et sans qu'il soit nécessaire de régler les transmissions avec les changements de température; à la condition, toutefois, de manœuvrer plus ou moins énergiquement, selon qu'il fait chaud ou froid.

Malgré leur grande tension, les fils ne se rompent que très-rarement. Cela tient sans doute à leur bonne qualité et aux précautions que l'on prend pour obtenir une régularité d'étirage telle que les basses températures ne puissent exercer d'action compromettante pour leur élasticité.

La compagnie d'Orléans comprend, du reste, très-bien les questions relatives aux disques à distance, et elle obtient de ses appareils d'excellents résultats.

Les fils de transmission sont, une fois par an, peints en blanc sur toute leur longueur, sauf au droit des supports, sur 50 à 70 centimètres environ, où ils sont tenus parfaitement clairs, polis et légèrement graissés.

Quel que soit le modèle des supports, toutes les parties qui les composent, poulies, axes, pitons, sont fréquemment nettoyées et brillantes comme si elles venaient d'être mises en service.

Mât à longue portée (Orléans). — La compagnie d'Orléans emploie pour les grandes distances, c'est-à-dire celles qui dépassent 2000 mètres, un système de mâts dont la manœuvre offre toute sécurité de bon fonctionnement. Ce mât n'est autre chose que le mât à deux fils, ordinaire, au pied duquel une poulie à gorge tient lieu et place du croisillon ou mouvement; dans cette gorge frotte une chaîne reliant l'extrémité des deux fils, rétablissant ainsi la continuité des deux longueurs de fil.

Le levier de manœuvre est disposé de manière à fournir une course dont la longueur est proportionnelle à la portée du mât principal; cette course doit toujours être plus grande que l'allongement présumable des fils par la dilatation, de telle sorte que, dans toute manœuvre du mât, la longue course fournie par le levier oblige, non-seulement le tirage du fil nécessaire pour faire fonctionner le mât, mais encore force la chaîne à glisser dans la gorge de la poulie. On comprend aisément que, dans ce cas, le glissement de la chaîne n'ayant pu se produire qu'après la manœuvre complète du mât, rend matériellement impossible toute fonction incomplète de ce dernier.

La manœuvre de ces mâts est excessivement douce et peut se faire aussi lentement que possible, de sorte qu'il n'y a plus à craindre les chocs provenant de la manœuvre brusque des mâts ordinaires qui occasionnent l'extinction de la lumière des lanternes des disques.

Il n'y a pas, sur les lignes d'Orléans, de disques à plusieurs transmissions.

Les disques du chemin d'Orléans comportent en général une cloche d'un assez gros calibre qui est mise en branle et vivement agitée par le mouvement du disque lui-même.

Cette cloche, dont la puissance de son est assez intense pour être entendue par l'aiguilleur qui manœuvre le disque, lui permet, en cas de brouillard, par exemple, de s'assurer que le disque a réellement fonctionné.

Elle sert surtout aux aiguilleurs qui occupent la partie des sommets de triangle de bifurcations pour s'annoncer mutuellement les trains, ce qu'ils font en ouvrant et refermant immédiatement les disques placés dans l'intérieur des triangles de raccordement.

La sonnette vivement agitée annonce à l'aiguilleur qu'un train est en vue et qu'il devra passer dans quelques instants à son poste. L'aiguilleur, prévenu par cet appel, répond en ouvrant son disque à distance qu'il laisse à la voie libre, s'il y a lieu, ou qu'il referme immédiatement s'il ne peut laisser passer le train annoncé.

Généralement tous les disques qui sont placés près des gares, et exceptionnellement en pleine voie, sont munis de ces cloches d'appel.

Description du disque de l'Ouest. — Les signaux employés sur le réseau de l'Ouest, sont de modèles divers dont une partie est destinée à être modifiée pour rentrer dans un type unique, au moins quant au système.

Nous nous bornerons à décrire le signal-type adopté pour les nouveaux signaux à établir.

Disque. — Le signal est à poteau en bois et à lanterne fixe.

L'appareil se compose d'un poteau A reposant sur une croix et soutenu par quatre jambes de force C (Pl. V, *fig.* 14 et 15).

Un mât en fer D, supporté par une crapaudine E, et maintenu par deux guides GG fixés au poteau, se termine en pivot à la partie inférieure, et à la partie supérieure par une croix sur laquelle est rivé un disque circulaire en tôle H.

Le mât repose dans la crapaudine E sur un grain en acier, et des portées tournées sont ménagées au droit des guides pour que le mât puisse tourner librement.

Une console J, en fer plat, fixée au poteau, supporte deux tringles verticales LL en fer rond réunies à leur partie supérieure par une entretoise en fer qui sert en même temps à maintenir le mât.

Ces tringles servent de guides à un porte-lanterne K, en fonte, que l'on peut élever ou abaisser au moyen d'une chaîne M, s'enroulant sur une poulie P, que supporte l'une des tringles conductrices, dont l'extrémité supérieure est terminée en chape pour cet objet.

Deux ressorts à boudin, N, N, sont disposés à la partie inférieure des tringles pour amortir le choc lorsqu'on descend la lanterne, et une chaîne terminée par un crochet, placée également à la partie inférieure des tringles, sert à accrocher la chaîne pour maintenir la lanterne élevée.

Enfin, le mouvement est communiqué au disque au moyen d'une manivelle T, calée à la partie inférieure du mât, et recevant une petite chape V, à laquelle est agrafé le fil de la transmission.

La face du disque commandant l'arrêt est peinte en rouge et bordée d'un liséré blanc de 0^m,05 de largeur. Les disques des voies de service, notamment de celles conduisant aux dépôts, sont peints en jaune. Le feu de nuit, pour ces disques, est de couleur jaune.

La face opposée est peinte en blanc et bordée d'un liséré noir de 0^m,05 de largeur.

Appareil de manœuvre et de transmission. — L'appareil de manœuvre se compose d'un support en fonte à deux piliers A, A, reposant sur une charpente en bois à laquelle il est fixé au moyen de tirefonds et portant un arbre B, sur lequel est calé un secteur en fonte C. (Pl. V, *fig.* 16 et 17.)

Le secteur porte une mortaise dans laquelle est fixée un levier en fer L, muni d'un contre-poids P, et la chaîne terminant la transmission est agrafée à un crochet D que porte le secteur.

Le patin en fonte S du secteur vient s'appuyer sur la charpente et limite la course du levier de manœuvre à la voie fermée.

A la voie ouverte, le levier occupe la position indiquée (Pl. V, *fig.* 14 et 16), et l'action du contre-poids P tient le fil tendu.

Les variations de température font contracter ou dilater le fil et la position du levier à la voie ouverte varie suivant le mouvement du fil.

Lorsque la température s'abaisse, le fil se raccourcit et force le levier à se relever; lorsque la température s'élève, le fil s'allonge et le levier s'abaisse : sa course dans ce cas est limitée par le sol sur lequel le contre-poids viendrait reposer si l'on ne réglait pas la position du levier.

Il est très-important, lorsque le levier est à la voie ouverte, de ne pas laisser arriver le contre-poids jusqu'au sol, rien n'indiquant, dans ce cas, s'il se produit un allongement du fil, et le signal pouvant, par suite, donner des indications inexactes.

Ce système de manœuvre permet de placer l'axe de rotation du levier très-près du sol et, par suite, de mettre la poignée à une hauteur convenable pour que la manœuvre puisse se faire facilement : il offre en outre l'avantage de donner, pour une course quelconque du levier, une course de fil égale à la longueur développée de l'arc de cercle d'enroulement.

Le mouvement est transmis de la manœuvre au signal au moyen d'un fil de fer supporté de 15 mètres en 15 mètres par des poulies reposant sur des piquets en bois plantés dans le sol. (Pl. V, *fig.* 14 et 15.)

Le diamètre du fil de fer adopté est de 0^m,0044, ce qui est suffisant même pour une transmission à très-grande distance. Le fil adopté est, en outre, galvanisé.

Chaque support de fil se compose d'un piquet de 1 mètre de longueur et de 0^m,10 d'équarrissage, au sommet duquel est fixée une poulie.

Lorsque la transmission est en ligne droite, chaque piquet reçoit une poulie verticale.

Lorsque la transmission est posée en courbe de 300 mètres de rayon, chaque piquet reçoit une poulie horizontale. Lorsque le rayon de la courbe est supérieur à 300 mètres, on fait décrire au fil un polygone à chacun des sommets duquel on place une poulie horizontale. Les taquets placés dans les intervalles sur la partie droite reçoivent des poulies verticales.

Appareil de tension. — Le système de rappel se compose d'un levier coudé *a*, muni d'un contre-poids P, à position variable et monté sur un axe *b*, que supporte un palier-buttoir *c*.

La course du levier est limitée à la voie ouverte par le palier *c*, sur lequel vient s'appuyer le petit bras du levier *a*, et à la voie fermée par un tasseau *d*, sur lequel repose le contre-poids P, par l'intermédiaire d'une rondelle en caoutchouc.

La disposition de l'ensemble de l'appareil donnée (Pl. V, *fig.* 14) fait voir que lorsque la voie est fermée, le levier de manœuvre repose sur son arrêt, et le levier de rappel sur un tasseau.

A la voie ouverte, le levier de rappel est appliqué contre son arrêt par l'action du levier de manœuvre qui maintient le fil tendu et compense les allongements ou les raccourcissements du fil en variant de position. S'il se produit, par suite, une rupture de fil dans cette position, le levier de rappel tombe, entraîne le signal dans son mouvement et le met à l'arrêt.

Sur les chemins de fer de l'Ouest, la distance du signal au point que l'on veut protéger est fixée en tenant compte des déclivités et des courbes de la voie. Les signaux sont généralement placés en vue de la gare, et rendus visibles pour les mécaniciens d'aussi loin que possible. La distance à laquelle on place les signaux des points à protéger fait l'objet, dans chaque cas particulier, d'une étude spéciale. Toutefois, on admet comme distance minimum à observer dans les cas les plus favorables à l'arrêt des trains la longueur de 500 mètres.

Le poids de la lentille du levier de manœuvre est de 30 kilogrammes pour les longueurs de transmission comprises entre 500 et 1000 mètres, et de 40 kilogrammes pour les longueurs comprises entre 1000 et 1500 mètres. Le poids de la lentille du levier de rappel est de 20 kilogrammes.

Les indications qui précèdent sont empruntées à l'intéressant mémoire sur la pose, la manœuvre et l'entretien des signaux à distance, rédigé par M. Clerc, ingénieur des ponts et chaussées, chef du service de l'entretien et de la surveillance de la voie du réseau de l'Ouest.

Quelquefois, les disques de la ligne de l'Ouest sont munis de pétards qui se placent sur les rails lorsque la voie est fermée.

L'utilité du pétard, dans ce cas, est seulement d'appeler l'attention du mécanicien sur la position du disque tourné à l'arrêt.

Les signaux d'arrêt absolu consistent en disques à potence (Pl. XI, *fig.* 2 et 3), qui viennent se placer en travers des voies.

Ces disques, d'une assez grande dimension, présentent plusieurs inconvénients : ils sont exposés à se tourner d'eux-mêmes par les vents violents ; en outre, lorsqu'un mécanicien ne s'arrête pas à temps, il brise le disque et la lanterne. Les débris du disque, ramenés à la position d'arrêt par le contre-poids, viennent incessamment butter contre les voitures et occasionnent leur détérioration.

Pour obvier à ces inconvénients, on expérimente en ce moment un nouveau système, dont on veut étendre l'emploi. Il consiste en une potence portant un double disque (Pl. VI, *fig.* 1). L'un, adapté à un bras de levier suffisamment long, vient se placer en travers de la voie ; l'autre, dont le bras de levier est très-court, offre au vent une surface calculée de manière à équilibrer le premier.

Le bras de levier, qui supporte le disque placé en travers de la voie, est composé de deux parties reliées au moyen d'une charnière, dans laquelle est disposée une goupille pour l'empêcher de fonctionner.

La lanterne est placée dans l'axe de la potence.

Lorsqu'un mécanicien franchit ce disque d'arrêt absolu, le choc occasionne le bris de la goupille ; la première partie du levier, à laquelle le disque est fixé, tourne seule et reste parallèle aux voies. Les inconvénients signalés plus haut sont ainsi évités.

On étudie des combinaisons de verres de couleur destinés à faire reconnaître, pendant la nuit, ces signaux spéciaux. Si cette étude ne produit pas un bon résultat, on placera deux lanternes à feu rouge.

Nous avons parlé plus haut d'un système d'écran tournant, qui pourrait donner des feux à éclipses. Il recevrait ici son utile application.

Ces disques d'arrêt absolu sont, du reste, précédés d'un disque ordinaire, qui sert à prévenir les mécaniciens et à couvrir les trains arrêtés.

Les signaux d'arrêt absolu sont comme les disques ordinaires, *rouges* pour les voies principales, et *jaunes* pour les voies accessoires.

Disque à plusieurs transmissions (Ouest). — Des appareils à plusieurs transmissions sont employés sur le réseau de l'Ouest. Ils présentent à peu près les mêmes dispositions que sur la ligne de Lyon.

La principale différence, analogue à celle qui existe pour les disques à transmission unique, se rapporte à la position que prend le disque au cas de rupture d'un fil. Sur l'Ouest, il se met à l'arrêt; sur Lyon, il se met à voie libre.

Sur le chemin de fer de l'Ouest, les disques sont quelquefois munis de sonnettes; elles ne servent pas à prévenir l'agent qui a manœuvré le levier, que le disque a réellement fonctionné, mais bien à appeler l'attention d'un garde placé près du disque et chargé d'exécuter un signal répétiteur.

Disque du Midi. — Dans le type adopté sur les lignes du Midi, le disque proprement dit est le même que celui de Lyon. La manœuvre seule est du *système Robert*.

Il n'y a pas de disque à plusieurs transmissions.

Appareil de manœuvre de plusieurs disques par le même levier (Midi). — Un appareil assez ingénieux sert à manœuvrer plusieurs disques avec le même levier, et donne l'assurance que deux directions convergentes ne seront pas ouvertes à la fois.

La planche VI (*fig* 2 et 3) représente cet appareil.

Une chaîne C est attachée au levier L d'une part, et à des tiges de transmission T d'autre part, au moyen de crochets. Ces tiges de transmission sont reliées à plusieurs fils se rattachant à des disques distincts.

Un système de poulies P à axes verticaux et horizontaux guide la chaîne, et lui permet de prendre les courbures correspondantes à chacune des tiges. Ces tiges passent, du reste, entre deux mâchoires en fer formant en plan, arc de cercle; elles sont ainsi convenablement maintenues.

Cette disposition peut, en certains cas, recevoir d'utiles applications; elle a au moins le mérite d'une grande simplicité.

Discussion des divers systèmes. — Nous venons de décrire les appareils types employés sur les diverses lignes françaises pour la transmission des signaux à distance. Chacun de ces systèmes a ses avantages particuliers, et tous fonctionnent convenablement, pourvu que l'entretien ne fasse pas défaut; de plus en plus, les signaux à distance prennent une large place dans l'exploitation des chemins de fer, et dans toutes les Compagnies l'entretien des signaux à distance se fait bien.

En passant une revue rapide des divers systèmes de disques, nous dirons que l'appareil adopté sur le chemin du Nord a surtout l'avantage de permettre l'emploi de fils de $0^m,002$. Cette condition favorable résulte de la position du contre-poids tendeur placé au milieu de la distance qui sépare le levier de manœuvre du pied du disque.

Les disques de l'Est et de Lyon ont beaucoup d'analogie. Sur l'Est, le contre-poids tendeur est plus lourd que le contre-poids de rappel; il faut, par suite, empêcher le premier d'agir pour permettre l'action du second. Sur le Lyon, au contraire, le contre-poids de rappel l'emporte sur le contre-poids tendeur; il faut ajouter à ce dernier l'action de la lentille placée sur le levier pour que le disque soit mis en mouvement. Une différence que nous avons déjà signalée porte sur la position que prendrait le disque en cas de rupture du fil. Sur l'Est, il se mettrait à l'arrêt, sur le Lyon à voie libre.

Mais cette anomalie ne tient pas au système, et il suffirait de faire tourner chacun des disques de la ligne de Lyon d'un quart de circonférence, pour qu'elle disparût; au grand avantage du service, selon nous.

Le disque à deux fils, d'Orléans, ne comportant aucun appareil de dilatation, est excellent pourvu que la tension des fils soit toujours convenablement réglée, afin que les différences de température n'empêchent pas ces fils d'être suffisamment tendus. Il faut, pour arriver à ce résultat, une très-grande surveillance et de grands soins. Sans contredit, si l'on pouvait compter d'une manière absolue sur un entretien aussi parfait que celui qui a lieu sur la ligne d'Orléans, le système à deux fils serait celui qui donnerait les plus grandes garanties de sécurité.

L'appareil de l'Ouest est simple et fonctionne très-bien.

Ce serait à ce système que nous donnerions la préférence, si nous devions choisir un disque à un fil avec appareil de tension.

Quoi qu'il en soit, ce qui constate la bonté des appareils, c'est que chacune des Compagnies est satisfaite du système adopté par elle, et se borne à le perfectionner.

Inconvénients résultant de la grande portée des dis-

ques. — Les disques destinés à protéger les stations doivent être placés à des distances variant suivant les localités, la configuration du sol, et le tracé du chemin de fer. Primitivement, ces distances variaient de 600 à 800 mètres. L'augmentation de la vitesse des trains, l'emploi de machines d'un très-grand poids, ont rendu ces distances insuffisantes et il a été nécessaire d'éloigner les disques. Cet éloignement a produit deux inconvénients :

1° L'invisibilité assez fréquente des signaux pour les agents qui les manœuvrent ;

2° La crainte que les disques ne soient mis à l'arrêt lorsqu'ils ont été dépassés par les mécaniciens, qui croient alors que la station est ouverte.

On a cherché à parer à ces inconvénients, soit par des disques conjugués soit par des sonneries électriques dites *trembleuses*.

Disques conjugués. — Sur les lignes du Nord, on a établi des disques conjugués à deux fils. Les disques les plus rapprochés du levier imprimant leurs mouvements aux disques principaux, au lieu de les recevoir de ces derniers, ce système ne pouvait offrir une garantie suffisante ; il arrivait, parfois, que le disque principal ne fonctionnait pas, tandis que le premier disque se trouvait convenablement placé. On comprend, en effet, que le mouvement du disque le plus rapproché du levier de manœuvre se transmette au disque le plus éloigné, si les fils qui les relient l'un à l'autre sont en bon état et de longueur identique et convenable ; mais, en dehors de ces conditions, le mouvement du premier n'implique pas celui du deuxième.

Ce système a été abandonné.

Disque du système Desgoffe et Jucqueau. — Le disque de MM. Desgoffe et Jucqueau, expérimenté sur la ligne d'Orléans, ne paraît pas présenter les inconvénients que nous venons de signaler. L'appareil est mis en mouvement par un mécanisme qui diffère selon qu'il répond à des signaux à deux fils, ou à un fil.

Le mât de rappel, dont les dimensions sont variables suivant qu'il est près ou loin de la station de laquelle il doit être vu, ne diffère des mâts ordinaires que par le mode d'attache des fils de manœuvre sur le croisillon, ou mouvement, placé au pied du disque.

Aux deux extrémités du croisillon MN (Pl. VII, *fig.* 1 et 2) sont fixées deux boucles de bronze A, B, formant anneaux, dans lesquelles passent les fils de manœuvre du mât principal.

Ces deux boucles, dans lesquelles glissent librement les fils, pivotent elles-mêmes autour des tiges C, D, sur lesquelles elles ne sont retenues que par les goupilles F, G.

Sur chacun des fils de manœuvre, et du côté du levier, est fixé solidement le serre-fil H voisin des anneaux du croisillon sur lesquels il vient butter lors de la manœuvre du mât; de telle sorte que la traction de l'un des fils provenant du levier de manœuvre, ne peut avoir aucune action sur le mât de rappel. La manœuvre de celui-ci ne s'opère que par l'entraînement que lui communique le contact du serre-fil placé sur le fil de retour; c'est-à-dire, sur le fil que la manœuvre du disque a détendu.

On voit que, dans le système que nous venons de décrire, la transmission du signal est faite directement sur le disque à distance, et que ce mouvement est répété par le mât de rappel situé en vue de l'agent chargé de faire la manœuvre. On peut compléter les garanties de sécurité, en disposant un timbre contre lequel le disque vient butter.

MM. Desgoffe et Jucqueau ont appliqué leur système aux disques à un fil.

Le mécanisme diffère du précédent par l'agencement de ses pointes d'attache, par son excentrique autour duquel s'enroulent les chaînettes de tirage, et par le segment d'arrêt du levier de manœuvre, qui est muni d'une glissière mobile (Pl. VII, *fig.* 3 et *4*).

Lorsqu'on ferme la voie, le levier de manœuvre placé d'abord en A (voie ouverte) passe par le point K (dérangé), et sa course de K en F est sollicitée par le poids P agissant sur le fil du disque principal. La chaînette AD du mât de retour suit naturellement le mouvement du fil déterminé par l'action du tirage du poids P.

Lorsqu'on ouvre la voie, le levier de manœuvre doit s'arrêter au point A; mais, par suite de la disposition même du segment d'arrêt FK, on est obligé de faire passer d'abord ce levier par le point K. On élève dès lors, forcément, le poids P d'une quantité LM excédant la course normale (voie ouverte) de MN. Le retour du levier en A est ainsi sollicité directement par le poids P, qui redescend de lui-même au point N correspondant au point A du levier de manœuvre. L'action directe du poids P établit donc le principe du mât de rappel dans les deux hypothèses *voie ouverte et voie fermée.*

Si le fil casse pendant ou après la manœuvre, le mât de rappel n'étant plus soumis à l'action du poids P, est entraîné par la lentille du levier qui, en tombant en son point extrême K, lui fait faire un quart de révolution en plus, et l'oblige à présenter aux agents responsables, le côté du voyant sur lequel est écrit le mot *dérangé*.

Cette dernière application semble bien compliquée, et nous pensons que les Compagnies qui veulent établir des mâts conjugués du système Desgoffe et Jucqueau doivent, sans aucun doute, choisir les mâts à deux fils.

L'appareil à deux fils, analogue à celui qui est adopté sur la ligne d'Orléans, avec adjonction du mât répétiteur Desgoffe et Jucqueau, a fait sur la ligne du Nord l'objet de quelques expériences. Elles n'ont eu aucune suite concluante parce que les Ingénieurs du Nord désiraient que le mât pût fonctionner au pied même du levier de manœuvre. Or, avec des fils tendus, il faut pour éviter l'effet du ressort, l'éloigner à 150 ou 200 mètres du levier.

Les disques conjugués ne peuvent, du reste, être réellement utiles que, si en même temps qu'ils donnent au garde l'assurance du bon fonctionnement de leur appareil, ils fournissent au mécanicien un second signal, que rend de plus en plus nécessaire la grande distance qui existe aujourd'hui entre les leviers et les mâts principaux.

Nous avons assisté aux expériences entreprises, et nous avons regretté qu'elles fussent abandonnées.

Lorsqu'il est nécessaire de couvrir un point à une distance qui dépasse 2000 mètres, on établit un disque répétiteur manœuvré par un agent spécial qui se borne à reproduire les signaux qu'il reçoit du premier disque; à côté de celui-ci se trouve le levier du disque répétiteur.

Sonneries électriques appliquées aux disques. — Les sonneries électriques, dites *trembleuses*, ont été d'abord appliquées sur le chemin de fer de Lyon. Leur emploi s'est rapidement généralisé.

La compagnie d'Orléans a, seule, préféré à ce système l'emploi des disques répétiteurs que nous venons de décrire.

Nous ne pouvons mieux faire que d'emprunter à la note de M. Marié la description des sonneries adoptées sur la ligne de Lyon.

Le but des sonneries est d'indiquer le fonctionnement du signal, en produisant, pendant que le disque est à l'arrêt, un tintement continu.

On obtient ce résultat à l'aide d'un courant électrique qui se trouve établi ou interrompu par un commutateur spécial, suivant que le disque est fermé ou qu'il est ouvert. La sonnerie est disposée de manière à ce que le tintement se produise quand le courant passe, c'est-à-dire, quand le disque est fermé, et à ce que ce tintement s'arrête quand le courant est interrompu, c'est-à-dire, quand le disque est ouvert.

Nous allons successivement décrire le commutateur, la sonnerie, le circuit et le fonctionnement de l'appareil.

On se sert, pour la production du courant, d'une pile Daniell, composée de douze éléments.

Commutateur. — Le commutateur (Pl. VII, *fig.* 5) se compose d'une lame flexible d'acier H, qui est fixée au soubassement du mât de signal par un boulon K isolé à l'aide d'un tube et de deux rondelles de caoutchouc. Ce boulon est relié au fil de ligne. A l'arbre du disque qui communique avec le sol, est fixée une tige de fer L terminée par une rondelle en platine ou en argent, qui vient, lorsque le disque est à l'arrêt, presser contre un bouton, également en platine ou en argent, qui termine le ressort H, et ferme ainsi le circuit.

Sonnerie. — La sonnerie (Pl. VII, *fig.* 6) se compose d'un électro-aimant G, devant lequel est une palette en fer P, qui est attirée quand le courant passe dans le fil de l'électro-aimant, et qui est ramenée en arrière par un ressort de rappel F quand le courant cesse de passer.

A cette palette est fixé un petit marteau M, qui frappe un coup sur le timbre T à chaque oscillation de la palette. Pour obtenir une sonnerie continue par des oscillations successives de la palette, il suffit de produire une série de passages et d'interruptions du courant.

Voici comment les choses sont disposées à cet effet :

Circuit. — Des fils reliant les différentes parties de l'appareil (Pl. VII, *fig.* 7) présentent le circuit suivant au courant électrique : le sol est relié au pôle zinc de la pile, dont le pôle opposé est relié à l'une des extrémités du fil de l'électro-aimant de la sonnerie. L'extrémité opposée de ce fil est reliée à la palette mobile. Suivant que celle-ci touche ou ne touche pas son arrêt D (*fig.* 6), le circuit se trouve continué ou interrompu en ce point. De l'arrêt D, le circuit est continué par le fil de ligne, jusqu'au sol, en traversant le commutateur (*fig.* 5) ; ce dernier établit ou interrompt le circuit, suivant que le disque est fermé ou qu'il est ouvert, ainsi que nous l'avons dit plus haut.

Fonctionnement de la sonnerie. — Lors donc que le disque est ouvert, le commutateur interrompt le circuit; l'électro-aimant G n'a pas d'action, et la palette P, sous l'action unique de son ressort F, presse sur le ressort d'arrêt D (Pl. VII, *fig.* 6).

Les choses restent en cet état jusqu'à ce que, le disque étant fermé, le commutateur rétablisse le courant. A ce premier moment, la palette appuyant sur son arrêt D, le courant passe, l'électro-aimant attire la palette, qui vient le toucher, et sonne en même temps sur le timbre. Mais la palette ayant abandonné son arrêt D, a interrompu le courant; en conséquence, l'action de l'électro-aimant cesse aussitôt, et la palette, sous l'action de son ressort F, revient se poser sur son arrêt D ; le courant est donc rétabli, tout recommence, et la palette, oscillant continuellement, frappe un coup sur le timbre à chaque passage du courant.

Sonnerie des appareils à trois transmissions (Lyon). — Les appareils à trois transmissions exigent une disposition particulière pour les sonneries électriques.

En effet, des sonneries ordinaires, reliées par un circuit commun à un commutateur unique monté sur l'arbre du disque, auraient indiqué seulement la position du disque, et non celle des leviers de rappel, correspondant à chacune des trois transmissions. Or, il faut que l'homme qui manœuvre un des leviers sache, non-seulement si le disque est fait, mais encore, et surtout, si son levier de rappel a accompli son mouvement, de manière à maintenir par lui-même le disque fermé.

On a donc établi au-dessus des trois leviers de rappel P', Q', R' (Pl. VII, *fig.* 8 et 9) un support en fer, disposé pour recevoir, en face de chacun d'eux, un commutateur d'un modèle spécial (Pl. VII, *fig.* 10 et 11), communiquant par un circuit distinct EF avec une sonnerie ordinaire placée auprès du levier de manœuvre correspondant P, Q, R.

Il résulte de ce qui précède que, pour les signaux à deux ou trois transmissions, on devra employer les sonneries électriques, même quand le disque pourra être aperçu des points où sont placés les leviers de manœuvre.

L'expérience des sonneries électriques est aujourd'hui complète ; elles rendent de grands services ; les inconvénients qu'on leur reproche, et qui tendent à s'atténuer par des perfectionnements successifs, sont leur grande susceptibilité, les dérangements auxquels elles sont exposées, les soins assidus qu'elles exigent, enfin l'entretien journalier de la pile.

Sonneries électriques avec piles à sulfate d'oxydule de mercure et nouveau commutateur (Nord). — La compagnie du Nord emploie depuis quelque temps de nouvelles piles à élément de sulfate d'oxydule de mercure, et un nouveau commutateur, qui semble devoir apporter une grande amélioration dans le fonctionnement des sonneries.

Nous devons à l'obligeante communication de MM. Tesse et Lartigue la description de ce commutateur établi sur leurs dessins par M. Bréguet ; il est plus solide et plus sûr que ceux qu'on a employés jusqu'ici.

Un levier porté par l'axe du signal fixe, tourne avec cet axe et vient agir sur le commutateur.

La forme assez compliquée qu'il présente dans la figure est motivée par des circonstances spéciales au disque sur lequel l'essai a été fait ; mais dans les conditions ordinaires, ce levier pourrait être rectiligne.

Le commutateur est représenté (Pl. VIII, *fig.* 1 à 9) ; il correspond à la position du disque fermé.

La masse M (*fig.* 1 et 2), qui pivote autour de l'axe O, est alors soulevée par le levier D (*fig.* 4, 6, 7 et 8), et le ressort R, qui est invariablement lié à M, est amené au contact de la pièce métallique L à laquelle aboutit le fil de ligne.

Cette pièce métallique L est isolée du commutateur au moyen d'une pièce de caoutchouc durci CC (*fig.* 3).

Quand le commutateur est dans la position représentée *fig.* 1 et 2, on voit que la ligne se trouve mise en communication avec la masse M, et par suite, avec le fil de terre qui aboutit en T ; le circuit se trouve fermé et la sonnerie fonctionne.

Le contact entre la masse M et la partie fixe du commutateur est très-bien assuré, d'abord par le poids considérable de cette masse M, et ensuite par deux ressorts Z en cuivre terminés par des contacts en platine qui frottent contre des parties également en platine.

Le ressort R et la partie sur laquelle il frotte sont également recouverts de platine ou d'argent pour assurer le contact.

Quand le disque vient à s'ouvrir, le levier D s'écarte, la masse M tombe dans la position M' (*fig.* 1) et vient reposer sur une saillie ménagée à la base de la colonne qui porte le commutateur ; le ressort R tourne également autour de l'axe O, vient en R' s'arrêter sur le caoutchouc durci, et, par conséquent, la communication de la ligne à la terre se trouve rompue.

On remarquera (*fig.* 3) qu'un espace vide a été ménagé entre la partie L et le caoutchouc durci C afin d'éviter une communication anormale par les particules métalliques qui seraient entraînées par le ressort R sur la surface du caoutchouc durci. Cette communication ne suffirait sans doute pas à faire marcher la sonnerie, mais elle occasionnerait une perte qu'il convient d'éviter.

Le grand poids de la pièce M assure sa chute d'une manière beaucoup plus positive que tous les ressorts qu'on a employés jusqu'ici. Ces ressorts étaient en outre exposés à se casser. Toutes les parties fixes du commutateur étant en fonte malléable, sont aussi moins exposées à se casser.

Enfin, l'ensemble de l'appareil est recouvert d'une sorte de bonnet en zinc qui suffit à le garantir de la pluie ; les parties métalliques sont peintes, ou galvanisées, pour les préserver de la rouille.

Languette métallique destinée à interrompre la sonnerie d'un disque (Midi). — Sur le chemin de fer du Midi, on peut par une disposition très-ingénieuse interrompre la sonnerie d'un disque, habituellement fermé, en relevant une languette métallique placée près du levier. Le circuit est alors coupé.

La manœuvre du levier correspondant à l'ouverture du disque, rabat la languette métallique et met la sonnerie en position de fonctionner lorsque le circuit, interrompu au mât, est de nouveau complété.

Cette disposition, qui évite un bruit continu auquel l'agent finit par ne plus prendre garde, est surtout applicable aux chemins à voie unique que nous ne traitons pas dans cette étude.

Rappelons, en terminant, que la trembleuse ne donne de garanties qu'en ce qui concerne l'agent chargé de la manœuvre du disque ; tandis que la répétition mécanique, notamment celle de MM. Desgoffe et Jucqueau, tout en indiquant également l'obéissance du signal à distance, offre au mécanicien un second avertissement visible dont l'utilité ne saurait être contestée.

Disque répétiteur à électro-aimant (Orléans). — Une application d'un système qui donne un signal répétiteur au moyen d'un électro-aimant, a été faite au chemin de fer d'Orléans, ligne de Paris à Orsay ; un rouage adapté à l'électro-aimant peut faire tourner un disque de 10 ou 15 centimètres de diamètre, dont les faces sont peintes l'une en rouge, l'autre en blanc, comme celles du signal fixe de la voie.

Quand le signal fixe est à l'arrêt, un commutateur ferme le circuit électrique d'une pile qui traverse l'électro-aimant, et le rouage présente à la gare la face rouge du petit disque.

Quant au contraire le commutateur du signal est ouvert, le petit disque présente sa face blanche.

Disques automoteurs. — Divers systèmes de disques automoteurs ont été étudiés en vue de protéger les stations par le seul fait du passage des trains. Nous nous bornerons à décrire celui de MM. Miard et Adam, en expérimentation à Villiers-le-Bel sur la ligne directe de Paris à Creil, et à Montataire sur la ligne de Creil à Beauvais.

Système Miard et Adam (Nord). — Une pédale G, placée le long du rail, à l'intérieur de la voie, est solidaire d'un arbre horizontal H armé de trois bras de levier L, I, M (Pl. VIII, *fig.* 10 et 11).

Le levier à fourchette I est lui-même relié à un mentonnet d'arrêt à pompe et à chapeau J, dont la partie supérieure s'engage dans une encoche pratiquée à l'intérieur de la poulie A sur laquelle s'enroule la chaîne de tirage terminée par le poids P.

La pression exercée sur la pédale G par la première roue de la locomotive du train arrivant, fait faire à l'arbre H et au levier I un mouvement de révolution ; le chapeau J s'abaisse, et la poulie ne se trouvant plus maintenue, cède à l'action du poids P, qui amène le disque dans la position de voie fermée.

Le levier à contre-poids L sert à équilibrer les pièces I, J et à ramener le mentonnet dans son encoche dès que de la station on soulève le poids P, à l'aide du levier de manœuvre et du fil de la voie libre.

Le levier M permet de faire de la station le signal d'arrêt à l'aide de la transmission spéciale.

Deux petits arrêts F fixés au collier de la charpente du disque, et sur lesquels vient butter la goupille K, déterminent la position du voyant dans les deux sens. Ces arrêts pourraient être également établis à la partie inférieure du mât du disque.

Enfin, deux petits contre-poids Q, Q' situés auprès du disque, et les agrafes S, S' ménagées entre deux parties de chaque fil, ont pour but de parer aux effets de la contraction ou de la dilatation.

L'appareil de MM. Miard et Adam n'est pas exclusivement auto-moteur ; il peut tout aussi bien être mis à l'arrêt de la station par le levier de manœuvre, comme dans le système ordinaire, que par les trains eux-mêmes. A ce point de vue, il présente donc une double garantie de sécurité pour la circulation. Son agencement est simple et son installation peu dispendieuse. L'expérience qui en est faite au Nord a été, jusqu'à présent, assez favorable. Cet appareil, enfin, peut, de même que tous les autres disques à distance, être muni de répétition électrique ou mécanique, donnant à la station l'assurance que le signal a, ou n'a pas, répondu à l'appel qui lui a été fait, soit par la locomotive à son passage, soit par l'aiguilleur.

Des expériences analogues à celles qui ont lieu sur la ligne du Nord sont faites sur d'autres lignes, notamment, sur celles de l'Est et de Lyon.

Systèmes Fleury et Brocot, Limouse (Est), Aubine (Lyon). — Le disque automoteur expérimenté sur la ligne de l'Est, du système *Fleury et Brocot*, a été décrit dans le *Portefeuille des conducteurs des ponts et chaussées et des gardes-mines* (n° 5 de décembre 1858). Ce système a été abandonné.

Un autre disque du système *Limouse* fonctionne régulièrement depuis plus de dix ans aux têtes des petits souterrains et sur quelques points où il y a intérêt à ce que la machine se couvre d'elle-même.

Si la compagnie de l'Est n'a pas donné plus d'extension à l'emploi de ce disque, c'est qu'elle a reconnu qu'il convient de ne l'appliquer que dans certains cas spéciaux où le disque doit être fermé par la machine ; tandis que, en général, il vaut mieux qu'il ne soit fermé que par l'agent chargé de sa manœuvre.

Le disque *Miard et Adam* (Nord), dont nous venons de parler, est, du reste, basé sur le même principe que le disque *Limouse*.

La ligne de Lyon a employé, à titre d'essai, à la gare de Draveil (ligne de Villeneuve-Saint-Georges à Corbeil) le disque automoteur du système *Aubine*, qui a fonctionné pendant quelques mois sans dérangement.

Nous pensons inutile de nous arrêter davantage sur cette question.

Appareil à pétards (Lyon). — Les mécaniciens doivent apercevoir assez tôt les disques pour pouvoir se conformer aux règlements qui les obligent, sur certaines lignes, à un arrêt complet, sur d'autres lignes, à un ralentissement équivalant à l'arrêt.

En temps de brouillard, la distance à laquelle le signal peut être aperçu se trouvant considérablement diminuée, le point à couvrir n'est plus suffisamment protégé. En ce cas, on fait quelquefois répéter les signaux par des gardes placés à l'avant du disque.

L'exécution de ces prescriptions présente des difficultés qui équivalent souvent à de véritables impossibilités.

La compagnie du chemin de fer de Lyon a voulu combler cette lacune, et a étudié un appareil à pétards dont le but est de protéger en tout temps le point à couvrir.

Cet appareil permet de placer un pétard sur le rail à une certaine distance en avant du disque lorsque le signal est à l'arrêt, et de le relever lorsqu'on efface le signal.

Pour plus de sécurité, et afin de prévoir le cas où un pétard aurait souffert de l'humidité, l'appareil présente à la fois deux pétards sur le rail.

Les pétards ne doivent d'ailleurs être mis en place qu'en cas de brouillard. On les démonte en temps ordinaire, le disque seul sert alors à couvrir les points qui doivent être protégés.

Lorsqu'un train a écrasé les pétards d'un disque fermé, la gare doit immédiatement envoyer un homme pour les remplacer.

Si le disque est placé près d'un passage à niveau gardé le jour et la nuit, le garde de ce passage est chargé de renouveler les pétards écrasés par les trains.

Les pétards destinés à cet appareil sont d'un modèle spécial portant la désignation de pétards pour signaux fixes.

Les pétards sont munis d'une tige qui doit être enfoncée jusqu'au fond de la douille destinée à les recevoir. Cette tige doit être fortement serrée avec une vis de pression disposée à cet effet.

L'appareil à pétard peut être placé à 700 mètres du disque pourvu que celui-ci ne soit pas à plus de 1500 mètres du levier de sa manœuvre.

Un pétard placé à 450 mètres n'empêcherait pas, néanmoins, la manœuvre d'un disque placé à 1600 mètres de son levier de manœuvre.

La compagnie de Lyon a appliqué cet appareil sur les lignes à voie unique ; elle n'a fait d'exception que pour les signaux à plusieurs transmissions qui exigent des dispositions particulières que l'on n'a pas encore étudiées.

Description de l'appareil. — L'appareil peut se décomposer en trois parties :

Un appareil de manœuvre,

Un appareil compensateur, et l'appareil à pétard proprement dit.

L'appareil de manœuvre (Pl. VIII, *fig.* 12 et 13) se compose d'un axe A qui se substitue à l'axe du levier de rappel du disque et à chacune des extrémités duquel sont calés deux leviers B et C reliés par une entretoise D en fer ; cette entretoise passe en avant du petit bras E du levier de rappel du côté du signal et est entraînée dans le mouvement de celui-ci. Le plus long de ces leviers F est en fonte et se termine par un secteur circulaire sur lequel s'enroule la chaîne G qui forme le prolongement du fil de transmission de l'appareil à pétards.

L'appareil compensateur (Pl. VIII, *fig.* 14 et 15) est établi au milieu de la longueur de cette transmission.

Il est formé d'un bâti en fer supportant deux poulies verticales H et I, de 0^m,40 de diamètre. Sur chacune de ces poulies passe une chaîne qui forme le prolongement de l'une ou de l'autre des deux parties du fil de transmission. Des mailles d'attache relient les fils aux chaînes ; sur l'autre extrémité, les chaînes s'attachent à un double crochet J au milieu duquel est suspendu un contre-poids K.

Cette partie de l'appareil est destinée, ainsi qu'on le verra plus loin, à permettre au fil de subir les variations de longueur provenant des différences de température sans occasionner le déplacement du pétard.

L'appareil à pétards proprement dit (Pl. VIII, *fig.* 16, 17, 18 et 19) se compose d'un levier de rappel analogue à celui des disques ; il agit sur le fil de transmission dont un tendeur à vis L, (*fig.* 16 et 17) sert à régler la longueur. Ce levier commande, à l'aide d'une bielle M et d'un levier de renvoi N, une tringle en fer O guidée par un galet P, qui peut glisser transversalement à la voie.

L'extrémité de cette tige forme une fourche Q, Q dont chaque branche se termine par une douille en fer R.

Dans ces douilles sont pratiquées deux fentes destinées à recevoir les tiges de fer-blanc S, S qui servent de supports aux pétards T, T. Une vis de pression complète l'assemblage du pétard avec la douille.

Un plan incliné en tôle U (*fig.* 18), placé en dehors de la voie, empêche le pétard de venir butter contre le rail et le force à se placer sur le champignon, alors même que la lame en fer-blanc serait un peu faussée.

La disposition du levier de renvoi N (*fig.* 17) est telle que le levier de rappel en s'abaissant amène le pétard sur le rail et qu'il l'en éloigne en se relevant.

Marche de l'appareil. — Lorsque le disque est effacé, le poids K (*fig.* 14), suspendu à l'appareil compensateur, se répartit entre les deux parties du fil, de telle sorte que le levier de rappel de l'appareil à pétards (*fig.* 16) se trouve soulevé.

Lorsqu'on vient à fermer le disque, l'entretoise D (*fig.* 12 et 13), placée en avant du levier de rappel de la transmission du disque, est entraînée par le petit bras E de ce levier ; la tension de la première partie du fil augmente et celle de la deuxième partie diminue, car la somme des tensions de ces deux parties du fil est, abstraction faite des frottements, égale à chaque instant au poids K suspendu à l'appareil compensateur.

Quand cette tension a suffisamment diminué, le levier de rappel de l'appareil à pétards s'abaisse et le pétard vient se placer sur le rail.

Lorsqu'on veut rouvrir le disque, la tension de la première partie du fil diminue, celle de la deuxième partie augmente et finit par entraîner le levier de rappel de l'appareil à pétards, qui écarte de nouveau le pétard du rail.

On remarquera que ce dernier levier de rappel fonctionne en sens inverse des leviers de rappel ordinaires en général et du levier de rappel du disque en particulier ; c'est-à-dire que ce dernier étant abaissé, l'autre est relevé, et réciproquement.

Dilatations. — Le disque étant ouvert ou fermé, si la température du fil vient à varier, les deux parties de la transmission changent de longueur ; le contre-poids compensateur monte ou descend, mais le levier de l'appareil à pétards ne change pas de position.

Pour que cette condition soit réalisée, il faut que les deux parties du fil varient de la même quantité, et pour cela il est nécessaire, non-seulement qu'elles soient de même longueur, mais encore qu'elles soient toujours, toutes les deux, dans les mêmes conditions de température.

On fait donc en sorte d'avoir, autant que possible, sur les deux parties du fil, les mêmes longueurs de transmissions souterraines. L'appareil permet, d'ailleurs, de compenser toutes les variations de température des transmissions de 700 mètres qui sont les plus longues que l'on puisse avoir.

Transmission. — La transmission de l'appareil à pétards est formée par du fil de fer de $0^m,003$ de diamètre, galvanisé, porté sur des supports à poulie espacés de 15 mètres. On emploie, d'ailleurs, du fil non recuit qui est moins susceptible d'allongement.

Pour la transmission du disque, on distingue deux cas. Si la transmission du disque n'excède pas 1100 mètres, ou encore si le pétard n'étant pas à plus de 600 mètres du disque, la transmission du disque n'excède pas 1200 mètres, on emploie du fil de $0^m,004$, comme pour les signaux ordinaires de la ligne de Lyon ; mais, si le signal est à plus de 1200 mètres du levier de manœuvre, ou si le pétard étant à plus de 600 mètres du disque, celui-ci est à plus de 1100 mètres du levier de manœuvre, on emploie du fil de $0^m,005$, et l'espacement des supports est réduit de moitié.

Dans ce cas, on ne multiplie pas le nombre des poulies horizontales dans les parties en courbe ; on ajoute simplement des poulies verticales sur les côtés du polygone formé par le fil, mais sans augmenter le nombre des côtés du polygone.

Rupture du fil. — Dans les signaux ordinaires du chemin de fer de Lyon, on est prévenu de la rupture du fil par la chute du levier de manœuvre ; il n'en serait pas de même ici, si la rupture produisait entre le disque et le pétard.

Dans ce cas, si la rupture avait lieu entre le disque et l'appareil compensateur, le poids de ce dernier tiendrait constamment relevé le levier dé rappel de l'appareil à pétards, et le pétard ne viendrait pas sur le rail ; si la rupture avait lieu sur la seconde partie du fil, le poids compensateur étant entièrement supporté par la première partie, pourrait faire obstacle à la fermeture complète du disque.

Pour éviter cet inconvénient, on a adopté, pour le crochet J (*fig.* 14) de suspension du contre-poids, une forme telle que si l'une des deux parties du fil vient à se rompre, ce crochet se dégage immédiatement de la chaîne qui termine l'autre partie; de cette manière, le levier de rappel de l'appareil à pétards s'abaisse en amenant le pétard sur le rail, et le contre-poids ne peut plus faire obstacle à la fermeture du disque.

Sonneries électriques. — Une sonnerie électrique est, dans tous les cas, le complément indispensable de l'appareil à pétards; dans les signaux visibles de la gare, on peut, toutefois, ne la mettre en service qu'en cas de brouillard.

Cette sonnerie comporte deux commutateurs établis sur un circuit unique.

L'un V (*fig.* 17 et 19), fixé au levier de renvoi de l'appareil à pétards, établit, lorsque celui-ci est abaissé, la communication entre la terre et le fil de la ligne.

L'autre X (*fig.* 20 et 21), fixé à l'arbre du disque et interposé dans le fil de la ligne, établit, lorsque le circuit est fermé, la communication entre les deux parties de ce fil.

De cette manière, le circuit n'est fermé et la sonnerie ne marche que si le disque est à l'arrêt, et si le pétard est amené sur le rail.

Nous renvoyons, pour les calculs de frottement et les tableaux relatifs aux longueurs de transmission, à l'instruction rédigée par M. Marié ; c'est à l'obligeance de cet ingénieur que nous devons les renseignements qui précèdent.

Nous avons pensé que l'appareil à pétards ouvrait pour les signaux de chemins de fer une voie nouvelle de nature à produire d'excellents résultats. Nous avons cru, dès lors, que la description complète de ce système, appliqué sur une des principales lignes du réseau français, devait présenter de l'intérêt.

Nous devons faire remarquer, toutefois, que les dispositions du fil de transmission entre le disque et l'appareil à pétards, avec contre-poids placé au milieu et la combinaison de crochets adaptés pour assurer la chute du contre-poids en cas de rupture du fil, sont une application du système *Robert*, décrit plus haut à propos des disques du Nord.

Tel qu'il est appliqué, néanmoins, ce système ne satisfait pas complétement l'esprit. Il est certain qu'entre le moment où un pétard est écrasé et celui où il est remplacé, il doit s'écouler un temps assez considérable, et que dans l'intervalle un train peut survenir.

Quelle que soit l'attention des mécaniciens, il serait utile de pouvoir, en tout temps, les prévenir quelques cents mètres à l'avance, qu'un signal est fermé. En temps de brouillard, un disque est à peine visible à 100 mètres ; 5 à 6 secondes suffisent à un train express pour franchir cette distance.

On conçoit qu'un mécanicien peut être obligé de regarder dans une autre direction que celle du disque, pendant un espace de temps assez court ; s'il tombe de la neige ou de la grêle, il a la vue troublée. Un agent peut négliger d'allumer la lanterne d'un disque, le vent peut éteindre la lumière de ce disque que le mécanicien dépassera sans être averti.

Enfin, on peut admettre qu'un mécanicien manque de vigilance pendant quelques instants, quelques minutes, quoiqu'il soit le premier intéressé à éviter tout accident, et qu'il passe à côté d'un disque mis à l'arrêt, sans l'apercevoir. Nous le répétons donc, il serait très-utile que le mécanicien fût averti que la voie est fermée devant lui.

Pour arriver à ce résultat, il faut trouver autre chose que des pétards qui seraient incessamment écrasés. L'appareil que nous venons de décrire est susceptible de grands perfectionnements, mais la possibilité de transmettre sûrement à 700 mètres en avant les indications d'un disque situé à 1500 mètres du levier de manœuvre, n'en est pas moins un fait très-remarquable qui doit être utilisé.

Disque à double effet. — Un inspecteur du service de la voie du chemin de fer du Nord, M. Hubert, a étudié un appareil qui, combiné avec celui de M. Marié, pourrait peut-être conduire à d'utiles résultats.

M. Hubert fixe sur le disque une lame flexible qui vient butter sur un timbre placé sur la machine, ou sur un robinet disposé de façon à faire jouer le sifflet de secours (Pl. IX, *fig.* 1 et 2).

Dans la pensée de M. Hubert, cet appareil serait établi au droit du disque ; il donnerait, par suite, des indications tardives ; il faudrait transporter l'appareil à quelques cents mètres en avant du disque, ainsi que cela a lieu dans le système de M. Marié.

La lame flexible est, du reste, à une assez grande hauteur et ne peut pas atteindre les personnes placées sur la machine.

Entretien des disques. — Lorsque nous avons décrit les divers appareils appliqués sur le réseau français, nous avons eu l'occasion de parler de l'entretien auquel ils donnaient lieu et qui était indispensable à leur bon fonctionnement.

Il serait trop long de reproduire les instructions données au sujet de cet entretien aux agents de toutes les lignes.

Nous nous bornerons à transcrire celles relatives aux lignes de l'Ouest, qui nous ont paru très-complètes et très-bien présentées. Elles sont extraites, ainsi que *les calculs relatifs aux signaux à distance*, du mémoire de M. Clerc (note 4).

Éclairage des disques. — L'éclairage des disques constitue une partie très-essentielle du service.

Les compagnies se sont préoccupées de cette question importante, et toutes ont obtenu des résultats satisfaisants.

Nous avons dit, en décrivant les appareils, que sur presque tout le réseau français les lanternes étaient indépendantes des disques.

Cette disposition rend les extinctions de feu moins fréquentes, mais elle peut occasionner, si les chocs sont trop brusques, le bris des verres rouges placés sur la face des disques.

Les précautions qu'on prend pour la pose de ces verres et pour adoucir les chocs annulent à peu près ce dernier inconvénient.

Sans aucun doute, le système des lanternes fixes est préférable, et les compagnies des chemins de fer du Nord et d'Orléans, qui, à peu près seules, ont conservé les lanternes mobiles, suivront l'exemple qui leur est donné par les autres compagnies.

Quoi qu'il en soit, c'est surtout sur les lignes qui ont adopté les lanternes mobiles qu'il importait de perfectionner ce système d'éclairage, afin d'éviter les extinctions qui peuvent survenir pendant la rotation des disques.

Nous donnons dans notre travail des renseignements complets sur les dispositions prises par la compagnie du Nord pour assurer le bon éclairage des lanternes mobiles. Nous devons ces renseignements à l'obligeance de M. Alquié (note 5).

En ce qui concerne les lanternes fixes, nous empruntons dans la note de M. Marié, les dispositions appliquées sur la ligne de Lyon (note 6).

Quelques compagnies, et notamment celle de l'Est, s'occupent de la transformation de leurs appareils d'éclairage afin de permettre l'emploi de l'huile de pétrole. Cette modification, en même temps qu'elle donnera des feux plus intenses, permettra de réaliser une notable économie.

Plus tard, peut-être, on arrivera à employer l'éclairage électrique ; mais ce système serait actuellement trop dispendieux, et aucune expérience, que nous sachions, n'a été tentée à ce sujet.

Appareil Aphos-électrique (système Boucher) *pour reconnaître l'extinction des feux des signaux à distance.* — La compagnie des chemins de fer de Lyon a expérimenté un appareil destiné à indiquer l'extinction des feux des signaux à distance.

Cet appareil, désigné sous le nom d'*Aphos-électrique*, n'a pas jusqu'ici donné des résultats bien pratiques, mais il est très-ingénieux et indique une voie qui, perfectionnée, peut aboutir à de bons résultats. A ce titre, la description de cet appareil peut présenter quelque intérêt. Nous croyons utile de la donner ici.

Description de l'appareil. — Un tube en cuivre TT' (Pl. IX, *fig.* 3 et 4) est fixé sur une boîte en cuivre DD' de telle façon que l'intérieur du tube communique avec l'intérieur de la boîte.

L'extrémité T du tube est fermée au moyen d'une vis en cuivre V, à laquelle est fixée une tige AA'C ; cette tige est composée de deux parties rajustées en A' : l'une, AA', est en acier ; l'autre, A'C, est en cuivre comme le tube.

L'extrémité C est reliée à l'extrémité d'un levier CC' mobile autour du point K ; le levier CC' est en acier trempé, flexible dans la partie KC'.

A l'extrémité C' se trouve une vis en cuivre R, dont l'usage sera indiqué plus bas.

L'extrémité D de la boîte est fermée au moyen d'un bouchon à vis en bois ou en ivoire BB', traversé par une pièce en cuivre PP', retenue sur le bouchon BB' par l'écrou EE'.

Une vis GG ferme un regard placé en face de la vis R ; une autre vis HH (Pl. IX, *fig.* 4) ferme un regard placé en face des vis C et K ; enfin (*fig.* 3), la boîte DD' est reliée à un fil de terre ZZ', et la pièce isolée PP' à un fil conducteur traversant une sonnerie placée à distance et aboutissant à l'un des pôles d'une pile dont l'autre pôle est relié à la terre.

L'instrument est placé de façon que la partie TX soit en contact direct avec la flamme d'une lampe. Il fonctionne de la manière suivante :

Fonctionnement de l'appareil. — Au moment où la flamme échauffe le tube TT', la partie échauffée TX se dilate, le point T s'éloigne du point T'; la partie AA' de la tige intérieure étant en acier se dilate beaucoup moins que la partie TX du tube en cuivre, et la longueur AA', d'abord égale à la longueur TX, devient moins grande qu'elle; le point A, entraîné par le point T, agit sur le point A' qui à son tour entraîne l'extrémité C de la tige. Le levier CC' pivote alors autour du point fixe K, et la vis R, qui touchait la pièce PP', cesse d'être en contact avec elle. Par suite, le courant qui, arrivant par le fil de la ligne, avait issue par le levier CC' en communication avec la terre par l'intermédiaire de la boîte métallique DD' avec laquelle ce levier est en contact, trouve le circuit interrompu, puisque la pièce PP' est isolée par le bouchon BB' en bois ou en ivoire, et la sonnerie cesse de fonctionner.

Si l'on suppose maintenant que le feu vienne à s'éteindre, le tube TT', qui était en état de dilatation forcée sous l'action de la flamme, se contractera; le point A' tendra à reprendre sa première position, le point C également, et l'extrémité de la vis R venant de nouveau toucher la pièce PP', donnera issue au courant, et la sonnerie se remettra en mouvement.

Le jeu de l'instrument est d'autant plus rapide que le tube TX s'échauffe avant la tige AA' qu'il renferme, et se refroidit également avant cette tige.

La vis R sert à régler la distance entre l'extrémité C' du levier et la palette PP'. Les instruments peuvent être réglés assez exactement pour que le circuit soit fermé au moment même où l'on baisse la mèche de la lampe; mais, afin d'avoir un bon résultat dans la pratique et ne pas voir fonctionner les sonneries sous la seule influence d'un courant d'air accidentel, il convient de les régler de manière que, par une température de $+ 15°$ environ, la sonnerie ne se mette en mouvement que vingt à vingt-cinq secondes après l'extinction complète et subite de la lumière.

L'appareil doit toujours être placé de façon que la partie TX soit en contact direct avec la flamme. On peut obtenir ce résultat de diverses manières ; ainsi, on peut souder le tube TT' contre le porte-mèche de la lampe, ou placer l'instrument dans l'intérieur de la lanterne, de façon que le bec de la lampe vienne s'appuyer contre ce tube (Pl. IX, *fig.* 5).

Dans ces deux dispositions, les contacts entre les fils attachés au haut du mât et les conducteurs de la lanterne et de l'appareil, s'établissent au moyen de ressorts de rencontre, dont la disposition varie suivant la forme des lanternes.

Enfin, on peut placer le *Moniteur Aphos-électrique* à poste fixe au haut du mât, de telle sorte qu'en hissant la lanterne, le tube TT' vienne glisser contre le verre-cheminée de la lampe et mettre la partie TX en contact avec la flamme (Pl. IX, *fig.* 6).

Ce dernier système est le meilleur, parce que l'instrument n'étant jamais touché par les lampistes, est exposé à beaucoup moins de dérangements.

Si la lanterne était à poste fixe en haut du mât, la disposition de l'appareil présenterait moins de difficultés encore.

Le même appareil peut servir à faire connaître si la lanterne est à sa place et si le verre rouge n'est pas cassé. On arrive à ce résultat par des moyens ingénieux qu'il nous semble inutile de décrire ici.

La dépense nécessitée par l'établissement du *Moniteur Aphos-électrique* ne s'élève qu'à 50 fr. par disque, si ce disque est déjà muni d'une sonnerie électrique.

Appareil Vignier (*pour relier entre elles les manœuvres des signaux et des aiguilles*). — Nous devons, avant de terminer la partie de notre travail relative aux disques à distance, dire quelques mots d'un appareil qui s'y rattache essentiellement, et qui, en certains cas, en garantit l'utile fonctionnement.

Nous voulons parler de l'ingénieux appareil imaginé par M. Vignier, conducteur principal chargé de l'entretien de la voie sur les lignes de banlieue des chemins de fer de l'Ouest, afin de relier entre elles les manœuvres des signaux et des aiguilles. Ce système, qui fonctionne depuis douze ans sur plusieurs points des lignes de l'ancienne compagnie de Saint-Germain, a été récemment appliqué sur les chemins de fer du Nord, de Lyon et du Midi. Il a été décrit par M. Hérard, ingénieur des ponts et chaussées, dans les *Annales des ponts et chaus-sées*, tome XI.

Nous ne reviendrons pas sur la description détaillée donnée par M. Hérard; nous nous bornerons à dire qu'avec l'appareil très-simple de M. Vignier, on ne peut manœuvrer les aiguilles d'un changement de voie sans qu'au préalable les signaux destinés à couvrir les trains qui peuvent s'engager sur ce changement, n'aient été fermés.

On arrive à ce résultat au moyen de tiges en fer reliées aux leviers des signaux et présentant des parties pleines et des parties vides. Ces dernières correspondent, lorsque les disques sont dans la position convenable, à d'autres tiges solidaires avec les leviers des aiguilles.

Si les disques sont bien tournés, les tiges correspondantes aux aiguilles entrent dans les vides des tiges correspondantes aux signaux ; sinon, les premières tiges rencontrent les pleins des secondes et la manœuvre des aiguilles ne peut se faire.

Dans la gare Saint-Lazare, cinq disques d'arrêt ont leurs leviers de manœuvre réunis sur une même table ; au moyen de l'appareil Vignier, l'un de ces disques ne peut être ouvert que lorsque les quatre autres sont fermés (Pl. IX, *fig.* 7 et 8).

Cet appareil est susceptible d'être appliqué dans un grand nombre de cas.

Il peut, s'il s'agit d'un pont tournant, subordonner l'ouverture du pont à la fermeture des voies. Il suffit, en ce cas, de conjuguer les leviers des disques de façon que des plaques en tôle recouvrent les verroux de décalage du pont lorsque les disques sont à voie libre, et ne les découvrent que lorsque les voies sont fermées. Cette application a été faite au pont tournant sur l'Oise, à Chauny.

S'il s'agit de voies d'embranchements soudées aux voies principales, et ordinairement fermées au moyen de taquets d'arrêt, on peut subordonner l'ouverture de ces taquets à la fermeture préalable des disques protégeant les voies principales. Cette application du système Vignier a été faite sur le chemin de fer du Nord au raccordement en pleine voie des houillères d'Aniche (fosse de Déchy).

L'appareil Vignier peut, enfin, servir à établir entre des barrières de passage à niveau et les disques avancés qui doivent les protéger, une liaison telle que ces barrières ne puissent être ouvertes que lorsque les disques sont tournés à l'arrêt. C'est ce qui a été fait au passage à niveau de Saint-Cloud. Nous en donnons plus loin la description.

Il est d'une efficacité certaine, et a rendu de grands services sur les lignes de l'Ouest.

M. Vignier n'a pris aucun brevet, et par suite, n'a pas obtenu les avantages pécuniaires que devait lui rapporter son invention.

Signaux d'aiguille ou de direction. — L'article 37 de l'ordonnance du 15 novembre 1846 a prescrit de placer aux bifurcations des signaux indiquant le sens dans lequel les aiguilles sont ouvertes.

Les compagnies se sont conformées aux prescriptions de cet article en établissant des signaux spéciaux qui sont manœuvrés par le changement de voie lui-même.

Ces signaux consistent soit en bras dont l'inclinaison indique le sens d'ouverture de l'aiguille, soit en disques généralement de couleur verte.

Ces appareils sont très-simples et facilement manœuvrés. Nous parlerons d'abord de celui adopté sur le réseau du Nord.

Sémaphore ou signal de direction (Nord.) — Chaque signal se compose d'un poteau vertical portant à son sommet une traverse en croix T dirigée perpendiculairement aux voies et mobile sur un axe fixé au poteau (Pl. 1, *fig.* 14).

Un écran N fixé au même poteau est disposé de façon à masquer tantôt la partie droite, tantôt la partie gauche de la pièce mobile. L'écran est peint en blanc; la traverse dans toute son étendue est peinte en vert.

La partie apparente de la traverse qui est toujours *verte*, suivant qu'elle est à droite ou à gauche du poteau, indique que les aiguilles sont dirigées de façon à fermer la voie de droite ou la voie de gauche. Pour la nuit, deux lanternes sont fixées au poteau et correspondent à deux trous circulaires munis de carreaux verts disposés dans les bras de la croix, de telle sorte que la voie libre se trouve indiquée par un feu blanc et la voie fermée par un feu vert.

Le système est installé de façon à être vu à 300 mètres au moins en avant de la bifurcation.

Le dessin indique la communication de mouvement établie entre le levier du changement de voie et la traverse mobile.

Sur certaines lignes, entre autres sur celle du Nord, les signaux indicateurs de direction ne sont placés qu'aux bifurcations.

Est. — Sur d'autres, et notamment sur les lignes de l'Est, il y a des signaux indicateurs de direction à toutes les aiguilles prises en pointe.

Les signaux de direction placés aux bifurcations se composent de deux bras en équerre munis de glaces et éclairés la nuit par un feu blanc. Le bras placé horizontalement indique toujours la voie qui est ouverte : c'est-à-dire que si le bras horizontal est à gauche du train qui se présente, l'aiguille est faite pour aller à gauche ; si le bras est à droite, l'aiguille est faite pour aller à droite.

Les signaux de direction placés aux aiguilles en pointe sont nommés *signaux à flamme* et *feu verts*.

Ils se composent d'une simple flamme verte et d'une lanterne à deux feux, l'un blanc, l'autre vert. La flamme effacée et le feu blanc indiquent que c'est la voie directe qui est ouverte ; la flamme en travers et le feu vert indiquent que c'est la voie déviée qui est ouverte, et rappellent en même temps que le train doit ralentir, s'il s'engage sur cette voie.

Lyon. — Sur le chemin de Lyon, les aiguilles qui sont prises par la pointe sont pourvues de signaux se composant de deux disques verticaux fixés d'équerre l'un sur l'autre, et pouvant tourner autour d'un axe commun, de telle sorte que chacun des disques puisse occuper deux positions, l'une transversale et l'autre parallèle aux voies, suivant la position des aiguilles. Pendant la nuit, ils sont surmontés d'une lanterne pouvant donner quatre feux. Les couleurs des disques et des feux sont disposées de manière à donner, dans les divers cas qui peuvent se présenter, les indications suivantes :

1° Aiguilles des bifurcations.

Pour les trains ou machines abordant l'aiguille par la pointe, le disque blanc se présentant perpendiculairement aux voies, ou le feu blanc, indique que la voie située à gauche par rapport au train ou à la machine, est ouverte. Le disque vert, ou le feu vert, indique que la voie à droite est ouverte.

Les disques et la lanterne présentent la couleur verte dans les deux positions de l'aiguille, au passage des trains ou des machines abordant l'aiguille par le talon.

2° Entrée des voies de circulation ou de manœuvres latérales aux voies principales.

Le disque blanc se présentant perpendiculairement aux voies, ou le feu blanc, indique que la voie principale est accessible aux trains ou machines circulant dans les deux sens. Le disque vert, ou le feu vert, indique que la voie latérale est ouverte.

3° Points de jonction d'une double voie avec une voie unique.

Pour les trains ou machines passant de la voie unique sur la double voie, le disque blanc se présentant perpendiculairement aux voies, ou le feu blanc, indique que la voie située à gauche par rapport au train ou à la machine, est ouverte. Le disque rouge, ou le feu rouge, indique que la voie à droite est ouverte.

Les disques et la lanterne présentent la couleur verte dans les deux positions de l'aiguille, lorsqu'il s'agit de trains ou de machines passant de la double voie sur une voie unique.

Des prescriptions analogues, dont nous ne parlerons pas ici, se rapportent aux lignes du réseau de Lyon, à voie unique.

Orléans. — Sur le chemin de fer d'Orléans, chacun des sommets de bifurcation comporte un signal indicateur de direction.

Les voyants de ce signal, dont la hauteur est d'environ $2^m,50$, sont formés d'une simple feuille en tôle repliée en équerre, et dont chacun des côtés a $0^m,55$ de longueur sur $0^m,30$ de hauteur.

Ces deux voyants sont peints, l'un en vert avec bordure blanche, et l'autre en blanc avec bordure noire.

Le vert indique la direction de droite, et le blanc celle de gauche.

Ils portent en outre, écrite en très-gros caractères sur ces fonds vert ou blanc, la désignation de la ligne sur laquelle doit être dirigé le train. Ces dernières indications nous paraissent une superfétation, en ce sens que la couleur seule indique suffisamment la direction qui est donnée par l'aiguilleur au mécanicien qui l'a demandée.

Pour la nuit, cet indicateur est surmonté d'une lanterne accusant un feu *blanc* ou un feu *jaune*, le blanc correspondant à la face blanche, et le jaune à la face verte de l'indicateur.

On voit qu'il n'a pas été possible de conserver pour la nuit la couleur verte, par la raison qu'elle est un signal de voie libre.

Ouest. — Sur le chemin de l'Ouest, un signal est placé à toutes les aiguilles d'embranchements pour indiquer leur position ; il consiste en un disque vert, relié aux aiguilles et manœuvré en même temps qu'elles. Ce disque porte, la nuit, un feu vert.

Les règlements spéciaux relatifs à l'organisation des signaux de chaque embranchement indiquent la signification des signaux *verts* des aiguilles. Ces signaux ne prescrivent pas seulement le ralentissement, mais l'arrêt. [La note 7 reproduit *in extenso* l'un de ces règlements spéciaux relatifs à l'embranchement de Saint-Cyr.]

Midi. — Les ordres de service du chemin de fer du Midi ne font mention d'aucun signal de direction commandé par la manœuvre même des aiguilles. On n'y fait usage que de signaux à la main.

Signaux de bifurcations.

Nord. — *Disposition des signaux.* — Sur le chemin de fer du Nord, les signaux destinés à assurer la sécurité des trains à leur passage dans les bifurcations, sont établis de la manière suivante :

Chacune des trois directions composant une bifurcation simple est protégée par trois signaux.

1° Un signal fixe indicateur de la bifurcation placé à 800 mètres de la pointe des aiguilles. Ce signal consiste en un disque vert et blanc dont la face est toujours perpendiculaire aux voies (Pl. 1, *fig.* 15).

2° Un disque d'arrêt absolu placé dans chaque direction à 60 mètres au moins du point à couvrir (Pl. I, *fig.* 9). Ce point est, en avant de la bifurcation, la pointe des aiguilles ; et au delà de la bifurcation, le point où l'entrevoie est réduite à 1^m,75. Le disque est disposé de telle sorte qu'il se tourne de lui-même à l'arrêt aussitôt que le garde de bifurcation abandonne le levier de manœuvre ; il n'est ouvert que pour le passage du train.

Un pétard relié au disque se place sur la voie lorsqu'elle est fermée.

3° Un signal à distance (Pl. I, *fig.* 2) assez éloigné du disque d'arrêt pour couvrir un train arrêté devant la bifurcation. Cette distance a été fixée à 1200 mètres.

Les aiguilles qui doivent être prises en pointe sont du reste conjuguées au moyen de l'appareil Vignier, de telle sorte que les trains ne puissent être dirigés vers la voie traversée à niveau si le disque qui protège cette traversée n'est préalablement fermé.

Ces signaux sont d'ailleurs indépendants des signaux de direction destinés à indiquer le sens dans lequel les aiguilles sont placées.

En passant devant le signal indicateur de la bifurcation, les mécaniciens doivent aussitôt commencer à ralentir de manière à pouvoir s'arrêter complétement au disque d'arrêt, s'il est fermé.

Lorsque le disque est ouvert, la vitesse avec laquelle ils arrivent ne doit pas dépasser 20 kilomètres à l'heure pour les trains de voyageurs, et 10 kilomètres pour les trains de marchandises.

Deux poteaux servent à contrôler cette vitesse. L'un de ces poteaux est contigu au disque d'arrêt, le second est placé à 100 mètres en deçà ; l'espace qui sépare ces deux poteaux ne doit jamais être parcouru en moins de dix-huit secondes pour les trains de voyageurs, et trente-six secondes pour les trains de marchandises ; ce qui correspond aux vitesses ci-dessus.

Quand, en vertu des indications du disque d'arrêt, un train est obligé de s'arrêter près d'une bifurcation, il doit, au repos, être placé de telle sorte que l'avant de sa machine ne dépasse pas le disque.

Les aiguilleurs font reculer les trains qui l'ont dépassé et signalent l'infraction dans leurs rapports.

Ainsi qu'il a été dit plus haut, les trois disques d'arrêt sont maintenus constamment fermés.

Quand un train se présente pour passer à la bifurcation, et lors même que rien ne s'oppose à ce qu'il lui soit livré passage, l'agent chargé de la manœuvre du disque doit attendre, pour faire cesser l'arrêt sur la voie que ce train parcourt, l'instant où il est arrivé à 100 ou 150 mètres du disque. S'il y a plusieurs trains en vue, il doit faire cesser l'arrêt pour chacun d'eux successivement. Quand il se présente un train auquel le garde de la bifurcation ne peut donner passage, il ferme le disque à distance au moment où il aperçoit ou entend ce train. Le disque n'est effacé qu'après le passage du train aux aiguilles de bifurcation.

Les gardes de bifurcation sont, du reste, comme tous les autres agents du service de surveillance, chargés de maintenir l'intervalle réglementaire entre les trains circulant sur le chemin de fer.

Si un train se présente dans la période pendant laquelle les règlements prescrivent de faire le signal d'arrêt, le garde ne doit ouvrir le disque à pétard qu'au moment où le train arrive à quelques mètres de ce disque. Le train s'avance alors pour dégager la bifurcation et le garde indique au mécanicien, verbalement ou par signe, le nombre de minutes écoulées depuis le passage du dernier train.

Si le train se présente dans la période pendant laquelle les règlements prescrivent de faire le ralentissement, l'aiguilleur le fait passer comme à l'ordinaire en lui présentant le signal vert.

Lorsqu'un mécanicien franchit un signal d'arrêt fermant la voie, il écrase le pétard ; l'infraction est ainsi nécessairement constatée ; elle donne lieu à une mise à pied d'un jour si aucun train n'est en vue et de deux jours si un train est aperçu.

Il convient de faire remarquer que les disques d'arrêt absolu se fermant d'eux mêmes, et un seul agent étant chargé de leur manœuvre, deux directions ne peuvent être ouvertes à la fois. La responsabilité d'une collision retombe donc tout entière sur le mécanicien. Cette disposition a mis un terme aux contestations qui survenaient entre les mécaniciens et les gardes lorsque deux trains s'engageaient en même temps sur une bifurcation. Les mécaniciens de chacun de ces trains prétendaient que les signaux étaient effacés.

Le garde qui pouvait facilement modifier la situation des signaux lorsque la collision était imminente, soutenait qu'une seule voie était ouverte.

Les tribunaux hésitaient entre des assertions contraires que l'enquête ne pouvait quelquefois infirmer.

Les dispositions que nous venons de décrire s'appliquent à toutes les bifurcations des chemins de fer du Nord. Un garde peut donc passer de l'une à l'autre, sans qu'il ait besoin de faire un nouvel apprentissage.

Nous ne connaissons qu'une seule exception à cette règle. Pour en faire comprendre l'opportunité, il convient de décrire la disposition des voies de bifurcation au point où cette exception a été admise.

Cette description, du reste, ne sortira pas du cadre que nous nous sommes tracé. Elle est, en effet, relative à une innovation qui simplifie les bifurcations, et par suite les signaux qui sont faits en ces points délicats.

Cinq voies sont établies entre Paris et les fortifications pour desservir les lignes de Creil par Pontoise, de Creil par Chantilly, et de Soissons. (Pl. II, *fig.* 1).

Afin de faciliter le service de la ligne principale qui passe par Chantilly, la voie de départ correspondant à cette direction (1) a été placée à l'extrême gauche le long du quai qui borde les salles d'attente.

Les voies de départ et d'arrivée de la ligne de Pontoise viennent ensuite (II et III).

La quatrième est affectée au départ pour Soissons ; la cinquième, enfin, sert au retour de Chantilly et de Soissons.

Cette disposition, justifiée ainsi qu'il est dit plus haut par des convenances de service, nécessite la traversée des voies de Pontoise par la voie de départ de Chantilly, pour faire reprendre à cette dernière sa position topographique.

De plus, la gare des marchandises de la Chapelle, qui se trouve à droite des voies principales, doit se relier avec chacune des trois directions. Précédemment, les traversées se faisaient à niveau et étaient protégées par les signaux ordinaires. La compagnie du chemin de fer du Nord a modifié cette situation, et a remplacé les traversées à niveau par des passages en dessous. Elle a pu, au moyen de travaux considérables conçus de la façon la plus ingénieuse, supprimer, pour les bifurcations nombreuses qui se trouvent à la sortie de Paris, les coupements à niveau des voies sur lesquelles s'effectuaient des mouvements en sens inverse. C'est, on le sait, le principal danger que présentent les bifurcations.

Ces travaux, aussi remarquables au point de vue de la conception qu'à celui de l'exécution, ont été faits sans interrompre ni même modifier la circulation sur aucune voie. Ils sont aujourd'hui complétement terminés. Voici en quoi ils consistent.

Un premier pont (10) est établi pour donner passage à la voie de départ des marchandises par-dessus la voie (V) commune au retour de Soissons et de Chantilly. Cette voie de départ des marchandises se confond ensuite (11-12) avec la voie de départ Soissons, et s'en détache aussitôt pour passer, au moyen d'un second pont (IV), par-dessus les deux voies de Pontoise (II et III).

La voie de départ Soissons passe, par un troisième pont (13), au-dessus de la voie de retour Chantilly.

Enfin, un quatrième pont, situé entre le passage à niveau du Landy et la route de la Révolte, livre passage, par-dessous les voies de Pontoise, à la voie de départ Chantilly.

L'examen du plan que nous donnons (Pl. II, *fig* 1) fait comprendre facilement les dispositions qui viennent d'être décrites ; on reconnaît que, grâce à elles, il n'existe plus de coupements à niveau, et que les raccordements n'ont lieu qu'entre des voies parcourues dans le même sens.

Les bifurcations se réduisent à des aiguilles prises en pointe ou en talon. Ces aiguilles sont, du reste, considérées et traitées comme des points de bifurcation, c'est-à-dire qu'elles sont munies de signaux d'arrêt à pétard, et qu'elles ne peuvent être traversées qu'avec le ralentissement réglementaire.

Le plan fait également voir que deux de ces aiguilles, portant les n°s 15 et 16, permettent aux trains de marchandises au départ de se diriger, sur l'une ou l'autre des voies de Pontoise ou de Chantilly.

Cette voie spéciale aux marchandises est considérée et traitée comme voie de service. Les trains qui la suivent doivent tous s'arrêter avant de franchir les aiguilles qui sont, du reste, habituellement placées de manière à donner la direction de la voie de sûreté.

L'exception que nous avons signalée plus haut semble bien fondée, puisqu'elle s'applique à la jonction d'une voie servant exclusivement aux transport des marchandises avec les voies affectées au service des voyageurs.

Il convient d'indiquer les signaux qui sont faits dans ce cas particulier pour garantir la sécurité de la circulation ; des postes d'agents sont installés aux points indiqués sur le croquis.

Tout train de marchandises parcourant la voie spéciale doit s'arrêter avant l'aiguille n° 15, protégée par un disque d'arrêt absolu constamment fermé, et ne pouvant être ouvert que si le levier du disque est maintenu par le garde ; le train arrêté, le mécanicien indique, à l'aide du sifflet, la voie sur laquelle il doit se rendre.

L'aiguilleur du poste n° 7 met alors à l'arrêt l'un des deux disques à distance situés en face du poste n° 5, et ne livre passage au train de marchandises que lorsque l'aiguilleur de ce dernier poste le lui a permis en ouvrant le disque de correspondance.

Il n'y a là aucun signal nouveau ; les transmissions se font par les systèmes ordinaires, mais leur agencement fait exception à la règle ; il devait par suite être signalé.

Avant de terminer, nous devons aussi parler d'un appareil spécial (Pl. II, *fig.* 2, 3, 4 et 5) placé à la traversée de voie de la gare de Soissons et à celle de Laon, en amont de la bifurcation des lignes de Laon et de Reims et de Laon à Soissons, afin de prévenir la rencontre des trains venant de ces deux directions avec les trains ou machines mis en mouvement pour les manœuvres de gare.

A cet effet, on a mis à la portée de l'aiguilleur de gare un levier L, au moyen duquel, en le faisant passer de la position *a*, *b* à celle *a'*, *b'* (*fig.* 2) il fait mouvoir à distance un autre levier horizontal AB (*fig.* 3), placé au centre des deux leviers L', L'' (*fig.* 5), des disques d'arrêt absolu D et D'.

Le levier AB prend alors la position A'B' (*fig.* 3), soulève le poids P, relié par un fil à son extrémité B, fait jouer deux verroux V, V, qui pénètrent dans les ouvertures O, O, pratiquées dans les portions rectangulaires des tiges T, T, solidaires des leviers L', L''. L'aiguilleur de gare a ainsi à sa disposition le moyen de maintenir, dans une position invariable, les disques d'arrêt D, D' qui, en ce cas, ferment la voie.

Pour remettre ces disques *à voie libre*, l'aiguilleur replace le levier L dans sa première position *a*, *b* ; le poids de rappel P, qui avait été soulevé, retombe, agit sur le levier horizontal AB, et détermine le déclanchement des tiges T, T.

Afin d'attirer l'attention du garde de la bifurcation et de le prévenir de l'enclanchement des leviers L', L'', on a adapté à l'extrémité B du levier AB un petit taquet qui vient frapper sur une sonnette S ; en outre, on a surmonté ce levier d'un petit disque D qui occupe, pendant l'enclanchement, une position perpendiculaire aux voies et indique l'arrêt.

De même. pour que l'aiguilleur de gare ne fasse pas de fausse manœuvre d'enclanchement qui pourrait occasionner la rupture de quelque pièce de l'appareil, on a mis à la disposition du garde de la bifurcation une manette M, à laquelle est attaché un fil qui aboutit à une sonnette S' placée près du levier L. L'agitation de cette sonnette prévient l'aiguilleur de gare de l'ouverture d'un des disques d'arrêt D ou D', et lui indique que l'enclanchement des leviers L', L'' ne peut avoir lieu en ce moment. Ces deux agents se préviennent ainsi très-facilement de l'arrivée des trains ou des manœuvres de gare.

Est. — L'ensemble des signaux de bifurcation comprend :

1° Un signal manœuvré par le mécanisme des aiguilles et indiquant la direction des voies ;

2° Sur chacune des trois directions un petit disque placé à environ 100 mètres de la bifurcation, et un disque ordinaire à grande distance. Tous ces disques, dont les leviers sont à la main de l'aiguilleur, sont constamment à l'arrêt, excepté pendant le temps nécessaire pour laisser passer chaque train. En outre, tous les trains doivent s'arrêter complétement aux petits disques, et il est prescrit de n'ouvrir jamais deux de ces disques en même temps, de manière à ne pas laisser engager à la fois deux trains sur la bifurcation.

Lyon. — Les sémaphores destinés à protéger les bifurcations, sont précédés dans chacune des trois directions aboutissant à la bifurcation : 1° à 1200 mètres, au moins, d'un signal d'avertissement qui consiste en un poteau muni d'un transparent sur lequel est écrit le mot *bifurcation*, et qui est éclairé pendant la nuit;

2° à 100 mètres, au moins, d'un poteau indiquant les points que les trains ou machines se dirigeant vers la bifurcation, ne doivent jamais franchir tant que le passage ne leur est pas donné par le signal correspondant du sémaphore. Ce poteau porte l'inscription : *arrêt*, en caractères transparents qui sont éclairés pendant la nuit.

Tous les trains ou machines se dirigeant vers une bifurcation, doivent ralentir leur marche à partir du moment où ils passent devant le signal d'avertissement placé, ainsi qu'il a été dit plus haut, à 1200 mètres au moins de la bifurcation.

Les mécaniciens demandent ensuite le passage au moyen du sifflet, et ils doivent toujours être en mesure de s'arrêter complétement avant la bifurcation si le signal d'arrêt, que présente en permanence le sémaphore correspondant, est maintenu.

La vitesse des trains de toute nature et des machines isolées ne doit pas, au passage des bifurcations, dépasser celle d'un homme marchant au pas.

Des signaux spéciaux manœuvrés par les aiguilles prises en pointe, indiquent, du reste, la direction des voies.

Orléans. — Les aiguilles de bifurcation sont couvertes dans chaque direction par des signaux de ralentissement fixes, et par des mâts de signaux manœuvrés à distance.

Les signaux de ralentissement consistent en un poteau placé sur la gauche du mécanicien, à 500 mètres de la pointe des aiguilles. Ce poteau porte un drapeau blanc pendant le jour, et une lanterne à feu blanc pendant la nuit.

Les mâts à distance sont placés à 1000 mètres environ. Cette distance peut varier suivant les déclivités.

Ils sont établis de manière que tous les leviers puissent être surveillés et manœuvrés, de jour et de nuit, par un seul et même aiguilleur.

Les mâts de signaux destinés à couvrir les bifurcations, doivent être, en principe, constamment tournés au *rouge*, à l'exception de celui qui correspond à la direction d'où le train le plus prochain est attendu.

Si par suite de retard, ou pour toute autre cause, l'ordre dans lequel doit s'opérer le passage des trains venant de diverses directions est changé, l'aiguilleur doit, avant d'ouvrir la voie au train qui se présente, fermer la voie ouverte pour celui primitivement attendu, et s'assurer qu'il n'y a pas de train engagé entre le mât de signaux qu'il vient de manœuvrer et les croisements de bifurcation. Si plusieurs trains, arrivant des diverses directions, se présentent en même temps, les voies doivent être ouvertes successivement dans l'ordre le plus convenable pour la régularité du service et de manière à retarder le moins possible les trains marchant sur Paris.

Les mécaniciens annoncent du reste leur approche par des coups de sifflet prolongés.

Lorsqu'ils traversent la voie ouverte, ils doivent obéir au signal fixe de ralentissement en diminuant la vitesse d'une manière marquée, avant d'arriver aux aiguilles et se tenir, pendant leur passage sur les croisements, constamment maîtres de leur marche.

Lorsqu'ils traversent la voie fermée, ils doivent arrêter leur train le plus tôt possible et, s'il se peut, avant d'atteindre le mât qui couvre la bifurcation.

Une fois ce train arrêté, il doit immédiatement être couvert à distance, soit par le second mât établi dans ce but spécial, s'il en existe, soit par un agent envoyé à l'arrière avec le signal rouge ou les signaux détonants.

Sur les bifurcations des abords de la gare d'Orléans, dont les sommets et courbes de raccordement sont généralement en tranchées, on a adopté une disposition spéciale.

Outre les disques à distance qui, pour leur position et leur manœuvre, sont réglementés ainsi qu'il vient d'être dit, les trains sont annoncés par des cloches complétement indépendantes, et mises en mouvement par des buttoirs qui sont eux-mêmes manœuvrés au moyen de leviers spéciaux analogues à ceux des disques (Pl. X, *fig.* 3).

Les leviers de manœuvre se trouvant placés sous la main des

aiguilleurs, et les cloches étant mises en mouvement aux postes opposés, les agents peuvent s'annoncer mutuellement l'approche des trains.

Aux abords de la gare de Tours (Pl. X, *fig.* 1), où de nombreux raccordements viennent se réunir, les signaux au nombre de plus de cinquante, sont de deux catégories.

La première : les disques rouges sont destinés à arrêter les trains lorsque la voie n'est pas libre, et à les protéger pendant leur passage et pendant leur arrêt.

La deuxième : les disques ovales de couleur jaune servent à indiquer la provenance des trains ou des machines se dirigeant vers une bifurcation. Ils prescrivent l'ouverture ou la fermeture de certaines voies ; ils indiquent aussi la destination des trains.

Ces disques sont disposés de façon à permettre aux aiguilleurs des différents sommets de se renseigner réciproquement ; ils s'annoncent les trains, la direction que ces trains doivent prendre, et se demandent s'ils doivent, ou non, les laisser s'engager.

Il serait trop long de développer en détail cette organisation très-compliquée qui fonctionne néanmoins avec une grande régularité. Nous reproduisons dans la *note* 8 l'ordre spécial n° 2410 de la compagnie d'Orléans qui règle cette partie du service, et nous donnons dans la Pl. X, *fig.* 2, le dessin des disques peints en jaune portant chacun une inscription différente.

Les bifurcations sont, du reste, munies de signaux indicateurs de direction dont le mouvement est solidaire de celui des aiguilles.

Ouest. — Sur les bifurcations du chemin de fer de l'Ouest, on distingue la direction la plus importante qui est considérée comme ligne principale. Cette direction est ordinairement ouverte aux passages des trains qui se bornent à ralentir leur vitesse.

L'autre direction est toujours fermée par des signaux dont nous parlerons plus loin. Tous les trains s'arrêtent devant ces signaux, et ne se remettent en marche qu'après que le garde de l'embranchement a fermé les voies correspondant à la direction principale.

Les signaux employés aux bifurcations sont de différentes sortes et de diverses couleurs.

Ce sont :

1° Les signaux d'arrêt ordinaire de couleur rouge ;

2° Les signaux verts manœuvrés par le mécanisme des aiguilles et indiquant la direction des voies ;

3° Les signaux jaunes à potence qui viennent se placer en travers de la voie secondaire (*).

Ces divers signaux sont manœuvrés par le garde de la bifurcation.

Les signaux rouges sont répétés, s'il y a lieu, de façon à couvrir les trains arrêtés.

Des enclanchements du système Vignier sont, du reste, disposés de façon que l'une des directions ne puisse être ouverte que lorsque l'autre est fermée.

L'appareil en service à l'embranchement de Colombes (ligne de Paris au Havre), dont nous donnons le dessin (Pl. X, *fig.* 4, 5 et 6), est très-ingénieux ; nous allons le décrire.

La position normale du changement n° 1 de l'embranchement de la ligne de *Normandie* est dans le sens de la voie descendante de la ligne de *Saint-Germain ;* le contre-poids des aiguilles est rivé, pour qu'elles soient toujours dans cette direction (*fig.* 4).

Les signaux à distance n°s 1 et 2, établis voie montante de la ligne de *Saint-Germain* et destinés à protéger l'embranchement de la ligne de *Normandie*, sont reliés au changement n° 1 au moyen d'un appareil d'enclanchement, de telle sorte qu'il faut que les deux signaux indiqués ci-dessus soient tournés à l'arrêt, et l'enclanchement A (*fig.* 5 et 6) manœuvré pour pouvoir diriger un train descendant sur la ligne de *Normandie*.

La manœuvre se fait de la manière suivante :

1° Tourner à l'arrêt le signal n° 1, qui déclanche celui n° 2 ;

2° Tourner à l'arrêt le signal n° 2, qui déclanche l'appareil A ;

3° Manœuvrer ce dernier appareil, qui déclanche le changement et permet de le manœuvrer pour livrer passage à un train descendant sur la ligne de *Normandie*.

Dans ces conditions, on a donc la certitude que la voie montante de la ligne de *Saint-Germain* a été fermée par les signaux à distance n°s 1 et 2, et que l'appareil d'enclanchement A a été manœuvré, avant que de pouvoir livrer passage à un train descendant se diri-

---

(*) Nous avons indiqué plus haut les expériences qui se font actuellement afin d'améliorer l'appareil des disques à potence employés aux bifurcations et sur divers points spéciaux comme *disques d'arrêt absolu.*

geant sur la ligne de *Normandie*, en traversant la voie montante de la ligne de *Saint-Germain*, puisque les dispositions de l'ensemble de l'appareil de sûreté obligent forcément l'aiguilleur à faire les manœuvres indiquées ci-dessus.

Quand les signaux nᵒˢ 1 et 2 sont au libre passage, le changement n° 1 est forcément dans la direction de la voie descendante de la ligne de *Saint-Germain*; si, dans ces conditions, un train en destination pour la ligne de *Normandie* franchissait le changement n° **1**, il ferait fausse route, et il n'y aurait aucun accident à craindre.

La voie montante de la ligne de *Normandie* est constamment fermée à l'extrémité du quai de la gare de *Colombes* (embranchement), au moyen du signal à potence n° 3, qui est relié avec ceux nᵒˢ 1 et 2 à distance, établis voie montante de la ligne de *Saint-Germain*, et cela, de telle sorte qu'il faut que les signaux nᵒˢ 1 et 2 soient tournés à l'arrêt avant que de pouvoir manœuvrer celui à potence n° 3, pour rendre libre la voie montante de *Normandie*.

Cette manœuvre a lieu de la manière suivante :

1° Tourner à l'arrêt le signal n° 1, qui déclanche celui n° 2 ;

2° Tourner à l'arrêt le signal n° 2, qui déclanche le signal à potence n° 3, et permet de le tourner à la voie libre, pour livrer passage à un train montant de la ligne de *Normandie*, se dirigeant vers Paris.

Dans ces conditions, on a la certitude que la voie montante de la ligne de *Saint-Germain* a été fermée par les signaux à distance nᵒˢ 1 et 2, avant que d'avoir pu tourner à la voie libre celui à potence n° 3, puisque la disposition de l'enclanchement de ces trois signaux ne permet pas à l'aiguilleur de pouvoir faire autrement.

Chaque bifurcation fait l'objet d'un règlement spécial qui, basé sur les principes que nous venons d'indiquer, donne aux divers agents des instructions précises sur la manœuvre et la signification des signaux. Ces règlements sont accompagnés d'un plan. Nous reproduisons, *note* 7, le règlement relatif à la bifurcation de Saint-Cyr, ligne de Rennes et ligne de Granville, et, Pl. XI, *fig.* 1, 2 et 3, le plan de cette bifurcation ainsi que le dessin d'un disque à potence.

Midi. — Sur les chemins de fer du Midi, chacune des trois directions d'une bifurcation est pourvue d'un disque à distance. Les aiguilles prises en pointe et les disques couvrant dans les directions différentes une même aiguille ou une même traversée, sont conjugués, au moyen de l'appareil Vignier, de telle sorte que deux trains ne puissent être autorisés, en même temps, à passer sur le même point.

Les conditions remplies par l'appareil du Midi sont les suivantes :

Le disque 1 (Pl. XI, *fig.* 4) ne peut s'ouvrir que si l'aiguille 1 erme l'embranchement, et *vice versa*.

Le disque 2 ne peut s'ouvrir que si l'aiguille 1 ferme l'embranchement, et *vice versa*.

Le disque 3 ne peut s'ouvrir que si l'aiguille 2 donne accès sur la voie d'arrivée de la ligne principale, et si le disque 2 est fermé.

Un train ne peut, du reste, s'engager sur une bifurcation que si le signal *vert* lui est présenté. L'absence de ce signal équivaut à la présentation du signal *rouge*, et commande aux mécaniciens les mêmes prescriptions.

Les trains desservant l'embranchement s'arrêtent toujours, et complétement, à 100 mètres au moins avant la première aiguille ou avant la première traversée qu'ils doivent rencontrer à la bifurcation.

Ils ne se remettent en marche que sur l'ordre du chef de train, donné après que l'aiguilleur de la bifurcation s'étant assuré que les aiguilles et les disques sont convenablement disposés, a autorisé la circulation du train en lui faisant le signal *vert*.

Les trains de la ligne principale ne s'arrêtent donc à la bifurcation qu'en cas d'absence du signal *vert* ou de présentation du signal *rouge*, mais le mécanicien doit modérer la vitesse de telle manière que le train puisse être complétement arrêté avant d'atteindre la bifurcation, si les circonstances l'exigent.

L'agent placé à la bifurcation n'a pas d'ailleurs à se préoccuper de l'ordre dans lequel les trains y passent, soit dans le même sens, soit dans un sens contraire. Il se borne à maintenir l'intervalle réglementaire entre les trains qui se succèdent dans le même sens.

Discussion des divers systèmes de signaux de bifurcations. — Nous venons d'indiquer les divers systèmes adoptés par les compagnies pour couvrir les points importants désignés sous le nom de *bifurcation*.

Nous devons maintenant discuter l'efficacité de ces systèmes et rechercher celui qui, par les moyens les plus simples, donne le plus de garantie.

Remarquons d'abord que quelques compagnies font arrêter les trains abordant la bifurcation, soit dans les deux directions, soit seulement dans la direction la moins importante. D'autres se bornent à ordonner un ralentissement conforme aux prescriptions de l'ordonnance du 15 novembre 1846 (art. 37). Il semble certain que si le ralentissement est observé, ce dernier mode est préférable.

Une bifurcation ne doit pas être inutilement occupée et il importe de la dégager le plus promptement possible; un arrêt conduit à une perte de temps quelquefois assez longue lors de la remise en marche. Le train peut, en effet, être lourdement chargé, les rails peuvent être humides; toutes les bifurcations, enfin, ne sont malheureusement pas en palier.

Le seul argument que l'on puisse invoquer en faveur de l'arrêt, c'est que le contrôle de cet arrêt est plus aisément fait que le contrôle d'un ralentissement, qui peut lui-même être plus ou moins complet.

Quelques compagnies maintiennent constamment à l'arrêt les disques qui protégent les bifurcations; d'autres prescrivent d'ouvrir à l'avance le disque correspondant à la direction du train, le premier attendu. Cette dernière règle semble vicieuse, car le garde de la bifurcation, préoccupé par l'arrivée d'un train non attendu, peut ouvrir un second disque, en omettant de fermer, au préalable, le premier.

Les conditions absolues devraient être que deux disques ne pussent être effacés en même temps et que les aiguilles ne pussent être ouvertes dans la direction du coupement à niveau, si le disque qui couvre cette traversée n'est pas fermé. Pour obtenir le premier résultat, il suffit, ainsi que cela a lieu sur la ligne du Nord, de disposer les disques qui couvrent les bifurcations de façon qu'ils se ferment d'eux-mêmes et qu'ils ne puissent être ouverts que lorsque leur levier est maintenu par le garde de la bifurcation (note 9).

L'application du système Vignier permet de réaliser ces deux conditions en enclanchant deux disques l'un par l'autre, de manière à ce qu'ils ne puissent être effacés à la fois.

Plusieurs compagnies ont adopté ce système; il est fâcheux que les autres n'aient pas suivi cet exemple.

Sur le réseau de l'Ouest, des précautions multipliées ont été prises pour protéger les bifurcations, mais elles conduisent à des ordres de service distincts pour chacune d'elles.

Toutes les compagnies, enfin, n'ont pas pour les bifurcations en pleine voie des indicateurs spéciaux qui préviennent les mécaniciens en temps utile.

Nous pensons que cette question des bifurcations devrait être l'objet d'une étude faite en commun par les compagnies, et que les mesures adoptées sur le réseau du Nord pourraient être présentées comme constituant actuellement le système le plus simple et le plus sûr.

Signaux de ponts tournants. — Sur le réseau du Nord, les ponts tournants sont traités comme des bifurcations; ils sont soumis identiquement aux mêmes règles.

Sur d'autres lignes, les ponts tournants sont couverts par des signaux à distance qui doivent être fermés trois minutes, au moins, avant d'ouvrir le pont, et n'être placés à voie libre qu'après que le pont a été remis dans le sens des rails et calé.

Nous avons eu occasion, en parlant du système Vignier, d'indiquer une application très-ingénieuse de ce système aux ponts tournants couverts par des disques à distance.

La clef de calage est recouverte par une plaque en tôle et ne permet la manœuvre du pont tournant qu'après que les disques ont été fermés. Le mouvement de la plaque est, à cet effet, rendu solidaire de celui du levier du disque.

Signaux de passages à niveau. — Lorsque les passages à niveau sont placés dans des courbes, il est quelquefois nécessaire de les couvrir à distance, ou, au moins, d'avertir les gardes de l'approche d'un train.

Sur le réseau du Nord, afin de ne pas multiplier le nombre des signaux, et surtout de ne pas en confier la manœuvre à des agents qui, isolés de toute surveillance, pourraient les fermer inutilement, on n'admet que très-exceptionnellement le mode de couverture des passages à niveau par des disques à distance.

On a appliqué sur ce réseau un système qui fonctionne généralement bien.

Les gardes de quelques barrières placées dans des courbes sont prévenus par une sonnerie de l'approche du train.

Cet avertissement est produit par le passage du train sur une pédale placée en général à 2000 mètres de la traversée à niveau. Ce passage établit pendant un temps déterminé un circuit électrique.

L'appareil se compose d'un châssis en fer A (Pl. XII, *fig.* 1, 2 et 3) pouvant osciller autour d'un axe B et muni en avant d'un ressort C avec plaque argentée. Ce ressort, mis en communication avec la terre, s'applique, lorsque le châssis a basculé, contre la partie taillée en biseau et argentée d'une colonne D à laquelle aboutit le fil de la ligne.

Entre le bâti en fer E sur lequel est installé tout l'appareil et le châssis mobile A, est interposé un soufflet F fixé à ce dernier de façon à en suivre tous les mouvements.

Un contre-poids G sollicite naturellement le soufflet à s'ouvrir. Celui-ci aspire l'air par une large ouverture H munie d'une soupape ; lorsqu'il se referme, l'air ne peut s'échapper que par une ouverture très-étroite I, de façon que le contact du ressort C contre la colonne D soit maintenu pendant quelques instants.

Le contre-poids G, et par suite, le châssis et le soufflet sont manœuvrés *par abandon* par un levier J, courbé en col de cygne en avant, et muni en arrière d'une lentille K formant contre-poids.

Ce levier est fixé à une des extrémités d'un axe L qui porte à l'autre bout une pédale M placée parallèlement à côté et en dedans du rai extérieur, de façon à être abaissée par la pression du boudin des roues des locomotives et des wagons.

L'axe tourne entre des coussinets en bronze solidement maintenus sur une traverse N reliée elle-même par des boulons à une des traverses de la voie.

Le commutateur enveloppé d'un couvercle en tôle est placé, au moyen d'un étrier en fer, soit sur une pièce de bois fixée à angle droit sur la traverse N, soit sur un petit massif de maçonnerie.

Lorsqu'il s'agit d'annoncer l'arrivée du train à un passage à niveau, on dispose à ce passage une pile et une sonnerie de forme spéciale, qui est mise en relation avec le commutateur par un fil de ligne.

Les communications de la sonnerie sont établies de façon que lorsque le circuit est momentanément fermé par le commutateur, le marteau en frappant un premier coup permet la chute d'un petit levier qu'il soutenait à l'état de repos ; ce levier établit un circuit permanent de la pile qui fait marcher la sonnerie jusqu'à ce que l'agent averti vienne le relever en appuyant en O et rétablisse l'appareil dans l'état primitif.

Sur les lignes de l'Est, de Lyon, d'Orléans et de l'Ouest, on rencontre plus fréquemment des barrières couvertes par des disques avancés.

Sur la ligne de Lyon, on emploie un appareil inventé par M. *Thorel* et destiné à prévenir les gardes-barrières de l'arrivée du train.

Cet appareil désigné sous le nom d'*avertisseur* consiste en un système de clochettes établies près de la guérite du garde et reliées par un fil de fer, d'une longueur variant de 800 à 1200 mètres, à un levier fixé à l'autre extrémité de ce fil. Ce levier est mis en mouvement par une pédale P, placée près de la face intérieure du rail de la voie à laquelle le signal s'adresse (Pl, XII, *fig* 5, 6, 7 et 8).

Cette pédale, qu'un contre-poids C placé à l'extrémité du fil de transmission F tient toujours élevée un peu au-dessus du niveau du rail, s'abaisse lors du passage de chaque roue de wagon et se relève entre le passage de deux roues consécutives par l'effet de ce contre-poids.

Les poulies qui supportent le fil sur les 150 premiers mètres à partir du levier de manœuvre, et qui sont exposées à des efforts violents. ont dû être munies de supports en fer, la fonte n'ayant pas résisté. Par ce même motif, on se sert, sur cette longueur, de câble ou grelin en fil de fer de $0^m,008$ à $0^m,013$ de diamètre.

Le reste de la transmission est en fil de fer recuit de $0^m,007$ de diamètre, supporté par des poulies tout en fonte.

Enfin, pour ramener à l'horizontalité et au niveau du ballast, le fil de transmission que la longueur du levier de manœuvre oblige à placer à $0^m,80$ environ en contre-bas du ballast, on emploie deux poulies superposées fixées sur un piquet en bois, et entre lesquelles vient s'engager le fil de transmission.

Cet appareil donne lieu à des chocs considérables; il exige l'emploi de câble en fer d'un assez fort diamètre et nous doutons qu'il puisse résister bien longtemps; néanmoins, il résulte des renseignements fournis par la Compagnie de Lyon qu'il fonctionne, jusqu'à présent, avec régularité.

Sur le chemin de fer de l'Ouest, les barrières du passage à niveau de la grille d'Orléans, dans le parc de Saint-Cloud, sont enclanchées avec les signaux au moyen de l'appareil *Vignier*, de façon qu'elles ne puissent être ouvertes que lorsque les disques sont tournés à l'arrêt.

Voici comment se fait la manœuvre :

Les deux disques étant effacés, les grilles sont maintenues fermées par deux tiges D et E (Pl. XIII, *fig*. 1, 2, 3 et 4) sans qu'il soit possible de les ouvrir, le levier C qui sert à manœuvrer les verrous étant maintenu dans une position invariable par deux autres verrous d'enclanchement A et B.

Pour ouvrir la grille, le gardien tourne d'abord à l'arrêt le disque (1.2) dont la manœuvre dégage l'enclanchement A ; il tourne ensuite à l'arrêt le disque n° 3 dont la manœuvre dégage l'enclanchement B ; il revient au premier disque, et peut alors seulement manœuvrer le levier C qui commande les tiges D et E. Ces tiges étant abaissées, il peut ouvrir la grille.

Il faut remarquer que par la disposition même des leviers, il s'écoule forcément entre le moment où les disques sont tournés à l'arrêt et celui où la grille est ouverte, un temps assez long pour qu'un train ne puisse être engagé entre le signal et la grille.

Des dispositions analogues ont été appliquées sur les lignes du Midi. Cette compagnie a compris l'utilité pratique du système *Vignier* et tend à en généraliser l'emploi.

A l'origine de l'exploitation des chemins de fer, les barrières des passages à niveau étaient quelquefois disposées de telle sorte qu'elles fermaient les voies lorsque le passage était ouvert sur les routes de terre.

Chacun des ventaux portait la moitié d'un disque rouge qui constituait, en ce cas, un signal d'arrêt.

Mais, ce signal qui se trouvait au point même à couvrir, et qui n'était aperçu qu'à une distance rapprochée, ne permettait pas aux mécaniciens d'arrêter leurs trains en temps utile. Les ventaux étaient alors brisés, et la sécurité du passage compromise.

On a, avec raison, abandonné ce système qui n'offrait aux garde-barrières qu'une sécurité trompeuse.

Signaux de souterrains. — L'administration usant du droit qui lui est conféré par l'article 29 de l'ordonnance du 15 novembre 1846, a prescrit à toutes les compagnies d'installer à chacune des têtes des souterrains de plus de 1000 mètres de longueur, ou en courbe, un système de signaux tel que deux trains, ou deux machines, marchant dans le même sens, ne puissent s'y trouver à la fois engagés.

Les compagnies se conforment à cette prescription, soit par l'emploi de signaux à distance, si le souterrain n'a pas une grande longueur, soit par l'emploi de signaux télégraphiques.

Nord. — Sur la ligne du Nord, où il n'y a jusqu'à présent que des souterrains de peu de longueur, on a expérimenté deux systèmes qui donnent des résultats satisfaisants.

L'un de ces systèmes est simplement formé de fils de transmission correspondant à chacune des voies et terminés à chaque extrémité par un contre-poids.

Lorsqu'un train pénètre dans le souterrain, l'agent placé du côté de l'entrée soulève le contre-poids correspondant à ce côté. Le contre-poids de l'extrémité obéit au mouvement. Le garde ferme ensuite un disque d'arrêt placé à l'entrée du souterrain.

Lorsque le train sort, la manœuvre inverse a lieu. Le garde placé du côté de la sortie remet le contre-poids dans la position primitive. Le signal rouge est alors effacé du côté de l'entrée.

Chacune de ces manœuvres est annoncée à chaque extrémité par le tintement d'une sonnette mise en mouvement en même temps que le contre-poids.

Ces signaux peuvent être employés lorsque la distance qui sépare les agents chargés de la surveillance des souterrains n'excède pas 2000 mètres.

L'autre système, basé sur l'électricité, reproduit à peu près les dispositions que nous avons décrites plus haut lorsque nous avons parlé des signaux de passages à niveau des chemins du Nord.

Les appareils électriques placés à l'entrée du tunnel forment un groupe composé : d'une pédale exactement semblable à celle des passages à niveau, d'un commutateur à soufflet S, d'une sonnerie trembleuse ordinaire T, et d'une pile P (Pl. XII, *fig. 4*). A l'extrémité du soufflet se trouve un mécanisme A destiné à mettre la sonnerie dans le circuit de la pile au moment de l'entrée du train sous le tunnel, et un électro-aimant B qui a pour but de provoquer l'arrêt de la sonnerie lorsque le train sort du tunnel.

Dès que le train entre sous le tunnel, le soufflet S, sous l'action de la pédale, s'ouvre, la tige en fer C se relève et appuie sur la pièce D qui prend la position D' et vient s'enclancher sur l'armature E reliée par un ressort F à la colonne G. Dans cette position, la partie inférieure de la pièce D, qui tourne sur un axe H, appuie sur une plaque métallique I, et établit par ce fait une communication électrique avec la sonnerie trembleuse, qui est reliée d'une part avec cette plaque I, et d'autre part avec la pile P, réunie elle-même par le fil J à la pièce D au moyen du support K.

La sonnerie fonctionne donc jusqu'à ce qu'il y ait interruption de courant.

L'électro-aimant B est en communication, d'un côté, avec le pôle cuivre de la pile P', et de l'autre avec un des contacts d'un commutateur à soufflet R, complétement identique à ceux des passages à niveau, placé à la sortie du tunnel; l'autre contact du commutateur R, ainsi que le second pôle de la pile P', sont dirigés à la terre. Si donc les contacts du commutateur R sont juxtaposés, le circuit de la pile est fermé, et l'électro-aimant B est sous l'influence du courant; c'est ce qui arrive lorsque le train, à sa sortie du tunnel, presse sur la pédale du soufflet du commutateur R. L'armature E est alors attirée contre l'électro-aimant et laisse échapper la pièce D; celle-ci, en reprenant sa première position, interrompt le circuit établi avec la sonnerie qui cesse alors de fonctionner.

Chaque voie est munie d'un appareil distinct.

Des disques sont établis à chaque extrémité du souterrain du côté correspondant à l'entrée des trains; ils sont manœuvrés par des gardes spéciaux qui les tournent à l'arrêt pendant le temps réglementaire.

Est. — La compagnie de l'Est a procédé avec un grand soin à l'installation des signaux de souterrain. Nous pensons que l'indication détaillée des excellentes mesures qu'elle a prises à ce sujet présentera quelque intérêt.

Des signaux fixes sont installés à la tête des souterrains dont la courbure empêche de voir d'une extrémité à l'autre, et des souterrains en ligne droite d'une longueur de plus de 1000 mètres.

Ces signaux sont ou manœuvrés à distance ou électriques.

L'agent chargé de leur manœuvre doit les tourner à l'arrêt dès qu'un train ou une machine s'engage dans le souterrain, et ne les effacer qu'après la sortie du train ou de la machine.

Toutefois, le signal doit être maintenu à l'arrêt tant qu'il ne s'est pas écoulé, depuis l'entrée du train ou de la machine, l'intervalle prescrit par le règlement des signaux.

Chacun des agents chargés de la manœuvre des signaux spéciaux de souterrain, doit inscrire sur un rapport journalier l'heure exacte de l'entrée et de la sortie de tous les trains et machines.

Les signaux des souterrains en courbe, de peu de longueur, sont manœuvrés par le garde-ligne dans le parcours duquel ils sont placés.

Chacun de ces signaux est un disque à pédale tourné à l'arrêt par le train ou la machine, et dont le levier de manœuvre est dans une position telle que, de ce point, le garde puisse voir sortir les trains.

Lorsqu'un train ou une machine entre dans le souterrain, le garde doit aller se placer au levier de manœuvre pour effacer le disque, conformément aux dispositions générales indiquées plus haut.

Les signaux des grands souterrains sont manœuvrés par des stationnaires à poste fixe. Ces agents se transmettent l'avis de l'entrée et de la sortie de chaque train, ou machine, au moyen d'appareils télégraphiques installés aux deux têtes.

Dans le cas où l'avis de la sortie n'est pas reçu après vingt minutes écoulées, depuis l'entrée d'un train, ou d'une machine, dans le souterrain, il est permis de laisser un nouveau train s'engager. Le mécanicien et le chef de train reçoivent alors un ordre écrit, et la marche doit être assez lente pour éviter tout accident.

Les appareils télégraphiques à lettres, dont on se sert, sont installés aux stations d'amont et d'aval, et manœuvrés par les chefs de ces stations.

L'entrée d'un train ou d'une machine est annoncée par la dépêche suivante transmise en toutes lettres :

« *Le train n°* (*ou la machine*) *entre dans le souterrain.* »

La sortie du train ou de la machine est annoncée de même par la dépêche suivante :

« *Le train n°* (*ou la machine*) *sort du souterrain.* »

Pour ces deux dépêches, le stationnaire du train attaqué doit accuser réception de la manière ordinaire.

On emploie aussi des appareils ordinaires à courant continu.

Chaque poste télégraphique est alors composé d'une pile, d'un inverseur, d'un interrupteur, d'un récepteur et d'une sonnerie.

A l'arrivée d'un train ou d'une machine, le stationnaire de la tête d'entrée avise son correspondant au moyen d'un coup de sonnerie obtenu en poussant le bouton de son interrupteur.

Le stationnaire du poste attaqué répond en manœuvrant son inverseur de manière à amener sur le mot *occupé*, l'aiguille qui correspond, dans chacun des deux postes, à la voie engagée. Dès que le train ou la machine est sorti du souterrain, il repousse l'inverseur à sa première position, ce qui ramène les deux aiguilles sur le mot *libre*.

Enfin, on se sert de l'appareil indicateur du système *Tyer*, dont nous parlerons plus bas.

Lorsque le poste est muni, soit d'un appareil à courant continu, soit d'un appareil du système *Tyer*, le stationnaire qui annonce l'entrée d'un train, doit conserver les yeux fixes sur l'appareil, jusqu'à ce qu'il ait constaté que son correspondant de la sortie a répondu au signal, en amenant l'aiguille sur le mot *occupé*. Sans cette précaution, en cas d'oubli ou de dérangement dans les appareils, la réponse n'arrivant pas, l'aiguille resterait sur le mot *libre*, et le garde de l'entrée du souterrain pourrait supposer que, pendant son absence, son correspondant a annoncé la sortie du souterrain.

Lyon. — Sur le chemin de fer de Lyon, on a appliqué l'appareil *Tyer* aux souterrains de Blaizy et de Sainte-Irénée. En outre, on a relié à un levier manœuvré par un garde-ligne une transmission en fil de fer sur laquelle les ouvriers de la voie mettent une sonnette mobile qui sert à les avertir de l'entrée d'un train dans le souterrain et leur permet de se garer en temps utile.

Pour les autres tunnels, on a établi une simple transmission dont les fils sont supportés, tous les 15 mètres, par des supports à poulie. Ces fils sont tendus au moyen de poids et munis à chacune de leurs extrémités, de sonnettes qui s'agitent au moment où l'on soulève le contre-poids, dans un sens ou dans l'autre, pour annoncer, soit qu'un train s'engage dans le souterrain, soit que le train engagé dans le souterrain en est sorti.

Dans le souterrain de la *Guillotière*, qui sépare Vaise de Perrache, le fil de la transmission qui est de 3600 mètres, a 5 à 6 millimètres de diamètre. Cette longueur de transmission est trop considérable, et le fonctionnement de cet appareil est plus qu'irrégulier.

Orléans. — Les souterrains qui existent sur le chemin de fer d'Orléans, n'ont pas de grandes longueurs, et la compagnie s'est contentée de placer, aux deux extrémités, des gardes qui n'ont entre eux que les moyens de communication ordinaires.

Les gardes doivent parcourir les tunnels plusieurs fois par jour, et, autant que possible, se trouver à l'entrée du souterrain pour signaler le train qui arrive et le suivre en parcourant la voie.

Ouest. — Sur la ligne de l'Ouest, des signaux fixes sont établis à chacune des extrémités des tunnels en ligne droite de 1000 mètres, et au-dessus, et des tunnels en ligne courbe de 600 mètres.

Ils sont manœuvrés par des gardes spéciaux qui sont en communication au moyen de timbres électriques. Deux coups de timbre annoncent l'entrée d'un train ou d'une machine.

Le garde de l'extrémité opposée doit prévenir par un coup de timbre qu'il a reçu l'avis. Trois coups de timbre annoncent la sortie.

Le garde de l'extrémité opposée répond par un coup.

Un disque *rouge* le jour, un feu *rouge* la nuit, commandent l'arrêt après l'entrée d'un train ou d'une machine dans le souterrain.

Ces signaux sont effacés aussitôt que l'avis de la sortie est reçu. Si, après quinze minutes écoulées depuis l'entrée d'un train ou d'une machine, l'avis de la sortie n'est pas reçu, et si un autre train se présente, il peut pénétrer dans le tunnel en limitant sa marche à 15 kilomètres à l'heure. Le mécanicien et le chef de-train sont, en ce cas, prévenus.

Si les signaux électriques se dérangent, le signal d'arrêt est fait, pendant dix minutes, après l'entrée d'un train ou d'une machine, et le signal de ralentissement, pendant dix autres minutes.

Midi. — Les souterrains établis sur les chemins de fer du Midi sont très-courts et ne rentrent pas dans la catégorie de ceux qui, d'après les règlements, doivent donner lieu à une surveillance spéciale.

Signaux destinés à maintenir l'écartement entre les trains. — Sur les chemins de fer du Nord, aucun train ne doit quitter une gare avant qu'il se soit écoulé, depuis le départ du train précédent, un intervalle de dix minutes ; sauf les exceptions ci-après :

Cet intervalle peut être réduit à cinq minutes,

1° Lorsque le premier train marche plus vite que le second ;

2° Lorsqu'un train de voyageurs part d'une gare où un train de voyageurs précédent ne s'est pas arrêté ;

3° Lorsqu'un train de marchandises part d'une gare où un train précédent ne s'est pas arrêté.

L'intervalle peut encore être réduit à deux minutes, toutes les fois que la distance à parcourir sur la même voie par les trains qui se suivent, n'excède pas 3 kilomètres.

En dehors des cas exceptionnels signalés ci-dessus. quand un train en suit un autre, à moins de cinq minutes d'intervalle, on lui fait le signal d'arrêt.

Si l'intervalle est de plus de cinq minutes, et de moins de dix minutes, le signal de ralentissement lui est présenté.

Des règles analogues sont adoptées sur le réseau de l'Est. Toutefois, le signal d'arrêt est fait lorsque l'intervalle entre les trains est inférieur à dix minutes.

Sur le réseau de Lyon, le signal d'arrêt doit être maintenu par les sémaphores établis, soit aux stations, soit aux postes intermédiaires, pendant dix minutes, après le passage des trains ou des machines. Cet intervalle écoulé, le signal de ralentissement doit être présenté pendant les dix minutes suivantes ; toutefois, sa durée est réduite à cinq minutes après le passage d'un *express*, suivi d'un train de voyageurs *omnibus, mixte*, ou de marchandises, et après le passage d'un train de voyageurs omnibus suivi d'un train de marchandises.

Sur le réseau d'Orléans, le signal d'arrêt est fait pendant dix minutes après le passage de chaque train.

Le chemin de fer de l'Ouest a adopté, pour les signaux d'arrêt, la même règle que celui du Nord. Dans la banlieue, le signal d'arrêt est fait pendant cinq minutes, seulement, après le passage des trains, quels qu'ils soient.

Sur ce même chemin, le signal de ralentissement ne doit pas être fait, comme cela a lieu sur les chemins de fer du Nord, après le signal d'arrêt.

Sur le réseau du Midi, enfin, le signal d'arrêt est fait et maintenu par les agents de la voie ou des stations, pendant les cinq minutes qui suivent le passage d'un train de voyageurs, et pendant les dix minutes qui suivent le passage d'un train de marchandises.

Le signal d'arrêt, dans ces deux cas, est toujours suivi d'un signal de ralentissement soutenu.

Nous avons indiqué les règles adoptées sur chacune des lignes composant le réseau français, afin de bien constater les différences qui existent entre les temps prescrits pour les signaux d'arrêt et les signaux de ralentissement.

Rien ne justifie ces différences appliquées à des lignes qui ont des profils analogues, et qui servent à la circulation des trains de vitesse.

On comprend que l'intervalle maintenu entre chaque train puisse être moins considérable sur les lignes de banlieue qui sont surveillées d'une façon exceptionnelle, mais il semblerait désirable que l'uniformité fût rétablie dans les autres cas.

Nous pensons que, sauf le cas où deux lignes se séparent après un trajet commun de moins de trois kilomètres, l'intervalle réglementaire, entre le passage de chaque train, devrait être de dix minutes.

Le maintien de l'écartement des trains s'obtient aux stations, et en certains points de la ligne, au moyen des signaux fixes ; en pleine voie, à l'aide des signaux mobiles dont les gardes sont munis. Nous les décrirons plus loin.

Sur quelques lignes, on a essayé ou appliqué des systèmes particuliers destinés à maintenir, d'une manière plus certaine, l'écartement entre les trains.

Appareil Vérité. — Sur le Nord, on a expérimenté l'appareil *Vérité.* Bien qu'il n'ait pas produit des résultats très-satisfaisants, nous croyons utile de le décrire; il peut servir de guide pour de nouvelles études.

Faire laisser à un train une trace certaine de son passage en un point, la faire persister jusqu'à ce que ce train en soit éloigné d'une distance déterminée aussi grande que l'on voudra, enfin la faire disparaître au moment où il a dépassé cette distance, tel est le but que s'est proposé M. Vérité, horloger à Beauvais, par l'invention de son signal magnéto-mécanique. En d'autres termes, il a voulu obtenir la protection d'un train en marche, opérée automatiquement sur une longueur déterminée.

M. Vérité a résolu ce problème de la manière suivante :

Il établit, au point où le train doit commencer à se couvrir, un disque ou plutôt une boîte en fonte de forme circulaire (Pl. XIII, *fig.* 5 à 10) montée sur une colonne creuse, et munie de deux verres blancs symétriques P, P.

Dans l'intérieur de cette boîte, est une lunette verticale à deux verres rouges d'une grande mobilité, et communiquant à l'aide d'une transmission mécanique, avec une pédale A (*fig.* 8 et 9) placée le long d'une des files de rails. Au moment de son passage sur la pédale, la machine, par la pression du boudin de la première roue, change la position de la lunette qui devient horizontale ; par suite, les verres rouges s'appliquent sur les verres blancs du disque.

Le disque est ainsi tourné au rouge. Il conserve cette couleur jusqu'au moment où la machine, ayant avancé de quatre kilomètres par exemple, rencontre une seconde pédale qui fait partie d'un appareil aimanté (*fig.* 10) en communication avec le disque laissé à l'arrière. La pédale, en s'abaissant, sépare un aimant M de son armature L ; un courant instantané d'induction finissante est créé qui fait déclancher la lunette, la laisse revenir à sa position verticale, fait disparaître le signal rouge et rend la voie libre.

La répétition de ces dispositions sur toute la ligne, couvrirait ainsi complétement la marche d'un train.

Nous donnons ici le détail du mécanisme de ce double appareil et de son jeu ; nous croyons devoir insister sur la nature du mouvement et sur l'esprit pratique qui a présidé à sa combinaison.

Le long du rail extérieur est une pédale A (*fig.* 8 et 9) qui fait tourner un arbre horizontal B. A cet arbre est fixé un levier B_1B_1 (*fig.* 7) situé dans le socle et qui fait monter ou baisser une tringle verticale C (*fig* 5, 6 et 7), logée dans la colonne du disque et qui se termine dans la boîte supérieure.

Les deux parois circulaires verticales de cette boîte sont munies de deux verres blancs PP (*fig.* 5). Le sommet de la tringle, en s'abaissant, laisse libre une équerre D qui, à cause du contre-poids fixé à une de ses extrémités, tourne autour de son axe. Le bras vertical de cette équerre presse contre un bouton E fixé à la monture d'une lunette à verres *rouges*, mobile aussi autour d'un axe et fait faire à celle-ci un peu plus d'un quart de révolution.

Un contre-poids placé à l'extrémité d'un des verres, tend à faire revenir la monture dans sa position primitive ; mais un taquet F fixé près de l'autre verre, vient butter contre le bras inférieur d'une seconde équerre G, dont le bras supérieur sert d'armature à un électro-aimant. Les verres *rouges* se placent derrière les verres *blancs*, et le disque paraît *rouge* extérieurement. Il conserve cette couleur jusqu'à ce que la machine ait passé au droit de la boîte du deuxième électro-aimant.

Le levier B_1B_1 (*fig.* 7) communique, d'un côté, avec un ressort H dont l'objet est de relever la tringle C et la pédale A (*fig.* 8 et 9) ; de l'autre, il fait mouvoir un piston dans une pompe régulatrice I (*fig.* 7) où se trouve du mercure. Quand la pédale s'abaisse, le ressort se tend, le piston monte et laisse passer le liquide au-dessous de lui par une large soupape. Quand le ressort se détend, le piston s'abaisse, et les orifices disposés dans sa masse, ouvrent passage au liquide qui se rend de nouveau au-dessus du plateau. La vitesse de cet écoulement est réglée de manière que la pédale ne revienne à sa position initiale que lorsque le train entier est passé.

De même, le sommet de la tringle ne revient à sa hauteur normale que lorsque ce mouvement ne peut plus empêcher la rotation de la lunette.

La *fig.* 5, représente l'état du disque quand aucun train n'est engagé, et la *fig.* 6, quand un train est engagé et la pédale relevée. D_1D_1 (*fig.* 6) représente la position de l'équerre D (*fig.* 5) quand le train passe ; alors la pédale et la tringle sont abaissées.

Quand la machine arrive en face de l'électro-aimant (*fig.* 10), elle rencontre une pédale qui, au moyen d'une transmission semblable à celle du disque proprement dit, agit sur un levier K et détache de l'aimant M une armature L.

L'aimant M est enveloppé d'un fil qui se relie avec celui de l'électro-aimant N du disque (*fig.* 5).

Le détachement de l'armature L (*fig.* 10) fait naître un courant d'induction qui se propage jusqu'à l'électro-aimant N (*fig.* 5) et attire le bras supérieur de l'équerre G (*fig.* 5). Le taquet F se trouve dégagé et la lunette redevient verticale.

Dans l'intervalle de la course du train, la tringle C avait repris sa première position et ramené l'équerre D et la pédale A (*fig.* 8 et 9).

Le bouton E (*fig.* 5) se trouve de nouveau au contact de l'équerre D. Enfin, les choses se représentent comme avant le passage.de la machine devant la colonne.

Le fil de communication a 3 millimètres de diamètre.

Le seul mouvement imprimé directement par le train, c'est l'abaissement d'une tringle de support C (*fig.* 5, 6 et 7) dans le disque et le déclanchement d'une armature L (*fig.* 10) dans la boîte électrique ; quelque brusque que soit la secousse qui le met *au rouge,* l'appareil délicat de la lunette ne peut être atteint.

Cette secousse ne fait que l'abandonner pour ainsi dire à lui-même, à l'action des organes moteurs qu'il contient et qui peuvent être construits de façon à rendre les mouvements aussi doux que possible.

La force motrice est, dans ce cas, un poids agissant à l'extrémité d'un levier dont le mouvement a son amplitude réglée par la course même du sommet de la tringle, et dont, par suite, l'accélération peut être limitée de manière à ne donner à la monture que l'impulsion précisément nécessaire pour dépasser l'horizontale.

Le retour de la lunette à la position verticale se fait aussi avec la plus grande facilité par l'effet d'un léger contre-poids appliqué à l'un des verres et qui descend dès que l'équerre GG (*fig.* 6), qui sert d'armature à l'électro-aimant, a abandonné le taquet d'arrêt. La lunette a donc, pour ainsi dire, ses moteurs spéciaux et indépendants.

L'influence d'un train ne consiste qu'à faire disparaître les causes qui empêchent leur action.

Les organes en sont très-simples : deux contre-poids à l'extrémité de deux leviers (*la lunette faisant l'office de l'un d'eux*).

L'appareil de transmission renfermé dans les socles, a seul des mouvements brusques à supporter, mais les dimensions des pièces peuvent en être calculées en conséquence.

Le train n'a besoin d'aucun ralentissement pour aborder la pédale. La mise en action de celle-ci est le résultat d'un choc, mais son retour à la position d'équilibre est lent ; il est réglé par l'écoulement du mercure compris dans une pompe régulatrice I, (*fig.* 7), à travers les orifices du piston,

Le temps employé à cet écoulement n'a pas besoin d'être constant, il suffit qu'il dépasse celui qu'un train met à parcourir sa propre longueur. Il serait, du reste, moindre, que le jeu de l'appareil n'en souffrirait pas, mais la pédale et les leviers auraient pris des mouvements alternatifs inutiles.

L'objet de la régularisation est simplement d'empêcher que l'appareil du socle ne reçoive une série de chocs brusques, qui en aggraveraient l'entretien sans motifs.

L'appareil de la pédale de la boîte électrique a été établi dans le même but.

Cette boîte renferme un organe nouveau dans son application aux chemins de fer, l'aimant en remplacement de la pile.

La pile est en effet, par les soins qu'exige son entretien, par sa variabilité d'action, par l'ignorance des mains auxquelles elle est confiée, un des grands inconvénients de l'extension des signaux électriques sur les chemins de fer.

Elle existait dans l'appareil *Vérité*, mais la compagnie a mis comme condition première de l'essai de son système, l'interdiction du courant électrique, et elle a ainsi poussé M. Vérité à la recherche de l'application des aimants d'induction.

M. Vérité a pu, avec un aimant de cinq lames d'acier d'un poids total de 3 kilog., développer des courants instantanés très-énergiques, qui pourraient faire sentir leur action à des distances assez considérables.

Un appareil de ce genre a été établi dans la partie de la ligne du Nord la plus fréquentée (*de Paris à La Chapelle*), et il a bien fonctionné. Le développement du fil était de 4 kilomètres.

Il reste à établir quelle est la nature et l'étendue des services qu'il peut rendre.

La vue des verres *rouges* indique que la section à couvrir est occupée ; mais elle n'indique pas en quel point. Le train peut se trouver aussi bien à l'origine qu'à l'extrémité.

D'un autre côté, les verres blancs, pour ne pas donner une sécurité trompeuse, doivent signifier que la section est inoccupée ; de là, la nécessité de ne laisser forcer le signal par aucun train, lorsqu'il est au rouge.

Supposons, en effet, qu'un train s'engage dans la section alors que le disque a cette couleur, il sera couvert tant que le train qui l'aura précédé restera dans le circuit ; mais, dès que celui-ci en sera sorti, le disque sera retourné au blanc et laissera arriver le second train sans protection.

Pour que le signal ne donne que des indications sûres, il faut donc qu'il n'y ait, à la fois, qu'un train engagé dans la section, et que, par suite, le signal soit un signal rigoureux d'arrêt. Tout train arrivant devant les verres tournés au *rouge*, devra s'arrêter et se mettre sous leur protection, mais en ayant soin de laisser un homme à la pédale, et de ne partir qu'après la remise au *rouge* du signal redevenu blanc.

Quant à la longueur de la section à protéger au point de vue de la sécurité, elle peut être aussi grande que l'on voudra. En ce qui a rapport à l'exploitation, elle doit être réduite de manière à ne pas prolonger inutilement le stationnement.

Un intervalle de 4 kilomètres semblait être la longueur à laquelle on devait s'arrêter.

C'était, pour la durée du stationnement, un maximum d'attente de 10 minutes, dans les cas les plus défavorables ; dans ceux ordinaires, ce maximum ne devait pas dépasser 5 minutes, c'est-à-dire, précisément le temps pendant lequel, d'après le règlement actuel du chemin de fer du Nord, l'arrière d'un train doit être couvert par le signal d'arrêt.

Une autre observation relative au mode de succession des appareils se présente ici.

Un train devant toujours être sûrement couvert, un disque ne peut être remis au blanc que quand, déjà, un deuxième a été tourné au *rouge* en avant, et que le train est éloigné du dernier d'une distance suffisante pour être à l'abri de toute atteinte, soit de 700 à 1000 mètres.

Rigoureusement donc, l'appareil d'induction d'un disque devrait s'établir à 800 mètres environ du disque suivant.

Nous nous sommes arrêté avec détail sur les dispositions ingénieuses et pratiques adoptées par M. Vérité, pour éviter l'influence des chocs brusques. Nous avons dit qu'un essai de son système avait réussi entre Paris et La Chapelle.

La compagnie du Nord a voulu étendre cette expérience et la faire entre Paris et Creil.

Quelles que fussent les excellentes conditions du système et le soin apporté par M. Vérité à l'installation des appareils, ces expériences n'ont pas complétement réussi au point de vue pratique ; elles ont été interrompues. Sans doute elles pourront être reprises, et finiront, au moyen de quelques perfectionnements, par donner des résultats satisfaisants.

Appareil de MM. Bréguet et Guillaume (Est). — On a expérimenté sur la ligne de l'Est, entre la Villette et Noisy-le-Sec, un appareil analogue à celui de M. Vérité. MM. Bréguet, horloger à Paris, et Guillaume, ingénieur du matériel fixe des chemins de fer de l'Est, qui ont présidé à ces expériences, ont remplacé, dans leur appareil, la pompe à mercure du système Vérité par le soufflet qui a été déjà décrit dans l'article relatif aux passages à niveau et aux souterrains du réseau du Nord. Une pile a été substituée à l'électro-aimant.

Nous n'entrerons pas dans la description détaillée de cet appareil, nous dirons seulement que, malgré le soin qui a été apporté à son installation et la surveillance dont il a été l'objet, il a subi, depuis son application, de nombreuses interruptions, qui montrent combien l'emploi de l'électricité présente de difficultés pour ces sortes d'appareils.

Néanmoins il y a une amélioration notable dans les résultats déjà obtenus.

Sémaphores. — Sur les chemins de fer de Lyon et de la Méditerranée, les sémaphores établis aux stations et en pleine voie servent à maintenir l'écartement des trains.

Dans les gares où les trains *express* ne font que passer sans stationner, ils ne sont couverts que par *sémaphores*. Ce mode présente un avantage sur le disque à distance; il évite la perte de temps qui résulte de la négligence d'un garde qui maintient quelquefois l'arrêt plus longtemps que ne le comporte le règlement.

Lorsque ce signal d'arrêt est fait par un disque avancé, le train qui survient est obligé, en effet, de parcourir au pas la distance qui existe entre le disque et la station.

Il présente cet autre avantage de permettre aux agents du contrôle de l'exploitation, qui accompagnent les trains, de s'assurer qu'au momont où le train *express* franchit la station, ou les points sur lesquels il existe des *sémaphores*, le garde chargé de mettre le signal à l'arrêt est au pied de l'appareil, prêt à exécuter la manœuvre.

Il est, en outre, avantageux que les signaux soient faits sous les yeux du chef de gare qui peut plus facilement les contrôler.

La compagnie de Lyon a aussi appliqué l'appareil *Tyer* que nous avons eu déjà l'occasion de citer, en parlant des signaux de souterrains des chemins de fer de l'Est.

Appareil Tyer. — Le système *Tyer* est fondé sur l'emploi du télégraphe électrique. Son but est de décomposer les chemins de fer en sections consécutives sur lesquelles deux trains ne devront pas, en général, être admis simultanément.

Disons tout d'abord que les postes sont divisés en deux catégories : les uns qu'on peut désigner sous le nom de *Têtes de ligne*, et les autres sous le nom de *Postes intermédiaires*. Les premiers comprennent une pile, une sonnerie, et un récepteur simple disposé ainsi que l'indique la figure 1, Pl. XIV ; les seconds (*fig.* 2) renferment une pile, une sonnerie et un récepteur double. Cette division permet aux postes intermédiaires de correspondre à l'avant et à l'arrière. Comme complément de ces appareils, les gardes préposés à chaque poste ont à leur disposition deux disques à l'aide desquels ils peuvent couvrir, au besoin, l'une ou l'autre des voies.

Lorsqu'un train part d'un poste télégraphique, l'agent préposé à sa garde, ou, autrement dit, le stationnaire, attaque le poste suivant, dans le sens, bien entendu, de la marche du train, au moyen d'un coup de sonnette obtenu en poussant le bouton sur lequel l'aiguille inférieure du récepteur est inclinée. En entendant ce signal, l'agent du poste attaqué pousse le bouton placé sous les mots *voie occupée ;* cette simple pression suffit pour conduire, tout à la fois, sur les mêmes mots, l'aiguille inférieure de son propre récepteur et l'aiguille supérieure du récepteur du premier poste.

Cela fait, tant que le train annoncé n'a pas atteint le second poste, l'agent préposé à sa garde n'a plus rien à faire ; mais aussitôt son arrivée, il presse le bouton placé sous les mots *voie libre,* ce qui ramène, tout à la fois, sur les mêmes mots, l'aiguille inférieure de son récepteur, et l'aiguille supérieure du récepteur du premier poste ; de sorte que le premier stationnaire est, de suite, averti qu'il peut, sans danger, laisser passer un nouveau train. Ainsi, pour plus de précision, si on désigne par A et B deux stations télégraphiques consécutives, voici, en pratique, comment les choses se passent : Dès qu'un train marchant dans la direction indiquée par la flèche CC',

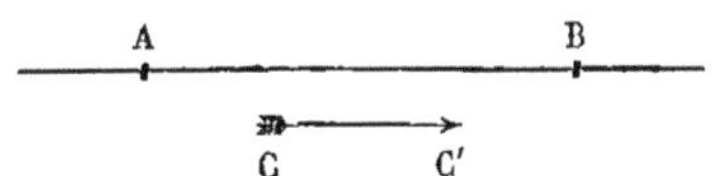

arrive en A, le stationnaire de garde en ce point, avertit, au moyen de la sonnerie électrique, le garde B, lequel, par un mouvement des plus simples, conduit sur les mots *voie fermée* l'aiguille du récepteur du poste A et la laisse dans cette situation jusqu'à l'arrivée dn train dont il s'agit, en B. Quant au garde A, aussitôt qu'un train est engagé sur la voie AB, il a pour consigne de tourner à l'arrêt le disque-signal permettant de couvrir cette voie, qui se trouve à sa disposition, et il le laisse dans cette position jusqu'à ce que le garde B ait reçu le train en question et lui ait rendu la *voie libre,* en poussant simplement le bouton placé sur son récepteur au-dessous de ces mêmes mots.

Les mêmes manœuvres se répètent de la même manière, de poste en poste, jusqu'à la station terminale.

La compagnie de Lyon a soumis le système en question à des essais suivis, en trois points différents de sa ligne principale, savoir : 1° entre Paris et Melun ; 2° et 3° dans les deux souterrains de Blaisy et de Saint-Irénée. En ce qui concerne ce second tunnel, l'épreuve a été pendant longtemps assez peu satisfaisante. On a recherché avec soin à quelles causes il convenait d'attribuer les difficultés que présentait le maintien des communications télégraphiques permanentes dans ce souterrain, et il a été reconnu que l'humidité qui régnait dans ce tunnel devait avoir une influence nuisible. On s'est décidé à remplacer le fil en usage par un câble recouvert de gutta-percha. Depuis lors, aucun dérangement nouveau n'a été signalé.

L'appareil *Tyer* fonctionne sur beaucoup de lignes anglaises. Il vient d'être installé sur les lignes de l'Est entre les gares de Pantin et de Noisy-le-Sec ; déjà, ainsi qu'il a été dit plus haut, on l'avait utilisé sur cette ligne dans la traversée des souterrains. Cet appareil est de nature à apporter une grande sécurité dans l'exploitation des chemins de fer. Mais de même que tous ceux qui sont basés sur l'électricité, il demande de grands soins et un entretien continu.

Indicateur électrique (système Régnault). — On fait usage sur les lignes de l'Ouest, d'un appareil inventé par M. Régnault, chef du mouvement.

Il est désigné sous le nom d'*indicateur électrique.*

Ce système peut, surtout, être utilisé pour l'exploitation des chemins de fer à une voie. Il peut servir, sur les chemins à deux voies, à remplacer la distance basée sur un intervalle de temps par la distance réelle en kilomètres. Il n'exige que l'emploi des appareils les plus usuels de la télégraphie électrique ordinaire et met à chaque instant sous les yeux de tous les agents attachés à la station, et sous une forme apparente, une indication constante de l'ordre qui a déterminé la marche d'un train vers cette station, ou vers la station suivante.

L'indicateur, partie principale de l'appareil, n'est autre qu'un télégraphe à trois mots, ou, pour mieux dire, que l'indicateur du télégraphe de Whëatstone, généralement employé en Angleterre. Un simple galvanomètre dont l'aiguille placée dans un plan vertical n'a que trois positions à prendre :

La verticale, quand il n'y a aucun train engagé sur la voie ; une inclinaison à 45°, à droite, ou à gauche, quand un train est mis en marche, et suivant que ce train est lui-même dirigé à droite ou à gauche.

Tout le principe est là : faire incliner l'aiguille d'un galvanomètre dans le sens de la marche du train, et maintenir cette inclinaison tant que le train est en marche. Deux indicateurs absolument semblables sont placés, l'un à la station de départ, l'autre à la station d'arrivée, et disposés de telle sorte, sur un même fil conducteur, qu'un même courant puisse, instantanément, faire incliner leurs aiguilles dans le même sens et y maintenir le même signal.

L'appareil se complète d'un manipulateur et d'une pile électrique, placés à chaque station servant à établir à volonté le courant, et d'un commutateur servant à l'interrompre, placé également à chaque station.

Le manipulateur consiste en un simple électro-aimant dont il suffit de rapprocher à la main l'armature, pour qu'aussitôt, le circuit électrique étant formé, le courant s'établisse. Chaque manipulateur ne peut, d'ailleurs, établir le courant que dans un sens, et par conséquent, ne peut faire dévier les aiguilles que dans une seule direction.

De telle sorte qu'il n'y a aucune erreur possible de la part de l'agent qui met l'appareil en jeu, et a qui l'on ne laisse qu'un seul mouvement à accomplir.

Le commutateur, ou interrupteur, ne présente aucune disposition spéciale ; c'est un simple bouton à tourner pour interrompre le courant.

Le fil conducteur est souterrain et à l'abri, par conséquent, des influences atmosphériques.

Le jeu de l'appareil s'explique de lui-même :

La voie étant libre entre deux stations, et les aiguilles des indicateurs placés à ces deux stations étant verticales, si le chef de la première station a un train à mettre en marche vers la seconde station, il doit immédiatement, avant de lancer ce train, rapprocher de l'électro-aimant de son manipulateur, l'armature qu'un ressort en tient éloigné ; au même instant, le circuit électrique se trouve fermé entre les deux stations : les aiguilles des deux indicateurs inclinent dans le sens de la direction que va prendre le train, et elles vont conserver cette position jusqu'au moment où, à l'arrivée du train, la voie redevenant libre, le chef de la seconde station interrompra le courant à l'aide de son commutateur et rendra, de nouveau, verticales les aiguilles des deux indicateurs.

Si, au contraire, un train doit être expédié de la seconde station vers la première, les rôles sont intervertis.

Le chef de la seconde station ferme le circuit avec son manipulateur, et, au même instant, les aiguilles des deux indicateurs inclinent dans le sens opposé au précédent, sens nouveau de la marche du train ; quant au chef de la première station, c'est lui qui, cette fois, interrompt le courant avec son commutateur et ramène les aiguilles à la verticale, au moment de l'arrivée du train.

Quel que soit d'ailleurs le sens du mouvement des trains, l'appareil est disposé de telle sorte que chaque station ne peut se servir, pour établir le circuit, que de la pile située à la station à laquelle est transmis le signal du départ.

Il s'ensuit qu'on n'a à craindre aucune conséquence fâcheuse d'une rupture de fil entre les deux stations. Une semblable rupture n'aurait pour résultat que de fermer le circuit dans l'intervalle des deux stations, et de laisser, par conséquent, subsister l'inclinaison de l'aiguille sur l'indicateur placé à la station d'arrivée, alors que l'aiguille de la station de départ redeviendrait verticale.

Cet indicateur, qui présente de l'analogie avec l'appareil *Tyer*, dont nous avons parlé déjà, est décrit dans un mémoire publié par M. Régnault. Il en a été avantageusement question lors de l'enquête prescrite par la décision ministérielle du 19 novembre 1853. Il est très-simple et très-ingénieux.

Il n'est appliqué que localement sur les lignes de l'Ouest, et notamment aux bifurcations de *Colombes* et de *Batignolles*; il sert surtout à prévenir la gare de Paris (*Saint-Lazare*) du passage d'un train à l'une de ces bifurcations. Employé dans ces limites, il rend de très-bons services.

Sur les lignes du Midi, on a donné un barème faisant connaître pour chaque train, eu égard à la vitesse réglementaire et à la distance à parcourir jusqu'au point de garage suivant, l'intervalle à maintenir entre deux trains pour permettre au premier d'arriver au garage suivant, dix minutes, au moins, avant l'arrivée du second sur ce point.

Nous n'avons trouvé sur les autres lignes du réseau français, aucune disposition qui puisse présenter quelque intérêt.

Sur les lignes qui, comme celles du Nord, ont beaucoup de passages à niveau gardés par des hommes ou par des femmes, on pourrait augmenter les conditions de sécurité en disposant des disques, ou sémaphores, devant chacun des passages.

Ces sémaphores pourraient être manœuvrés des maisons et tournés à l'arrêt pendant les intervalles réglementaires ; chaque maison serait, à cet effet, pourvue d'une horloge ou d'un sablier qui permettrait d'apprécier le temps écoulé depuis le passage de chaque train.

Dans l'état actuel des choses, les gardes se contentent de présenter un signal mobile ; mais, n'ayant le plus souvent à leur disposition ni montre ni horloge, ils ne se rendent, qu'à peu près, compte du temps.

La nuit, la circulation étant en général moins active, on réduirait l'application de ce système. En tenant compte des passages gardés pendant la nuit, le personnel supplémentaire serait peu considérable.

La question des signaux destinés à maintenir l'écartement entre les trains est une de celles qui intéressent le plus la sécurité de la circulation.

On peut, par ce qui précède, apprécier les soins qui sont pris par les compagnies pour la résoudre d'une façon complétement satisfaisante.

Sont-elles arrivées à ce résultat? Nous ne le pensons pas ; les expériences qui se font sur diverses lignes constatent que le dernier mot n'est pas dit sur cet important sujet.

Il ne suffit pas, pour donner toute garantie de sécurité, d'augmenter le nombre des agents préposés à la surveillance des lignes. Ce nombre doit être limité selon les nécessités de l'entretien et de la garde des points spéciaux.

Il faut, en un mot, n'avoir que des travailleurs. Des agents, dont la seule mission serait de maintenir l'écartement entre les trains, deviendraient promptement des paresseux, et seraient fatalement destinés à être écrasés.

Il ne convient pas, non plus, de trop multiplier les signaux fixes en pleine voie. Éloignés de toute surveillance, ces signaux ne tarderaient pas à être méprisés.

Nous croyons que, sur les lignes très-fréquentées, il serait à désirer que les intervalles de temps fussent remplacés par des intervalles de distance, soit au moyen des appareils Vérité ou Bréguet, si les expériences qui se poursuivent donnent de bons résultats, soit au moyen de l'appareil *Tyer*, qui rend de très-bons services en Angleterre et qui, ainsi que nous l'avons vu plus haut, commence à être utilement employé sur les lignes de l'Est et de Lyon. (Note 10.)

Interprétation des règlements relatifs aux disques à distance. — Nous avons eu déjà l'occasion de parler des différences qui existent entre les ordres de service des diverses compagnies relatifs à l'interprétation des signaux donnés par les disques à distance. Sur toutes, le signal effacé indique la voie libre

Lorsque le disque est tourné transversalement à la voie, et que la face rouge se présente aux mécaniciens, ceux-ci doivent, sur quelques lignes, ralentir leur marche et se faire couvrir par le disque; sur d'autres, s'arrêter complétement, et ne se remettre en marche qu'après avoir rempli certaines prescriptions.

Nord. — Sur la ligne du Nord. dès que les mécaniciens et chauffeurs aperçoivent un disque tourné à l'arrêt, ils doivent, par tous les moyens à leur disposition, se rendre immédiatement maîtres de la vitesse de leur train de manière à pouvoir s'arrêter avant le signal.

Le mécanicien fait aux conducteurs du train, au moyen du sifflet, le signal réglementaire pour qu'ils serrent les freins.

Une fois maître de la vitesse du train, le mécanicien avance lentement et avec la plus grande prudence, de manière à se faire couvrir par le signal sans compromettre la sûreté.

Dans aucun cas, il ne doit atteindre une aiguille, ni une traversée de voie protégée par le signal.

Est. — La même règle est adoptée sur cette ligne.

Lyon. — Sur la ligne de Lyon et de la Méditerranée, l'arrêt doit être effectif et le train ne doit se remettre en marche, si le disque persiste à présenter la face rouge, qu'après que le conducteur placé en tête du train est monté sur la machine.

Orléans. — Sur la ligne d'Orléans, le train s'arrête aussi devant le disque et ne se remet en marche que sur l'ordre du chef, et après que le mécanicien a reçu des instructions.

Ouest. — On applique sur le réseau de l'Ouest la même règle qu'au Nord. Le mécanicien se rend seulement maître de la vitesse de son train et continue lentement, de façon à être couvert par le signal.

Midi. — Sur le chemin du Midi, un train arrêté par un disque, c'est-à-dire, qui trouve un disque fermé, ralentit sa marche, avance avec prudence de façon à se faire couvrir par ce disque, et continue sa marche en se faisant précéder, à trente pas de la machine, par un agent porteur du signal d'arrêt, jusqu'en vue des signaux de la station.

Discussion. — Ces différences dans l'interprétation d'un mode de signal admis sans exception par toutes les compagnies, sont évidemment fâcheuses et de nature à induire les mécaniciens en erreur lorsqu'ils passent d'une ligne sur une autre.

Le système adopté par les lignes du Nord, de l'Est, de l'Ouest et du Midi semble préférable à tous égards.

En se bornant à se rendre maître de la vitesse du train, et en avançant lentement, de façon à se faire couvrir par le disque, on obtient de plus grandes garanties de sécurité.

Dans le système contraire, en effet, le train arrêté devant le disque, lorsqu'il doit se remettre immédiatement en route, n'est couvert à l'arrière que si un autre train est attendu.

Il y a là une première incertitude qui peut présenter de la gravité si, au moment de la remise en marche, le train est arrêté par des difficultés résultant de la charge, du profil de la ligne ou de l'état des rails; un second train peut survenir avant que le mécanicien soit parvenu à vaincre ces difficultés.

L'application de la règle suivie par les lignes du Nord, de l'Est, de l'Ouest et du Midi, n'exige qu'une condition facile à remplir; il suffit que la distance comprise entre le disque et la première aiguille soit assez grande pour qu'un train soit convenablement couvert.

On dit, il est vrai, qu'il est plus facile d'obtenir des mécaniciens un arrêt complet qu'un ralentissement.

Nous ne pensons pas qu'avec la discipline qui doit exister dans les compagnies, un ralentissement soit plus difficile qu'un arrêt. La question est de savoir ce qui est préférable.

Distance à maintenir entre la queue des trains arrêtés et les disques destinés à les couvrir. — Il ne suffit pas qu'un train ait dépassé un disque tourné à l'arrêt pour qu'il soit couvert ; il est nécessaire qu'il existe, entre la queue de ce train et le disque, une distance assez grande pour qu'un mécanicien survenant puisse sûrement éviter une collision.

Les règles adoptées sur ce point par les diverses compagnies présentent de notables différences.

Nord et **Est.** — Sur les réseaux du Nord et de l'Est, il résulte de ce qui a été dit plus haut que le train ne doit dépasser ni les aiguilles ni les traversées à niveau protégées par le signal. Il est donc indispensable que, quelle que soit la longueur du train, il reste entre la queue dudit train arrêté devant l'aiguille, ou la traversée, et le disque une distance suffisamment grande. Sur l'Est, cette distance doit être celle qui est prévue pour la protection des trains arrêtés en pleine voie. Si cette condition n'est pas remplie, le chef du train doit le considérer comme en pleine voie et le faire couvrir à la distance prescrite.

Lyon. — Sur les lignes de Lyon, on a placé des poteaux de protection éclairés pendant la nuit.

Ces poteaux sont établis de telle sorte qu'il existe entre eux et le point où l'on commence à apercevoir le disque une distance

$$D' = D + d.$$

D représentant la distance réglementaire prescrite pour la protection des trains ou des machines, arrêtés en pleine voie ; d représentant la distance à laquelle les signaux à la main peuvent être aperçus dans les conditions les plus défavorables de courbe.

On a admis 150 mètres pour d. De cette façon, lorsque la queue du train a dépassé le poteau de protection, le train se trouve aussi bien couvert que lorsqu'il est protégé en pleine voie par les signaux ordinaires.

En temps de brouillard, un train arrêté entre une gare et son disque ne doit être considéré comme couvert par celui-ci, que si l'intervalle compris entre eux est au moins égal à la distance réglementaire D.

Orléans. — Sur la ligne d'Orléans, un train est considéré comme couvert lorsque la queue de ce train a dépassé de 200 mètres un disque tourné à l'arrêt.

Ouest. — Lorsqu'un signal avancé est à l'arrêt à l'arrivée d'un train et que, conformément aux règlements, le mécanicien franchit le signal pour se couvrir, si le train, après ce mouvement, n'est pas suffisamment protégé, le conducteur d'arrière doit se rendre immédiatement à la distance réglementaire.

Midi. — Enfin, sur les chemins du Midi, lorsque le disque ne peut être aperçu à une distance de 500 mètres, comme dans les courbes, ou dans un temps sombre, on le porte à 400 mètres plus loin.

On admet, d'ailleurs, que le train entrant dans une station est couvert par le disque de cette station dès qu'il l'a dépassé.

Les disques des lignes du Midi étant placés à 800 mètres au moins du point qu'ils couvrent, et les plus grands trains de cette compagnie ne dépassant pas une longueur de 500 mètres, il en résulte qu'il y a encore 300 mètres entre le dernier wagon de ces trains et le disque, lorsque la machine est arrêtée au premier obstacle.

Discussion. — Il semble certain qu'il conviendrait de rétablir l'uniformité entre ces règlements si divers.

Les poteaux indicateurs adoptés sur les lignes de Lyon sont à la fois rationnels et pratiques ; ils devraient être appliqués sur toutes les lignes.

Nous pensons, toutefois, qu'entre ces poteaux et les disques on devrait maintenir la distance réglementaire prescrite pour la protection des trains en pleine voie.

Ainsi que nous le dirons plus loin, cette distance varie elle-même suivant les lignes. Il serait rationnel de la rendre uniforme, ou du moins de ne la faire varier qu'en raison des pentes exceptionnelles.

Service télégraphique. — Les compagnies de chemins de fer emploient le télégraphe électrique pour la transmission de leurs dépêches. Ce service est placé sous le contrôle des fonctionnaires de l'administration des lignes télégraphiques.

En général, les compagnies se servent de l'appareil à cadran qui peut être manœuvré par tous les employés.

Nous donnons plus loin la description des appareils télégraphiques les plus en usage.

Organisation du service. — L'organisation du service télégraphique sur les diverses lignes, ne diffère guère que par le nombre de fils, la dénomination et la composition des postes.

Nous nous bornerons donc à indiquer ce qui se fait sur le réseau du Nord, et il nous suffira, pour cela, de résumer le règlement concernant le service télégraphique, rédigé par les soins de la compagnie. Nous compléterons notre travail à l'aide de renseignements pris dans l'intéressant manuel de télégraphie publié par M. Bréguet.

Les postes télégraphiques de la compagnie du Nord se divisent en :

Postes permanents ;

Postes facultatifs ;

Postes permanents, de jour seulement ;

Postes de secours.

Postes permanents — Les postes permanents sont ceux qui restent toujours en communication et qui peuvent, par conséquent, recevoir ou transmettre les dépêches à toute heure du jour et de la nuit.

Postes facultatifs. — Les postes facultatifs sont habituellement sur la communication directe, et ne rentrent dans le circuit qu'autant que les besoins du service l'exigent ; ils peuvent appeler les autres postes, mais ne peuvent être appelés par eux.

Postes permanents, de jour seulement. — Les postes permanents, de jour seulement, sont ceux qui, pendant le jour, se trouvent dans les mêmes conditions que les postes permanents et qui, pendant la nuit, deviennent facultatifs. La durée des communications permanentes est réglée, pour chacun de ces postes, selon les besoins du service.

Postes de secours. — Les postes de secours sont établis dans un certain nombre de maisons ou guérites de gardes-lignes, et destinés principalement à transmettre les demandes de secours en cas d'accident, ou d'arrêt des trains en dehors des stationnements réglementaires.

Un tableau graphique fait connaître les postes établis sur chacun des fils de la compagnie, et la catégorie à laquelle ils appartiennent.

Surveillance et entretien. — Des agents spéciaux ayant le titre de contrôleur du service télégraphique sont chargés de surveiller ce service et l'entretien des appareils. Ils sont chargés aussi du soin de donner toutes les instructions techniques nécessaires aux employés des postes télégraphiques.

Manœuvre des appareils. — La manœuvre des appareils est confiée, savoir :

1° Dans les gares désignées par l'administration, à des employés de l'État ;

2° Dans certaines gares déterminées, à des employés de la compagnie spécialement chargés de ce service ;

3° Dans les gares moins importantes, au chef de gare ou à des agents employés en même temps à d'autres services.

Usage du télégraphe. — La correspondance télégraphique est mise à la disposition des employés et agents de la compagnie pour la transmission des avis propres à faciliter et activer ce service.

La liste des employés qui sont autorisés à se servir du télégraphe est affichée dans les gares.

Dépêches du service. — La Compagnie transmet gratuitement, par ses fils et ses appareils, toutes les dépêches concernant la sûreté des voyageurs et la sécurité de l'exploitation, et celles relatives à la marche, à la composition des trains, au service de la voie et du personnel, au mouvement du matériel et des marchandises, au service des marchandises, ainsi que celles relatives aux marchandises de grande et de petite vitesse et aux bagages enregistrés.

Dépêches taxées. — Les réclamations d'objets oubliés par les voyageurs, dans les voitures ou dans les salles d'attente, et, en général, toutes les dépêches faites pour la convenance des voyageurs ou des employés, sont taxées.

Cas où se transmettent les dépêches du service. — Toute dépêche à transmettre pour le service, doit être signée par un des fonctionnaires de la compagnie, autorisé régulièrement à faire usage du télégraphe, ou, en son absence, par l'agent qui le remplace.

Le télégraphe est considéré comme un surcroît de précaution qu'il ne faut employer que lorsqu'il y a intérêt réel pour le service, à s'affranchir des lenteurs indispensables des moyens ordinaires de correspondance. Les dépêches sont, du reste, rédigées avec concision.

Dépêches d'essai. — Afin de constater le bon état des lignes et des appareils, tous les postes doivent transmettre journellement, et dans chaque direction, une dépêche qui est inscrite au procès-verbal.

Dépêches officielles. — Les appareils de la compagnie servent aussi à la transmission gratuite des dépêches officielles des fonctionnaires publics désignés par l'administration supérieure.

Ces dépêches, enregistrées au procès-verbal, sont transmises sous enveloppes cachetées dont il doit être donné un reçu.

Transmission et inscription des dépêches. — L'ordre de la transmission des dépêches est fixé de la manière suivante :
1° Dépêches relatives à la sûreté de l'exploitation ;
2° Dépêches officielles ;
3° Dépêches de la compagnie ;
4° Dépêches privées.
L'ordre de priorité est, du reste, donné à la dépêche venant du côté de Paris.

Les dépêches sont ordinairement transmises en toutes lettres.

Les abréviations ne sont autorisées que pour les communications de service qui se répètent fréquemment.

La nomenclature de ces abréviations est donnée par les règlements de la compagnie.

Les chiffres ne sont employés que pour exprimer les heures d'expédition et les nombres qui peuvent se trouver dans le texte des dépêches. Leur emploi est toujours précédé de deux croix.

Les dépêches sont composées et transmises de la manière suivante :
1.° Le nom du poste du destinataire ;
2° Le nom du poste expéditeur précédé du mot DE ;
3° L'heure du dépôt de la dépêche ;
4° Le nom de l'expéditeur suivi du nom du destinataire ;
5° Le texte de la dépêche ;
6° Le final, c'est-à-dire le Z et la croix Z †.

Circulaires. — Une dépêche adressée à tous les postes permanents de la ligne prend le nom de *circulaire*.

Si la dépêche est destinée à tous les postes de la ligne, sans exception, le mot *circulaire* remplace, dans l'adresse, le nom du poste destinataire.

Si, au contraire, elle ne doit être transmise que jusqu'à une station déterminée, le mot *circulaire* est placé entre le nom de cette station et celui du poste expéditeur.

Réponses aux dépêches. — La réponse des bureaux correspondants doit être immédiate. Si l'employé est occupé dans une autre direction, il donne le signal d'attente, et, lorsqu'il est en mesure de recevoir, il doit attaquer et inviter à transmettre sans attendre un nouvel appel.

Itinéraire à faire suivre aux dépêches. — Les dépêches doivent être envoyées par la ligne la plus directe ; en cas de dérangement ou d'encombrement de cette ligne, l'employé consulte le tableau graphique afin de voir par quelle direction il faut expédier la dépêche : dans le cas où le service de la compagnie est interrompu, les dépêches relatives à la sécurité de l'exploitation sont transmises par les fils et les appareils de l'État.

Si, par une cause quelconque, une dépêche ne peut être envoyée jusqu'à destination, même par une voie détournée, elle est expédiée par le premier train jusqu'à la station destinataire, ou jusqu'au premier poste qui peut communiquer télégraphiquement avec elle.

La réception de la dépêche reçue par le train, devra être accusée par la voie la plus courte.

Si une dépêche ne peut être envoyée d'aucune façon, en temps utile, l'expéditeur doit en être immédiatement prévenu.

Communications directes. — Un poste établit la communication directe pour permettre aux deux bureaux, entre lesquels il se trouve placé, de correspondre sans intermédiaire. Les communications directes ne doivent être établies que si la demande en est faite. Elles ne doivent pas durer plus de cinq minutes, à moins qu'elles n'aient été demandées pour un temps plus long, qui ne peut dépasser dix minutes.

Elles ne doivent pas être demandées, sur une même direction, à plus de deux postes en même temps.

Toutes les fois qu'une communication a été établie, il doit en être fait mention au procès-verbal avec l'indication des heures.

Communications facultatives. — Les postes facultatifs doivent toujours être sur la communication directe. Les chefs de gare ne doivent l'interrompre que lorsqu'ils ont des dépêches à transmettre. Ces dépêches passées, la communication directe doit être aussitôt rétablie.

Avant dè couper la communication, les chefs de gare doivent s'assurer, par l'inspection des boussoles, que les postes entre lesquels ils sont placés, ne sont pas eux-mêmes occupés à transmettre.

Les postes facultatifs doivent passer leurs dépêches aux postes permanents entre lesquels ils se trouvent, et ne jamais leur demander la communication directe.

Une dépêche adressée à un poste facultatif, est envoyée par le télégraphe jusqu'au poste permanent le plus voisin, et de là, par le premier train. La réception est accusée par le télégraphe.

Inscription des dépêches et tenue des procès-verbaux. — Toute dépêche est inscrite, *in extenso*, au registre des procès-verbaux.

Toutes les dépêches reçoivent des numéros qui se suivent, chaque année, dans l'ordre naturel des nombres.

On doit inscrire, dans les colonnes affectées à cet usage, les heures et les minutes indiquant : l'heure du commencement de la transmission, de la réception ou de la réexpédition des dépêches, et l'heure de l'accusé de réception.

Chaque heure doit être accompagnée des mots : *soir* ou *matin*, selon que la dépêche se rapporte à la période de midi à minuit, ou à celle de minuit à midi.

On indique également, pour chaque transmission, le poste avec lequel on travaille.

Les procès-verbaux sont la reproduction exacte du travail quotidien de chaque poste.

Au fur et à mesure que les employés se relèvent, mention en est faite au procès-verbal.

Remise et envoi des dépêches. — Les dépêches à transmettre sont écrites sur des feuilles à talon et présentées à l'employé du télégraphe, qui, après avoir signé le talon, le renvoie à l'expéditeur, à titre de récépissé.

Les dépêches reçues sont communiquées au destinataire sur des feuilles semblables. Le talon est signé par le destinataire et remis à l'employé du télégraphe.

Envoi de la copie des procès-verbaux. — Tous les matins, la copie du procès-verbal de la veille, se rapportant à une période de vingt-quatre heures, est envoyée à l'ingénieur en chef de l'exploitation.

Appareils composant les postes. — Les appareils qui composent les postes télégraphiques sont :

La pile ;
Le manipulateur et le récepteur à cadran ;
Les sonneries ;
La boussole ;
Le paratonnerre ;
Le commutateur.

Pile Daniell. — La pile (Pl. XIV, *fig.* 5) qui sert à produire l'électricité, est ordinairement du système Daniell, que nous ne croyons pas utile de décrire en détail, et dont chaque élément est formé, comme on sait, d'un vase de verre V, d'un cylindre creux en zinc Z, d'un vase en porcelaine poreuse P, d'une tige de cuivre C, à laquelle est soudé un diaphragme D, et de sulfate de cuivre contenu dans le vase poreux.

Les éléments, un peu espacés les uns des autres, sont disposés de manière que le pôle zinc de la pile communique avec la terre ; le pôle cuivre, avec le manipulateur, au moyen de fils métalliques.

Dans les postes qui doivent transmettre les dépêches à des distances très-variables, il est nécessaire de pouvoir employer des courants de forces différentes.

Des fils fixés sur divers points de la pile, et aboutissant au commutateur dont il sera parlé plus loin, permettent d'utiliser un plus ou moins grand nombre d'éléments, selon les circonstances, en isolant du circuit les autres éléments.

Le montage de la pile ne présente aucune difficulté.

Pile locale. — Lorsque des dispositions spéciales nécessitent une pile locale, on compose la pile comme à l'ordinaire ; mais le fil de terre, au lieu d'être attaché au premier zinc, est fixé sur une bande de cuivre, après le nombre d'éléments que l'on veut donner à la pile locale. Le fil attaché au premier zinc devient alors le fil de la pile.

Pile à ballon. — La pile à ballon (Pl. XIV, *fig.* 4), imaginée par M. Parelle, horloger à Rouen, diffère de la pile *Daniell*, proprement dite, en ce que le sulfate de cuivre, au lieu d'être mis directement dans le vase poreux, est renfermé avec une certaine quantité de solution, dans un matras en verre B, dont le goulot porte un bouchon traversé par un tube de verre, qui plonge, de quelques lignes, dans le liquide du vase poreux. La solution peut ainsi tomber, goutte à goutte, dans ce vase, de façon que le liquide y soit toujours maintenu à la même hauteur et au même degré de saturation.

Une pile de ce genre peut fonctionner, comme pile télégraphique, pendant un an ou dix-huit mois, sans qu'on ait besoin d'y toucher ; si elle devait fonctionner constamment, et que le circuit dans lequel elle est placée, fût constamment fermé, le sulfate de cuivre et le zinc seraient consommés bien avant ce temps ; mais les piles des télégraphes ne font chaque jour qu'un travail effectif de très-peu de durée, et, par conséquent, l'usure des matériaux est peu considérable.

Il est important que les vases de verre soient d'une dimension un peu grande pour éviter que le liquide ne se sature trop promptement de sulfate de zinc, parce qu'alors le sel de zinc se dépose sur le zinc ou le vase poreux, et diminue l'intensité de la pile.

Pile Bunsen. — La pile *Bunsen* (Pl. XIV, *fig.* 5) se distingue d'abord de la pile *Daniell* en ce que dans le vase poreux P se trouve un morceau de charbon C. L'un des liquides est de l'acide sulfurique très-étendu d'eau ; l'autre liquide est de l'acide nitrique du commerce.

Le charbon qu'on emploie pour la fabrication de ces piles, est le résidu des cornues dans lesquelles on distille la houille pour la préparation du gaz ; c'est le plus poreux qu'on puisse trouver.

La pile *Bunsen* est beaucoup plus énergique que celle de *Daniell*, mais elle est moins constante ; elle conserve son intensité maximum d'autant plus longtemps qu'elle est de plus grande dimension et contient de plus grandes quantités de liquides actifs.

Cette pile est, d'ailleurs, rarement employée dans les chemins de fer.

On fait aussi usage des piles *Callaud*, *Minotto*, *Marié-Davy*, etc.

La pile *Marié-Davy*, à sulfate d'oxydule de mercure, offre de grands avantages, et tend à se généraliser.

Elle diffère de la pile *Daniell* en ce que le sulfate de cuivre est remplacé dans le vase poreux par du sulfate d'oxydule de mercure, et la tige de cuivre C, par un prisme de charbon.

Manipulateur. — Le manipulateur (Pl. XIV, *fig.* 6) est l'appareil avec lequel on transmet les dépêches. On sait qu'il se compose d'un disque, ou cadran de laiton, porté sur trois colonnes métalliques implantées dans une planche de bois horizontale.

Le cadran est divisé en 26 parties égales sur lesquelles sont gravées les vingt-cinq lettres de l'alphabet dans leur ordre naturel, les nombres conventionnels de 1 à 25, et une croix ou signe conventionnel.

A chaque lettre correspond une échancrure à la circonférence du cadran; une manivelle est articulée au centre sur un axe qu'elle entraîne dans son mouvement.

Elle porte une dent qui peut entrer dans les échancrures du cadran, et qui sert à bien fixer sa position en face des différentes lettres.

L'axe de la manivelle porte une roue à rainure sinueuse qui est cachée par le cadran, et que la figure montre dans la partie où le cadran est supprimé.

Le levier ll' pivote autour de l'axe O; l'un de ses bras porte à son extrémité une petite tige sur laquelle roule un galet en acier trempé; quand la roue tourne avec la manivelle, le galet qui entre dans la rainure sinueuse, passe constamment d'une partie rentrante à une partie saillante, ou inversement, et, par conséquent, s'approche ou s'éloigne du centre par un mouvement de va-et-vient.

Comme la roue sinueuse a 13 parties rentrantes et 13 parties saillantes, le levier fera 26 mouvements par tour de manivelle; le ressort l' viendra donc s'appuyer successivement sur les extrémités des vis p et p'.

Quand la manivelle est sur les nombres impairs, le levier l' est dans la position p' représentée par la figure; quand elle est sur les nombres pairs, le levier est du côté de p. Les lignes pointillées indiquent la position des conducteurs en laiton placés sous la planche du manipulateur, et servant à réunir métalliquement les différents boutons p et R, p' et C, E et E' avec ll'.

Manipulateur articulé. — Une modification a été apportée aux manipulateurs des postes facultatifs; elle consiste dans l'addition d'un ressort de contact articulé à la manette au moyen d'une pièce isolante et manœuvrée en même temps qu'elle.

Lorsque la communication directe cesse d'être bien établie, ce contact met dans le circuit d'une pile locale, de deux ou trois éléments, une sonnerie trembleuse qui marche jusqu'à ce que la communication directe soit établie de nouveau. Le fil de cette pile aboutit à une borne spéciale placée à droite du cadran du manipulateur. Cet appareil, ainsi modifié, est désigné sous le nom de *manipulateur articulé.*

Manipulateur à courant continu. — Dans les manipulateurs placés sur les fils à courant continu, la pièce de contact p' est supprimée; en outre, les communications intérieures et les points d'attache des fils diffèrent un peu de ceux des appareils précédemment décrits.

Récepteur. — Le récepteur (pl. XIV, *fig.* 7) est un appareil qui sert à la réception des dépêches. Il se compose d'un cadran dont les divisions sont disposées comme celles du manipulateur, et d'un mouvement d'horlogerie placé derrière le cadran et caché dans la boîte qui enveloppe l'appareil. La roue d'échappement et l'aiguille du cadran, fixées sur le même axe, sont mises en marche par le mouvement de va-et-vient de la palette d'un électro-aimant sous l'influence des courants électriques.

A droite, et en haut de la boîte, est un petit cadran gradué; à son centre se trouve un axe avec un carré sur lequel s'ajuste une clef qui sert au réglage de l'appareil. Sur le dessus de la boîte est un petit bouton à tige verticale, qu'il suffit de presser pour ramener l'aiguille à la croix, soit d'un seul coup, soit lettre par lettre. Dans quelques récepteurs, ce bouton est remplacé par une pédale adaptée au bas de l'appareil, et que l'on fait manœuvrer de droite à gauche.

Récepteur pour courant continu. — Dans les récepteurs pour courant continu, l'aiguille à l'état de repos, au lieu de se trouver sur la croix, comme dans les récepteurs ordinaires, reste sur les lettres Z ou A.

Les récepteurs doivent être remontés de temps en temps.

Sonneries. — La sonnerie a généralement pour but d'avertir les employés du télégraphe des appels des postes avec lesquels ils sont en communication.

Sonnerie à rouage. — La sonnerie ordinaire à rouage (pl. XIV, *fig.* 8) consiste en un mécanisme mû par un fort ressort renfermé dans un barillet et destiné à faire battre un marteau contre un timbre placé à la partie supérieure de l'appareil.

E, E est l'électro-aimant et A l'armature, qui est suspendue en V par deux vis de la même façon que celle du récepteur ; la tige t de l'armature porte à son extrémité un petit ressort plat, qui est le *ressort antagoniste* à l'aimantation, et qu'on peut tendre plus ou moins au moyen de la vis de réglage h ; sur l'extrémité de cette tige vient s'appuyer le bras de levier l qui est poussé de haut en bas par un ressort plat ; la tension de ce ressort peut se régler au moyen de la vis k.

B est l'axe du barillet du ressort moteur ; D est un disque qui porte, excentriquement, une petite tige munie d'un galet G ; lorsque le rouage est en mouvement, ce galet, glissant dans la rainure faite à la queue du marteau m, le fait osciller à droite et à gauche et lui fait frapper le timbre T.

Le rouage est mis en mouvement quand, l'armature A étant attirée, le levier l tombe dans la position marquée en pointillé et entraîne dans son mouvement la pièce N, qui pousse le ressort R et décroche l'arrêt a par lequel seul est retenu le rouage. Une des roues porte vers sa circonférence une goupille g qui, dans le mouvement du rouage, vient soulever un bras b porté par l'axe commun du levier l et de la pièce N, ce qui a pour effet de remonter le levier l et de le remettre en prise sur la tige t de l'armature A dans la position primitive.

Pour prolonger l'action du rouage sur le marteau, on a disposé sur l'un des mobiles une pièce C, assez analogue au chaperon des pendules, qui maintient, pendant un demi-tour de son axe, le grand ressort R écarté, et l'empêche de venir arrêter le mouvement au moyen de la pièce a.

Chaque sonnerie est munie d'un signal indiquant qu'elle a fonctionné ; il consiste en une plaque sur laquelle est inscrit le mot *répondez*, ou en un bouton X qui sort de la boîte contenant le mécanisme. La tige de ce bouton est retenue, en temps ordinaire, par sa partie inférieure sous la pièce U ; mais quand le disque D se met à tourner, la pièce U avance et décroche la tige X du *répondez*. Ce signal doit être effacé quand l'employé répond à l'appel qui lui a été fait.

Relais de sonnerie. — Le relais de sonnerie (Pl. XIV, *fig.* 9) permet de diminuer le nombre des sonneries dans les postes où aboutissent plusieurs fils de ligne.

L'électro-aimant E, E est placé dans le circuit d'une des lignes, comme serait celui de la sonnerie qu'il remplace. Quand l'armature A est attirée, elle amène le ressort d'acier R au contact de la vis V ; le circuit d'une *pile locale*, dans lequel est placé l'électro-aimant de la sonnerie, se trouve fermé et la sonnerie se met en branle. Le courant de la pile locale arrive au bouton PL, suit une bande de laiton placée au-dessous du socle en bois et figurée par une ligne pointillée, la colonne N et la vis V ; il passe par le ressort R, l'armature A, le support M de l'armature, et une seconde bande de laiton aboutissant au bouton S qui est relié à la sonnerie.

Le mouvement de l'armature A a aussi pour effet de dégager du crochet *c* la pièce *h* ; le ressort-boudin *r* soulève alors la tige *h*H, élève le bouton H dans la position ponctuée et le fait sortir du couvercle de la boîte en acajou qui recouvre tout l'appareil : ce bouton est l'indicateur qui fait connaître à quelle station on doit répondre.

Sonnerie trembleuse. — La sonnerie trembleuse (Pl. XIV, *fig.* 10) est un appareil d'une construction très-simple, sans aucun mécanisme, et qui, par conséquent, n'a pas besoin d'être remonté.

Un courant envoyé dans l'appareil suit la bande de cuivre CD, parcourt le fil de l'électro-aimant E, est conduit ensuite en F, suit l'armature A, le ressort R et la bande JZ, pour retourner à la pile.

Dès que le circuit est fermé hors de cet appareil, l'armature est attirée par l'électro-aimant, et le contact en R cesse d'avoir lieu ; de là, il résulte que l'électro-aimant cesse d'attirer l'armature, qui retombe sur le ressort et referme le circuit ; le courant passant de nouveau, l'armature est de nouveau attirée, et ces effets se produisant successivement avec rapidité, déterminent le mouvement oscillatoire d'un petit marteau *m* qui vient frapper un timbre placé à la partie supérieure de l'appareil. La sonnerie trembleuse doit être suspendue dans une position verticale ; son réglage est une opération très-délicate et dont les employés n'ont pas à s'occuper.

Les trembleuses placées dans les postes facultatifs, sont destinées à fonctionner aussitôt que la transmission directe cesse d'être parfaitement établie.

Les sonneries fournies par l'État à certains postes reliés aux directions, sont des trembleuses qui ne présentent avec l'appareil décrit ci-dessus, que quelques différences de construction.

Sonnerie Faure. — La sonnerie Faure (Pl. XIV, *fig.* 11) est un relais muni d'une sonnerie trembleuse, le tout formant un seul appareil.

Quand le courant vient à passer dans l'électro-aimant E, E la tige *t* de l'armature A laisse tomber le levier *lo* qui pivote autour du point *o* ; le ressort *r* tombe sur le buttoir *g* et ferme le circuit d'une pile locale ; ce courant fait alors tinter la sonnerie trembleuse à l'aide du marteau *m*, jusqu'à ce que l'employé appelé vienne, au moyen du bouton *b*, relever le levier *lo*, et le mettre en prise sur la tige *t* de l'armature. Le plateau rond D fait fonction de *répondez*, et indique quelle est celle des deux lignes qui appelle, en se présentant devant une fenêtre pratiquée dans la boîte en acajou.

Sonnerie pour courant continu. — Une légère modification de construction permet d'appliquer les sonneries, dont il vient d'être parlé, aux fils à courant continu.

Boussole. — La boussole, basée sur un fait très-intéressant observé par OErsted en 1820, sert à indiquer le passage ou l'intensité des courants électriques. La boussole ordinaire est représentée par la *fig.* 12, Pl. XIV.

SS est un socle en bois.

CC, un cadre autour duquel sont enroulés de cinquante à soixante tours de fil de cuivre recouvert de soie, pour qu'une spire ne touche pas aux autres.

AA, une aiguille aimantée placée dans l'intérieur du cadre, et portée sur une pointe d'acier très-fine.

BB, une aiguille en cuivre fixée perpendiculairement sur celle d'acier, et dont l'extrémité indique la déviation sur un arc métallique gradué de 0° à 40°.

Les extrémités du fil enroulé sur le cadre viennent aboutir aux boutons PP.

C'est au moyen de ces boutons qu'on intercale la boussole dans le circuit, en y serrant à vis les deux extrémités du fil.

Pour faire usage de la boussole, il faut que, l'aiguille étant dans la position nord-sud, elle soit placée dans le cadre, bien parallèlement aux tours du fil, ce dont on s'assure par l'aiguille de cuivre qui, dans ce cas, doit être sur le zéro de l'arc gradué. On dit alors que la boussole est orientée.

Cet instrument, employé dans presque tous les postes télégraphiques, indique le passage du courant, et permet d'en apprécier l'énergie, mais il n'en donne pas la mesure exacte.

Quand on veut obtenir à cet égard plus de précision, on emploie la boussole *des sinus* ou celle *des tangentes*, suivant que l'angle de la déviation est plus ou moins grand. Nous ne nous arrêterons pas à décrire ces derniers appareils, qui sont peu employés dans les chemins de fer.

Paratonnerre. — Lorsque l'atmosphère est chargée d'électricité, on observe souvent que, le manipulateur étant sur l'attente, et le commutateur de ligne étant sur le bouton de la sonnerie, cet appareil se met à sonner; si, sur ce faux avertissement, on se met sur la touche de réception, on voit l'aiguille du récepteur sauter brusquement deux lettres à la fois.

Si l'orage est violent, il arrive souvent qu'une des décharges électriques échauffe assez les fils des électro-aimants pour les faire rougir et fondre, ou même les réduire en petits fragments qui sont projetés avec bruit dans toutes les directions.

Il arrive même, après la rupture du circuit, qu'une décharge ait lieu entre le fil de la ligne et un point assez éloigné de la chambre. Les employés sont, en ce cas, exposés à recevoir des secousses très-violentes. Les appareils peuvent aussi être fortement endommagés.

Afin d'éviter de semblables accidents, M. Bréguet imagina d'intercaler dans le circuit un fil beaucoup plus fin et plus résistant que ceux des électro-aimants. Comme dans un circuit électrique, la partie la moins conductrice est celle qui s'échauffe le plus et qui, par suite, est fondue ou brûlée la première, ce fil fin est détruit par l'orage avant que les fils du poste et de la ligne, beaucoup plus gros, aient été atteints.

L'appareil de M. Bréguet est disposé de façon que, le fil ténu ayant été détruit, l'électricité soit conduite à la terre. Il a reçu le nom de *paratonnerre*.

Le modèle adopté jusqu'à présent au chemin de fer du Nord (Pl. XIV, *fig.* 13) se compose d'une planchette sur laquelle sont fixées deux plaques métalliques A, A', munies d'un côté de deux bornes B, B'. et de l'autre de dents C, C', placées en regard d'une plaque D aussi dentelée, et sur laquelle se trouve une troisième borne E. Sur les plaques A et A' s'élèvent à angle droit deux mâchoires métalliques L, L', que serrent à volonté deux vis de pression. Les plaques et les mâchoires sont séparées par une pièce de bois F présentant une rainure longitudinale et une échancrure dans le milieu. Les deux mâchoires maintiennent tendu un fil de fer extrêmement mince, logé dans la rainure de la pièce de bois.

Un poids percé d'un trou et attaché à une chaînette, est suspendu sur le fil et vient occuper l'échancrure de cette pièce ; sa chute sert à avertir de la rupture du fil de fer.

Le paratonnerre est appliqué contre un plan vertical, dans la position indiquée par le dessin. Aux bornes B et B' est attaché le fil de ligne coupé à cet effet ; la troisième borne E est reliée au fil de terre.

Si, en temps d'orage, le fil du paratonnerre est brûlé, les appareils qui ne communiquent avec la ligne que par ce fil se trouvent complétement isolés, et l'électricité atmosphérique est conduite à la terre par les pointes dont sont munies les plaques AA' et D.

La rupture du fil métallique du paratonnerre interrompant toute communication, et ce fil étant très-fragile, il est nécessaire de vérifier souvent, par l'inspection du petit poids, s'il n'est pas cassé, afin de le remplacer sans retard.

Ce paratonnerre vient de subir une modification qui en rend l'emploi encore plus avantageux : le petit poids, dont la fonction, jusqu'à présent, avait été d'avertir de la rupture du fil ténu, au lieu d'être suspendu à une chaînette, est fixé au moyen d'une charnière C (*fig.* 14), qui lui permet de basculer lorsque ce fil est brûlé. Ce poids est muni d'un ressort platiné R, qui, après avoir basculé, vient s'appuyer sur une plaque de platine P reliée au bouton de terre T. Comme la pièce qui supporte la charnière communique elle-même avec la ligne, celle-ci est mise à la terre aussitôt que la tension électrique est devenue suffisante pour fondre le fil ténu ; ce qui met les employés et les appareils à l'abri de toute atteinte ultérieure de l'électricité atmosphérique.

Ce système de paratonnerre est spécial à la ligne du Nord; les avantages qu'il présente sur ceux qui sont généralement employés sur les autres lignes, sont les suivants :

1.º Les agents des gares sont immédiatement avertis par la chute du poids, de la rupture du fil ténu, ce qui n'a pas lieu dans les autres appareils, où ce fil étant renfermé dans une gaîne en caoutchouc, en bois ou en verre, on ne peut constater sa rupture qu'en procédant à une vérification spéciale ;

2º Le fil est beaucoup plus facile à remplacer que dans tous les autres systèmes, et le poids sert encore à donner la certitude qu'il est convenablement fixé ;

3º Le dernier perfectionnement, par suite duquel la ligne est automatiquement mise à la terre, est une garantie sérieuse contre les accidents qui se sont produits quelquefois dans les postes, malgré l'emploi d'autres paratonnerres.

Commutateur. — Les commutateurs sont destinés à mettre un même fil successivement en rapport avec plusieurs autres. Les uns sont disposés de manière à permettre l'emploi d'un plus ou moins grand nombre d'éléments de la pile; les autres servent à établir diverses communications dans les cas déterminés; quelques-uns ont des dispositions tout à fait particulières, et sont spéciaux à un petit nombre de stations.

Le commutateur de pile employé par M. Bréguet est représenté dans la Pl. XIV, *fig.* 15. Au centre d'un disque rond en bois est placé un axe, sur lequel on fait tourner la lame de cuivre *l*, au moyen de la poignée P. L'axe, et par conséquent la lame *l*, communiquent au bouton D, qu'on relie au manipulateur ; aux trois touches 10, 15, 20, aboutissent des fils venant du pôle cuivre des dixième, quinzième, vingtième éléments de la pile. On voit donc que le circuit placé entre le bouton D et le pôle zinc de la pile, sera parcouru par le courant de 10, 15 ou 20 éléments, suivant qu'on mettra la lame *l* sur l'une ou l'autre des trois touches.

Entretien des appareils. — Ce sont les agents de l'État qui entretiennent les lignes des compagnies, excepté sur l'Est, où quelques sections sont entretenues par le service des travaux du chemin de fer, et sur le Midi, dont les lignes sont complétement séparées de celles de l'État.

L'entretien du matériel télégraphique est confié aux agents chargés de manœuvrer les appareils. Chaque matin, l'employé de service visite son poste, s'assure si les vis qui servent à fixer les fils sont bien serrées, si ceux-ci ne sont pas en contact les uns avec les autres, et procède à l'entretien des piles et accessoires.

Des instructions sont, à cet effet, données aux agents ; nous pensons utile de les reproduire ici.

Entretien de la pile. — Les bocaux en verre doivent toujours être remplis d'eau pure jusqu'aux deux tiers de leur hauteur à peu près, et les vases poreux d'eau saturée de sulfate, jusqu'à 2 ou 3 centimètres du bord supérieur.

Lorsque les bocaux, ou les vases poreux, sont trop pleins, on les ramène au niveau prescrit en enlevant le liquide avec une petite seringue destinée à cet usage.

La solution contenue dans les vases poreux doit toujours être d'un bleu un peu foncé ; lorsqu'elle se décolore, on ajoute du sulfate de cuivre par petite quantité, et par morceaux qui ne dépassent pas la grosseur d'une noisette. Il ne doit jamais se trouver au fond des vases que trois ou quatre morceaux de sulfate non dissous.

Les sels qui tendent à se former sur les parois des vases en verre, doivent être fréquemment enlevés, et l'on doit rejeter dans l'intérieur des vases poreux ceux qui cristallisent sur le pourtour de ceux-ci.

Le fond des boîtes à pile doit être tenu parfaitement sec.

Il peut arriver que les lames de cuivre qui plongent dans les vases poreux, se coupent à la surface du liquide et qu'il en résulte une interruption de courant. Cette partie de l'élément doit être souvent vérifiée.

En cas de rupture, on remplace le cylindre, ou l'on abaisse ce qui reste de la bande de cuivre de manière à la faire plonger le plus possible dans le liquide.

La pile doit être démontée et complétement refaite tous les mois.

Les postes qui transmettent beaucoup de dépêches doivent renouveler tous les huit jours, au moins, l'eau des vases en verre.

Entretien du manipulateur. — Le manipulateur est le seul appareil que l'on soit, quelquefois, autorisé à démonter pour le nettoyer.

Ce nettoyage doit se borner à enlever avec un chiffon les matières qui auraient pu s'accumuler dans l'intérieur de l'appareil et principalement autour de l'axe, et dans la rainure sinueuse.

Réglage du récepteur. — Quand l'agent remarque que le récepteur ne marche pas bien, il invite son correspondant, par un signe conventionnel, à faire faire plusieurs tours à la manivelle de son manipulateur, sans s'arrêter et d'un mouvement uniforme ; pendant ce temps, l'employé cherche à régler son récepteur.

Dans le cas où il ne pourrait pas même faire comprendre le signe conventionnel, l'un des correspondants tourne d'office, et engage, de suite, l'autre à tourner pour pouvoir régler son propre récepteur.

Récepteur pour courant ordinaire. — Pour donner à l'aiguille du récepteur une marche régulière, on opère comme il suit :

Si l'aiguille s'arrête de préférence sur les chiffres impairs, c'est que l'action magnétique est trop forte. On tend alors le ressort de la palette qui fait mouvoir l'échappement, en faisant tourner doucement l'aiguille de réglage, de gauche à droite, de manière à la faire passer d'un chiffre faible à un chiffre fort. On fait diminuer le nombre des éléments de la pile lorsque, après avoir tendu complétement le ressort de la palette, on n'a pu obtenir une marche régulière de l'aiguille.

Si, au contraire, l'aiguille s'arrête sur les chiffres pairs, ce qui indique une action magnétique trop faible, on détend le ressort de la palette en faisant tourner l'aiguille, de droite à gauche, de manière à la faire passer d'un chiffre fort à un chiffre faible.

On fait augmenter le nombre des éléments de la pile, lorsqu'on a détendu complétement le ressort de la palette, sans obtenir une marche régulière de l'appareil.

Enfin, si l'aiguille du récepteur ne bouge pas, on détend le ressort ainsi qu'il est dit dans le dernier cas.

Récepteur pour courant continu. — Pour régler le récepteur pour courant continu, on agit en sens contraire, c'est-à-dire qu'on tend le ressort de réglage si l'aiguille s'arrête de préférence sur les chiffres pairs, et, on le détend si elle s'arrête sur les chiffres impairs.

Si l'on n'a pu arriver à régler la marche de l'aiguille, on doit enlever la boîte du récepteur, et, au moyen de la vis de rappel sur laquelle il est monté, on éloigne ou l'on rapproche par de très-petites quantités, l'électro-aimant de la palette sans que jamais il vienne à toucher celle-ci,

L'oreille aide, du reste, la vue et l'on reconnaît, à la régularité du bruit produit par l'échappement, que le récepteur est bien réglé.

Réglage de la sonnerie. — Les sonneries doivent être réglées de manière à pouvoir fonctionner, même sous l'influence d'un courant plus faible que celui qui fait marcher le récepteur.

Le réglage de la sonnerie à rouage s'opère en tendant, plus ou moins, deux ressorts placés derrière le mécanisme ; l'un, horizontal, sert à ramener la palette après l'action du courant, l'autre, vertical, fait tomber un petit levier dont la chute permet la marche du mouvement.

C'est, principalement, sur ce dernier ressort que doit se porter l'attention, lorsque la palette est attirée par l'électro-aimant sans que néanmoins le marteau fonctionne.

Les sonneries se remontent comme les récepteurs.

Appareil alphabétique d'Arlincourt. — Cet appareil fort ingénieux est expérimenté en ce moment à la compagnie du Nord. Nous pensons qu'il peut être intéressant d'en parler dans notre étude, et nous en empruntons la description au *Traité de télégraphie électrique* de M. le comte Th. du Moncel.

Dans l'appareil de M. d'Arlincourt (Pl. XV, *fig.* 1, 2, 3 et 4), le manipulateur, le récepteur et le mécanisme imprimeur sont réunis dans le même instrument, et sont tous dépendants les uns des autres. Le manipulateur, qui est un transmetteur circulaire à touches, est superposé au récepteur et fonctionne sous l'influence du mécanisme d'horlogerie qui met en action ce dernier ; le mécanisme imprimeur, ayant un mouvement d'horlogerie à part, est disposé de manière à présenter les organes imprimeurs en dehors de l'appareil, sur un plan vertical, comme dans le système Morse.

La pièce importante de cet appareil est un axe vertical SP (*fig.* 3), qui constitue le cinquième mobile du premier mécanisme d'horlogerie, et qui porte : 1° un doigt horizontal O sur lequel réagissent les différentes touches du manipulateur pour en provoquer l'arrêt ;

2° une roue d'angle L destinée à transmettre le mouvement du mécanisme d'horlogerie à un arbre horizontal X (*fig.* 4), sur lequel sont adaptées la roue d'échappement J et la roue des types V ; 3° un commutateur composé de deux roues dentées A et B (*fig.* 3) et d'un disque intermédiaire C également denté (mais en sens inverse des roues A et B), sur lesquels appuient trois leviers frotteurs D, E, G. Ce commutateur a pour fonction de fournir en temps opportun les émissions de courant à travers la ligne, de dériver un autre courant à travers l'électro-aimant du récepteur de l'appareil, et de décharger la ligne.

Le jeu de l'axe SP est commandé par la roue d'échappement J ; le jeu de cette roue est lui-même commandé par un électro-aimant M, disposé d'après le système à réactions magnétiques auxiliaires de M. le comte du Moncel, et dont l'hélice est en communication, d'un côté avec la terre, d'autre part avec un système de double levier à bascule N, qui est mis en rapport électrique avec le commutateur par l'intermédiaire de deux petites colonnes, moitié cuivre, moitié ivoire, H et I. Ce double levier, que M. du Moncel appelle *bascule de déclanchement*, se compose de deux tiges métalliques légèrement arquées, montées sur un axe horizontal commun, et terminées à leurs extrémités par des lames de ressort, qui sont convergentes d'un côté et divergentes de l'autre côté. Ces dernières appuient contre les colonnes H et I, et les autres, contre une colonne unique U, moitié cuivre, moitié ivoire, comme les précédentes, et dont la partie métallique isolée communique avec la ligne. Enfin, une plaque en ivoire réunit les deux tiges métalliques de la bascule de manière à former une large touche sur laquelle peut agir un piston pour faire jouer le mécanisme.

La pile de ligne est disposée de manière à fournir deux courants, d'abord un courant de pile de ligne qui résulte de tous ses éléments réunis (M. du Moncel suppose un nombre de 35), et, en second lieu, un autre courant provenant d'une partie de ces mêmes éléments (de 10 par exemple). Le premier courant aboutira au ressort D du commutateur (*fig.* 3), le second à la roue B par l'axe qui la porte. On remarquera que les dents des deux roues A et B, qui se correspondent d'ailleurs exactement, et qui ne diffèrent que par leur épaisseur, plus grande dans la roue B que dans la roue A, font saillie par rapport à la circonférence du disque intermédiaire ; de sorte que, quand les leviers frotteurs E, G appuient sur les dents des roues A et B, ils ne peuvent rencontrer par leur extrémité recourbée le disque C, d'autant plus que les dents de celui-ci alternent avec celles des roues A et B : ceci a précisément lieu quand les frotteurs se trouvent dans un intervalle de dents.

Or, voici ce qui résultera de l'abaissement de la bascule de déclanchement dont nous avons parlé : les ressorts divergents toucheront la partie métallique des colonnes H, I, et les ressorts E et G appuyant sur les dents des roues A et B, le courant de ligne sera transmis à travers la ligne par le levier de droite de la bascule, tandis que le courant dérivé sera transmis à l'électro-aimant M de l'appareil par le levier de gauche. Cet électro-aimant étant actif déterminera un échappement qui fera tourner le commutateur, et permettra aux frotteurs E, G de s'abaisser et de se mettre en contact avec le disque intermédiaire. Dès lors, le courant sera coupé à la fois à travers la ligne et l'électro-aimant, et une communication sera établie entre la terre et la ligne par le disque et l'électro-aimant M, lequel se trouvera ainsi complétement démagnétisé par le courant de décharge. Sous l'influence de cette démagnétisation, les dents du commutateur se trouveront mises de nouveau en contact avec les frotteurs E et G, et les effets précédents se renouvelleront de la même manière, tant que la bascule de déclanchement restera abaissée. Par suite de ces réactions, les roues des types des deux appareils se trouveront donc mises en mouvement continu, et leur arrêt dépendra uniquement du relèvement de la bascule de déclanchement, qui coupera les deux courants à travers le commutateur. Maintenant, on comprendra facilement qu'on pourra arrêter les deux appareils en agissant à la station même qui reçoit, et, pour cela, il suffira d'envoyer sur la ligne un courant continu. Il résultera, en effet, de cette émission que, quand le commutateur de l'appareil du poste expéditionnaire sera placé de manière à fournir la décharge de la ligne, ce qui a lieu, comme nous l'avons vu, après chaque émission de courant, le courant envoyé de la station qui reçoit passera à travers l'électro-aimant commandant le jeu de ce commutateur, précisément quand il devrait être interrompu. Dès lors, celui-ci ne pourra plus réagir, et les appareils seront arrêtés.

Le mécanisme imprimeur n'a rien de particulier quant à son principe, mais la disposition des divers organes qui sont en jeu diffère un peu de celle qui est habituellement employée. Cette différence existe surtout dans le système d'encliquetage du laminoir destiné à entraîner la bande de papier, et le système d'excentrique appelé à produire l'impression, lequel se compose d'une roue à trois cames. Cette roue est montée sur l'axe du troisième mobile du second mécanisme d'horlogerie, dont le jeu est commandé par une fourchette d'encliquetage et un disque muni de trois systèmes de chevilles d'arrêt. Cette fourchette elle-même est mise en action par un électro-aimant M′ (*fig.* 4), qui fonctionne sous l'influence d'une pile locale dont le courant est fermé et interrompu par le levier de l'électro-aimant M du récepteur. Quand ces ouvertures et fermetures de courant sont très-rapprochées, comme cela arrive quand la bascule de déclanchement du récepteur est abaissée, l'aimantation de l'électro-aimant imprimeur n'a pas le temps de se faire, et aucune impression n'est produite; mais quand l'interruption du courant au récepteur dure un temps convenable, le mécanisme imprimeur est déclanché, et les choses se passent comme dans les autres télégraphes.

Pour rendre l'action de cet électro-aimant plus sûre et plus nette, M. d'Arlincourt a disposé l'armature de celui-ci d'une manière particulière : au lieu d'une simple armature de fer, il en emploie deux, placées l'une derrière l'autre et pouvant se mouvoir indépendamment l'une de l'autre. L'armature intermédiaire, placée devant l'électro-aimant, est composée de deux disques de fer encastrés dans une palette de cuivre, et ces disques, correspondant aux pôles de l'électro-aimant, peuvent, étant attirés, allonger les branches de celui-ci et réagir sur la seconde armature comme pôles prolongés de l'électro-aimant; mais pour avoir lieu cette action exige un certain temps, car, non-seulement il faut que le mouvement de l'armature intermédiaire soit accompli intégralement, mais encore que le magnétisme ait eu le temps d'aimanter au maximum, et successivement, les pièces de fer des deux armatures. Avec ce système, on peut régler à volonté la sensibilité de l'inertie magnétique de l'électro-aimant; il suffit, pour cela, de serrer plus ou moins le ressort antagoniste de l'armature intermédiaire, le ressort de l'autre armature étant réglé une fois pour toutes.

Le manipulateur de l'appareil en question n'a d'autre action à produire que d'arrêter, en divers points de sa course correspondant aux différentes lettres de l'alphabet, le doigt O (*fig.* 3) monté sur l'axe du commutateur, et de faire abaisser en même temps la bascule de déclanchement. A cet effet, les touches du manipulateur correspondent à des bascules *ll* rangées circulairement autour de l'axe du commutateur, et ces bascules étant abaissées individuellement, ont pour effet : 1° de présenter devant le doigt O en mouvement un obstacle rigide ; 2° de soulever en même temps un anneau b qui les couvre toutes et qui correspond, par un levier articulé, à un piston appuyant sur la grande bascule de déclanchement N (*fig. 4*).

Le mérite du système télégraphique de M. d'Arlincourt est de fournir les avantages des récepteurs intercalés dans le même circuit, sans en présenter les inconvénients. Fonctionnant, en effet, avec un circuit dérivé, relativement faible, le récepteur du poste expéditeur peut marcher avec une intensité électrique égale à celle qui le fait agir quand il fonctionne pour la réception ; ce qui n'a pas lieu généralement avec les autres dispositions télégraphiques. Il diminue d'ailleurs la résistance de la ligne, de 200 kilomètres, et la décharge après chaque émission de courant.

Cet appareil peut servir en même temps de télégraphe à cadran ; car une aiguille S, adaptée à l'axe du commutateur, se meut en même temps que lui autour d'un cadran placé au centre du clavier circulaire (*fig. 2*).

Il est encore un détail de construction dans le télégraphe de M. d'Arlincourt, qui ne laisse pas d'avoir une certaine importance au point de vue du bon fonctionnement de l'appareil : c'est l'introduction d'une pièce F (*fig. 4*) comme organe de transmission de mouvement entre l'axe vertical du commutateur et l'axe horizontal de la roue d'échappement. Cette pièce est un bras d'acier, à l'extrémité duquel se trouve percée une petite rainure qui laisse passer une cheville adaptée à la roue de transmission. Un ressort, appuyant sur cette cheville, la maintient, en temps ordinaire, à une extrémité de cette petite rainure ; mais l'axe vertical, en tournant, peut forcer ce ressort et reporter la cheville du côté opposé de la rainure. Il résulte de cette disposition, qu'avant chaque échappement la cheville est repoussée contrairement au ressort, mais que, pendant le dégagement de la roue à rochet J, elle se trouve reportée du côté opposé, ce qui retarde l'échappement par rapport au mouvement du commutateur. De cette manière, le contact des ressorts E et G avec les dents de ce commutateur, se trouve parfaitement assuré et toujours effectué en temps opportun.

Manœuvre des appareils. — Dans les appareils pour courant ordinaire, les manettes des manipulateurs doivent être sur les boutons de la sonnerie, afin que, si le poste correspondant envoie son courant, il fasse marcher la sonnerie qui est en rapport avec lui.

L'aiguille du récepteur et la manivelle du manipulateur doivent être sur la croix.

Pour appeler son correspondant, on porte la manette du manipulateur sur le bouton d'envoi E, puis on fait un tour complet avec la manivelle.

La sonnerie du poste attaquée se met en mouvement, le stationnaire est alors averti, et aussitôt il porte la manette sur le bouton E, puis il répond par un tour de manivelle de son manipulateur, en venant toujours se placer à la croix ; l'employé de la première station transmet alors la dépêche.

Chaque manipulateur pour courant continu est accompagné d'un commutateur à deux boutons, dont l'un communique avec le pôle cuivre de la pile, et l'autre est relié au fil de terre.

Dans l'état d'attente ou de repos, ce commutateur est placé sur le pôle cuivre, les manettes du manipulateur doivent être sur les boutons S, et la manivelle à la croix. L'aiguille du récepteur est sur la lettre Z ou sur la lettre A.

Pour appeler son correspondant, on porte la manette du manipulateur sur le bouton E, et le commutateur sur le fil de terre. L'aiguille du récepteur avance aussitôt d'une lettre ; on la ramène à la croix, si elle n'y est pas, et l'on fait un tour complet avec la manivelle du manipulateur.

L'employé du poste attaqué porte la manette de son manipulateur sur le bouton E, *sans toucher au commutateur*, et répond par un tour de manivelle.

Le récepteur du poste qui attaque, marche en même temps que celui du poste attaqué, de façon que les employés lisent sur ces appareils les dépêches qu'ils transmettent, aussi bien que celles qu'ils reçoivent.

Pendant la durée de la transmission, la position des commutateurs ne doit pas être changée, c'est-à-dire que celui du poste appelé reste sur le pôle cuivre, et celui du poste qui a appelé, sur le fil de terre ; mais aussitôt la dépêche finie, ce dernier doit être remis sur le pôle cuivre.

Pendant la transmission, la manivelle doit être conduite bien régulièrement, et toujours de gauche à droite. Il doit y avoir un temps d'arrêt sur chaque signe, et, après la transmission d'un mot, on ramène toujours la manivelle à la croix.

Si, dans le cours d'une transmission, l'employé qui reçoit ne comprend plus les signaux, il arrête le correspondant par un tour de manivelle ; c'est ce qui s'appelle couper la dépêche ; il invite ensuite son correspondant à répéter.

Il est interdit, à moins d'y avoir été invité formellement dans l'intérêt du service, de se mettre *sur contact*, c'est-à-dire de laisser la manivelle sur un chiffre impair, de se mettre *sur bois*, c'est-à-dire de placer la manette du manipulateur de façon qu'elle ne soit en contact avec aucune pièce métallique.

Dérangements. — Aussitôt que l'employé remarque qu'il y a difficulté ou impossibilité de transmettre, il doit chercher la cause du dérangement.

Dérangements de la pile. — Si la boussole n'indique aucune espèce de courant, après avoir visité tous les contacts du manipulateur et serré les vis qui fixent les fils, on constate si le dérangement n'existe pas dans la pile.

Pour cela, on fait marcher son récepteur avec le courant de la pile en touchant simultanément avec un objet en métal, la borne C (Pl. XIV, *fig.* 6) et le corps du manipulateur, ou bien les deux pièces p, p', et, s'il s'agit d'appareils pour courant continu, en touchant simultanément avec un fil métallique le fil de terre et l'un des boutons d'envoi E du manipulateur, le commutateur étant sur le pôle cuivre.

Si le récepteur ne fonctionne pas, on vérifie les fils qui aboutissent à la pile et toutes les pièces qui la composent ; une lame de cuivre détachée de son zinc, ou ne plongeant pas dans la solution du sulfate, suffit pour empêcher toute production d'électricité.

Les dérangements peuvent encore provenir de la perméabilité trop grande ou trop faible des vases poreux.

Rupture de fils ou bandes de communication. — Si le dérangement n'existe pas dans la pile, et n'empêche la communication que dans une seule direction, on s'assure qu'il n'y a pas de fil ou de bande de communication cassés dans le poste.

Pour cela, on attache un fil métallique à la borne C du manipulateur, ou, s'il s'agit d'appareils pour courant continu, au fil de terre ; puis, après avoir placé la manette sur le bouton d'envoi, on touche successivement avec l'autre extrémité du fil, les deux bornes de la boussole et du paratonnerre, et enfin, le fil de ligne au-dessus de toutes les ligatures qui peuvent exister, et même, s'il est possible, jusqu'à l'entrée dans le poste du fil extérieur.

A chaque contact, l'aiguille du récepteur doit avancer comme si on recevait une attaque du poste correspondant. Si elle ne marche pas, c'est qu'entre le point que l'on touche et le manipulateur, il y a rupture du fil ou de la bande de cuivre. On s'empresse de relier les deux bouts; pour cela, on dépouille le fil de la matière isolante qui l'entoure, on avive le métal, puis on tord ensemble les deux bouts à relier, sur une longueur de 2 à 3 centimètres.

S'il s'agit d'une bande de cuivre, on en réunit les deux extrémités par un fil métallique bien décapé, que l'on fixe, soit au moyen de clous de poste, soit en l'enroulant autour de la bande.

Rupture du fil de la boussole. — Si le fil est cassé dans la bobine de la boussole, on la supprime en réunissant ensemble les deux fils qui y aboutissent.

Rupture du fil du paratonnerre. — On est averti de la rupture du fil du paratonnerre par la chute du poids qu'il supporte; on le remplace par un des fils que chaque poste a en réserve.

Dérangement dû au fil de terre. — Si l'on ne peut envoyer de courant dans aucune direction, et si, cependant, les appareils fonctionnent à l'intérieur, on porte son attention sur le fil de terre de la pile.

Dérangement en dehors du poste. — Quand tous les essais dont il vient d'être question, n'indiquent pas de dérangement dans le poste, on fait prévenir les chefs de stations intermédiaires de vérifier leurs communications, et l'on avertit les surveillants des lignes télégraphiques chargés chacun, sur un certain parcours, de l'entretien des fils de la compagnie.

Dérangement du manipulateur. — Le dérangement provient quelquefois du levier ll' du manipulateur, qui n'appuie pas bien contre la vis de gauche quand la manivelle est sur la croix ou sur un chiffre pair. Dans ce cas, on fait avancer la vis, et si, malgré cela, le contact est insuffisant, on remplace le manipulateur.

Dérangement des récepteurs et sonneries. — Les dérangements des récepteurs et des sonneries, s'ils ne proviennent pas uniquement d'un défaut de réglage, doivent donner lieu à une demande de remplacement.

Pertes de courant. — Si la boussole oscille avec violence, on en conclut qu'il y a perte de courant à la terre.

Mélange des fils. — Quand deux ou plusieurs fils se touchent, ou touchent à la fois un corps bon conducteur, le courant est simultanément envoyé dans plusieurs directions. Il faut, en ce cas, prévenir les surveillants des lignes télégraphiques.

Dérangement de la boussole. — Une boussole peut ne pas fonctionner, sans qu'il y ait interruption ou difficulté dans les transmissions. Ce dérangement, qui ne permet pas de constater le passage du courant, est dû à ce que l'aiguille a besoin d'être aimantée.

Dérangements par les orages et les aurores boréales. — On reconnaît l'action de l'électricité atmosphérique sur les appareils, aux contacts de durée inégale qui se produisent, et aussi à l'apparition d'étincelles accompagnées de légères détonations.

Les paratonnerres des postes préservent, en général, les appareils et les employés des effets des orages, à moins qu'ils ne soient très-violents. Dans ce cas, les fils des paratonnerres sont ordinairement brûlés. On se garde de les remplacer avant la fin de l'orage, et même d'essayer de transmettre. On doit, au contraire, s'éloigner un peu des appareils. Les fils aboutissant aux postes permanents sont mis à la terre ; rien n'est donc à faire pendant les orages ; mais, immédiatement après, les chefs de stations doivent constater si les fils des paratonnerres n'ont pas été brûlés, et les remplacer en cas de besoin.

Parfois, les aurores boréales produisent sur les appareils télégraphiques les mêmes effets que les orages, quoique à un moindre degré.

Le dérangement qui ne peut être réparé immédiatement, donne lieu à une mention au procès-verbal ; si l'on n'a pu en découvrir la cause, ou si elle est d'une nature telle que l'employé n'y puisse porter remède, on en informe au plus tôt le contrôleur spécial du service télégraphique.

Postes de secours. — Les appareils télégraphiques dits *postes de secours*, installés dans un certain nombre de maisons de garde-ligne, sont destinés aux demandes de machines de réserve et sont répartis de façon que, dans le cas où un train resterait en détresse, le conducteur aurait à faire, au plus, 2 kilomètres pour trouver un télégraphe ; ils peuvent aussi être employés pour les autres demandes urgentes.

Le conducteur dont le train est en détresse, après avoir pris les mesures de sécurité pour couvrir son train, se rend au poste télégraphique le plus voisin. Le sens dans lequel il doit marcher lui est indiqué par des flèches placées sur les poteaux télégraphiques. Les maisons de garde, munies d'appareils, sont en outre indiquées par une inscription portant le mot *télégraphe.*

Chaque poste de secours est désigné par deux lettres qui sont tracées dans l'intérieur de l'appareil.

L'appareil est placé dans la première pièce de la maison près de la porte d'entrée. La clef qui sert à l'ouvrir est accrochée au mur.

Les appareils de secours se composent d'une boîte renfermant un manipulateur, un récepteur, une boussole et deux manettes mobiles placées à droite et à gauche du manipulateur. Vis-à-vis de chacune de ces manettes, il y a une étiquette indiquant le nom de la station que cette manette met en relation avec l'appareil, et deux boutons de cuivre sur lesquels elle peut être placée successivement.

Le bouton intérieur porte la lettre C, l'autre, la lettre E.

Dans l'état ordinaire, les deux manettes sont sur les boutons intérieurs C ; lorsque l'on veut appeler une station, on porte sur son bouton extérieur E la manette qui sert pour cette station, en laissant l'autre sur son bouton intérieur, et l'on fait faire un tour de cadran à la manivelle du manipulateur.

Les mouvements de l'aiguille de la boussole avertissent du passage du courant électrique.

Si, pendant les attaques, elle reste immobile, c'est la preuve que la communication n'est pas possible avec la station appelée.

Aussitôt que la station appelée a répondu, on transmet sa dépêche.

Il est nécessaire, avant toute espèce de transmission, que la manivelle du manipulateur et l'aiguille du récepteur soient *à la croix.* On y ramène cette dernière d'un seul coup en appuyant le doigt sur la pédale, à gauche et au bas du cadran.

Lorsque la transmission est terminée, on remet la manette dans sa position primitive sur son bouton intérieur C, et l'on ferme l'appareil.

Il est interdit d'ouvrir la boîte qui renferme le mécanisme; mais on remonte cet appareil comme une pendule, lorsqu'on le juge nécessaire.

Les dépêches doivent toujours être libellées par écrit; il faut les transmettre en toutes lettres. La première phrase doit toujours être précédée du mot *secours*, suivi des lettres indicatives du poste qui transmet et du nom de la gare à laquelle est adressée la dépêche.

La station appelée doit répondre aussitôt en donnant son nom en toutes lettres. Le conducteur passe alors sa dépêche et la termine par le Z et la croix.

Le correspondant répond en répétant, en toutes lettres, le numéro du train et celui du poteau kilométrique, et il termine par le mot *compris*, le Z et la croix.

Le conducteur passe alors le mot *bien*.

Si l'on demande un service à contre-voie, ou toute autre mesure exceptionnelle nécessitant des précautions particulières, le correspondant répéte la dépêche en entier.

Les dépêches de cet appareil de secours doivent être adressées au poste le plus voisin; mais si l'employé de ce poste ne répond pas, le conducteur appelle l'autre correspondant et lui transmet sa dépêche sans en changer le texte; celui-ci est chargé de la faire parvenir à destination.

Il est certain que ces appareils peuvent rendre de grands services en activant les demandes de secours; aussi, la compagnie du Nord en a-t-elle décidé l'installation sur tout son réseau, mais en renonçant, après deux ans d'expérience, aux appareils à courant continu dont les résultats n'étaient pas aussi bons qu'on l'espérait. Si, en effet, ce système dispense de l'emploi de pile dans les postes intermédiaires, et, par conséquent, d'une surveillance quelquefois difficile, il présente les inconvénients suivants :

1° Deux appareils sont à la fois dans le circuit, et le réglage est assez difficile.

2° Dans le cas où la ligne n'est pas dans d'excellentes conditions d'isolement, le travail devient presque impossible. Une seule pile, celle du poste attaqué ordinairement, sert pour les transmissions des deux postes en correspondance. Si une perte existe entre les deux postes, le récepteur dont la pile fonctionne marchera très-bien, puisque le courant ira à la terre, à la fois par le fil de terre de l'autre poste et par le point où la perte se produit; mais l'autre récepteur, au contraire, n'aura pas assez de courant, puisqu'une partie de celui-ci sera absorbée en route.

Cet inconvénient est bien moindre dans les appareils intermittents, où chaque récepteur fonctionne avec la pile du correspondant. Il suffit à celui-ci d'augmenter la pile, ou à l'agent qui reçoit, de régler son récepteur pour un courant faible ; ce qui est presque toujours possible.

L'avantage de la suppression de la pile est donc accompagné d'inconvénients graves, et, puisqu'il est possible de munir les postes de secours d'une pile qui n'a pas besoin de fréquentes visites, il est préférable de revenir aux appareils intermittents.

La question de la pile semble, en effet, résolue. Depuis quelques mois, on expérimente, sur les lignes du Nord, des éléments à sulfate d'oxydule de mercure, fermés avec ou sans vases poreux, qui ont jusqu'ici satisfait à toutes les conditions voulues.

La pile à sulfate d'oxydule de mercure sera probablement appliquée à tous les postes de secours, et même aux postes ordinaires.

Jusqu'à présent, l'adoption des postes de secours n'est pas généralisée. Quelques-uns, à courant continu, étaient installés sur l'embranchement de Reims et une partie du réseau des Ardennes, ainsi que sur la ligne de Mulhouse ; mais ils ont été jugés inutiles et supprimés.

Sur les lignes de Lyon et d'Orléans, des appareils de secours ont été installés sur quelques sections à une voie. Ces appareils sont à courant intermittent sur la ligne de Lyon, et à courant continu sur la ligne d'Orléans.

Appareil électrique employé sur les lignes de banlieue des chemins de fer de l'Ouest, pour les demandes de secours. — La compagnie de l'Ouest a fait usage pendant un certain nombre d'années, sur ses chemins de fer de banlieue, d'un appareil électrique de secours très-simple.

Le but de l'appareil était de permettre à un simple poste de cantonnier, de faire instantanément connaître au dépôt le plus voisin, le lieu précis où un train se trouverait en détresse.

On se servait, à cet effet, d'un fil à courant continu, aboutissant au dépôt dans lequel on n'avait qu'à produire une interruption calculée à l'avance, d'après le point où on l'effectuait, pour transmettre à un indicateur le signal convenu.

Si, pour plus de généralité, on suppose les dépôts de machines de secours à des distances moyennes de 30 kilomètres, le fil était interrompu et mis en communication avec la terre au milieu de cette distance, de manière à isoler chaque dépôt, et à faire en sorte que la demande de secours dût toujours forcément s'adresser au dépôt le plus rapproché.

Le courant n'employait qu'une batterie par dépôt.

A chaque dépôt était installé un indicateur à deux cadrans, dont le mécanisme était identique à celui des récepteurs en usage dans la télégraphie électrique ordinaire. Chaque cadran correspondait avec un des deux côtés de la ligne, et portait autant de divisions qu'il y y avait de postes d'appareils interrupteurs échelonnés sur cette ligne. Les postes pouvaient être supposés placés à des distances moyennes de 4 kilomètres, et, comme d'après ce qui est dit plus haut, l'étendue de la ligne à desservir en amont et en aval de chaque dépôt, pouvait être de 40 kilomètres en moyenne, chaque cadran présentait habituellement dix divisions.

Au récepteur était adaptée une forte sonnerie qui était déclanchée à chaque mouvement des aiguilles du cadran, et qui se faisait entendre jusqu'au moment où on venait reconnaître le signal, et l'arrêter à la main.

L'appareil interrupteur servant à demander le secours consistait en un simple commutateur fixé au poteau télégraphique, dont un homme de la ligne, ou du train, n'avait qu'à tourner machinalement le bouton, avec la seule précaution de lui faire accomplir une révolution complète, pour être sûr qu'il avait transmis au dépôt l'indication précise du lieu où le secours était réclamé.

L'anneau métallique de chaque commutateur était effectivement disposé de telle sorte qu'un tour complet de bouton produisait dans le courant constant un nombre d'interruptions exactement en rapport avec la position kilométrique qu'occupait sur la ligne ce commutateur, et faisait, par conséquent, avancer l'aiguille du récepteur, placé au dépôt, d'un nombre de divisions correspondantes. Ainsi, le premier commutateur le plus rapproché du dépôt ne pouvant produire qu'une seule interruption, l'aiguille n'avançait que d'une division ; le second commutateur, placé à 4 kilomètres plus loin, produisant deux interruptions, l'aiguille marquait deux divisions ; ainsi de suite jusqu'au dixième commutateur placé à 40 kilomètres, qui produisait dix interruptions et faisait parcourir à l'aiguille du cadran dix divisions.

Chaque fois, d'ailleurs, qu'un secours était demandé, le chef du dépôt ramenait à la main l'aiguille du récepteur au zéro du cadran, pour remettre l'appareil en état de recevoir et d'indiquer un nouveau signal.

Ainsi qu'on le voit, cet appareil était très-simple et d'une manœuvre facile ; néanmoins, après une assez longue expérience, il a été constaté que les indications étaient souvent erronées, que les aiguilles du récepteur marchaient quelquefois sans cause appréciable ; qu'en un mot, il donnait lieu à des envois inutiles de machines de secours. Ces appareils ont, par suite, été supprimés.

Abréviations. — Nous avons parlé des abréviations autorisées pour les communications de service qui se répètent fréquemment, et ne peuvent jamais être employées dans le texte des dépêches.

Il eût été naturel que les compagnies se fussent entendues pour arrêter un vocabulaire commun.

Il n'en est point ainsi ; par exemple, sur le Nord, les lettres AT veulent dire : *attendez.*

Sur l'Ouest, les lettres AZ ont cette même signification.

Sur le Nord CO, veut dire : *compris.*

Sur l'Ouest, ce mot est indiqué par la lettre C.

Il vaudrait certainement mieux n'avoir partout qu'un même vocabulaire.

En résumé, les appareils qui viennent d'être décrits sont remarquables par la facilité et la simplicité de leur manipulation ; ce sont ces conditions favorables qui ont rendu leur emploi presque exclusif sur les lignes ferrées, où un grand nombre d'agents sont appelés à se servir du télégraphe.

Cependant quelques compagnies utilisent avec succès, pour les communications à grande distance entre les gares les plus importantes, l'appareil *Morse* dont la manœuvre exige un certain apprentissage.

Les autres systèmes employés dans les bureaux de l'État, tels que l'appareil imprimeur *Hughes*, l'appareil autographique *Caselli*, etc., ne sont pas encore en usage sur les chemins de fer.

DEUXIÈME PARTIE.

SIGNAUX MOBILES.

Drapeaux. — Sur les chemins de fer du réseau français, les signaux mobiles ou à la main s'exécutent, pendant le jour, avec des drapeaux verts ou rouges.

Le drapeau roulé indique que la voie est libre, sur les lignes du Nord, de l'Est, de Lyon, d'Orléans et de l'Ouest. Sur le Midi, il n'est pas fait mention de ce signal.

Le drapeau vert déployé commande le ralentissement sur le Nord, l'Est, Lyon, l'Ouest et le Midi; sur ce dernier chemin, la hampe du drapeau incliné vers les rails commande un ralentissement local.

Sur le réseau d'Orléans, le ralentissement est indiqué par deux drapeaux blancs.

Le drapeau rouge déployé commande l'arrêt.

A défaut du drapeau rouge, l'arrêt est prescrit, le jour comme la nuit, soit en agitant vivement un objet quelconque, soit en élevant les bras de toute leur hauteur. Il n'est pas fait mention de cette prescription dans les ordres de service relatifs au réseau d'Orléans. Sur cette ligne, il n'est pas permis à un agent de se séparer de son drapeau.

Quand aucun agent ne peut rester sur place pour faire les signaux, un drapeau rouge, placé dans l'axe d'une voie ou sur l'accotement, commande l'arrêt.

Un drapeau vert, placé près d'une voie principale, à côté du rail extérieur, commande le ralentissement.

Lanternes. — Pendant la nuit, on emploie les feux blancs, verts. ou rouges. Sur toutes les lignes, excepté sur celle d'Orléans, la lanterne à verre blanc, immobile, indique que la voie est libre ; la lanterne à verre vert commande le ralentissement.

Sur la ligne d'Orléans, le feu blanc prescrit le ralentissement, le feu vert indique au contraire que la voie est libre et que le train peut continuer sa marche. Sur le Midi, le feu vert alternant avec le feu rouge, signale un ralentissement soutenu.

La lanterne à verre rouge commande l'arrêt.

A défaut de verre rouge, toute lanterne vivement agitée prescrit l'arrêt. Il faut excepter le réseau d'Orléans, comme il a été dit à l'occasion du drapeau rouge.

Une lanterne rouge, posée dans l'axe d'une voie, commande l'arrêt.

Une lanterne verte, placée près d'une voie principale, du côté du rail extérieur, commande le ralentissement.

Il n'y a qu'une exception à cette règle, déjà signalée pour le chemin de fer d'Orléans où la couleur verte correspond à la voie libre, sans que rien puisse expliquer cette anomalie regrettable.

Pétards. — Le jour comme la nuit, on se sert, au besoin, de pétards ou boîtes détonantes placées sur les rails.

Conformément au règlement ministériel du 15 mars 1856, les pétards sont employés comme signal d'arrêt, pour remplacer ou compléter les signaux à vue :

1° Quand les agents ne peuvent pas rester sur la ligne pour faire ces derniers signaux ;

2° Par un temps de brouillard. Sur le Nord, sur Lyon et sur le Midi, l'emploi des pétards est de rigueur quand le brouillard est assez intense pour empêcher de voir à plus de 100 mètres. Cette distance n'est pas déterminée sur les autres lignes, non plus que dans le règlement ministériel susvisé ;

3° Lorsque, par une cause quelconque, la vitesse d'un train ou d'une machine isolée se trouve momentanément ralentie au point de permettre à un homme, marchant au pas, de suivre l'un ou l'autre.

On place toujours deux pétards, au moins, sur les rails ; on en place même trois quand le temps est très-humide.

L'emploi des pétards en temps de brouillard, n'empêche pas de faire les signaux à vue quand les agents peuvent rester sur la voie.

Lorsque la cause qui a motivé l'emploi des pétards a cessé, on retire, autant que possible, ceux qui n'ont pas été écrasés, et on leur substitue, au besoin, les signaux ordinaires.

Quand on a commencé à employer les pétards on pouvait craindre que leur fonctionnement laissât à désirer, et que, par suite de l'humidité, leur explosion ne se produisît pas régulièrement.

L'expérience a constaté que ces craintes n'étaient pas fondées ; et les pétards sont devenus des signaux indispensables, que toutes les compagnies ont adoptés.

Signaux à main dans les souterrains, et en temps de brouillard. — Le jour, en temps de brouillard, et en tout temps dans les tunnels, on fait usage des signaux de nuit. Cette prescription n'est explicite que dans les ordres de service du Nord, de l'Ouest et du Midi.

Trompe. — Sur certains points déterminés, et pour demander du secours ou annoncer l'approche d'un train, on emploie la trompe comme signal d'avertissement.

Sonnette, sifflet de poche. — On se sert aussi de sonnettes et de sifflets de poche pour donner les signaux de départ des trains.

Signal annonçant l'approche d'un train ou d'une machine. — Sur toutes les lignes, l'approche d'un train ou d'une machine est annoncée par un son de trompe allongé.

Le signal n'est fait que lorsqu'un train est en vue, ou qu'on l'entend arriver. Dans les points où le train s'arrête, on ne l'annonce au delà qu'au moment de son départ. Sur Orléans, il est prescrit spécialement de faire le signal à 500 mètres, au moins, en avant du train.

Signal pour demander du secours. — Plusieurs sons de trompe successivement répétés demandent du secours.

Ce signal ne doit être fait que dans les circonstances graves, et par exemple, dans les cas suivants :

1° Réparations urgentes à faire à la voie ;

2° Accidents ;

3° Actes de violences ;

Tout agent qui n'est pas retenu par un service forcé, doit se porter de suite vers le point d'où part la demande de secours.

Signaux destinés à couvrir les voies en cas de réparation. — Sur toutes les lignes, aucun travail de nature à intercepter les voies ne peut être entrepris avant que les signaux d'arrêt aient été faits du côté où un train ou une machine, peut survenir.

Du reste, à moins d'urgence, aucun travail de cette nature ne doit être entrepris pendant la nuit, ni en temps de brouillard.

La distance à laquelle doivent se faire les signaux, varie d'une ligne à l'autre. Sur le Nord, Orléans, le Midi, le minimum de cette distance est de 800 mètres. Sur l'Est, il se réduit à 600 mètres. Sur le chemin de fer de Lyon, le signal d'arrêt se fait à 1000 mètres, au moins, et sur l'Ouest, à 700 mètres seulement.

Il est fâcheux que, pour une mesure de précaution de cette importance, les ordres de service des différentes compagnies présentent de telles anomalies.

Signaux destinés à couvrir un point spécial en cas de détérioration des voies. — Lorsqu'un garde, ou un cantonnier, remarque un déplacement ou une rupture dans les rails ou les coussinets, ou tout autre dérangement, et, en général, un obstacle quelconque de nature à compromettre la sécurité des trains, il doit immédiatement envoyer au-devant du premier train qui peut survenir, telle personne qui se trouverait présente ou qu'il rencontrerait, pour faire les signaux.

S'il est seul, il se porte lui-même au-devant du train et place des pétards sur les rails.

Dans le cas où les deux voies seraient interceptées, l'agent doit envoyer dans les deux directions et prescrire les signaux d'arrêt.

S'il est seul, il se porte d'abord, au pas de course, au-devant du premier train attendu et place des pétards sur les rails ; il se porte ensuite, aussi rapidement que possible, du côté opposé et place, de même, des pétards sur les rails.

Lorsque les signaux sont assurés, l'agent fait lui-même, s'il le peut, les réparations nécessaires et demande du secours.

En aucun cas, il ne doit quitter le point qu'il faut protéger.

Ces règles sont communes à toutes les compagnies. Les distances auxquelles les signaux d'arrêt doivent être faits, varient, suivant ces compagnies, entre 600 et 1000 mètres, comme il a été indiqué à l'article précédent.

Signaux de ralentissement nécessité par l'état des voies. — Lorsque l'état de la voie rend nécessaire de modérer la vitesse des trains, on fait généralement usage, le jour, du drapeau vert, la nuit, de la lanterne à feu vert. Sur le chemin d'Orléans, au contraire, le ralentissement est commandé par deux drapeaux blancs, placés à la distance de 500 mètres de chacune des extrémités de la partie du chemin où la voie est défectueuse. Sur le Midi, on fait spécialement usage de guidons, qui servent, en l'absence de tout agent, à signaler les mauvaises parties de voie qui nécessitent le ralentissement local.

Ces guidons consistent en une plaque circulaire en tôle, portée sur une tige, et peinte en vert sur l'une des faces, et en blanc sur l'autre.

Ils sont plantés sur l'accotement de la voie dangereuse, à 400 mètres, au moins, des deux extrémités de la partie de voie à signaler, le blanc tourné vers la voie défectueuse, et le vert, du côté de la voie bonne.

S'il existe entre les guidons un point dangereux exigeant un ralentissement plus considérable, il est signalé par un drapeau vert placé sur l'accotement.

A défaut de guidons, les agents se servent de drapeaux verts placés de la même manière.

Signaux destinés à couvrir les lorris circulant sur les voies. — Les lorris, ou petits wagons à bras destinés à transporter les matériaux d'entretien, ne peuvent circuler ou stationner sur les voies principales que s'ils sont couverts, à la distance réglementaire, par des agents spéciaux munis de signaux d'arrêt. La distance *minima* est : sur le Nord, de 800 mètres ; sur l'Ouest, de 700 mètres ; sur l'Est, de 800 mètres sur les parties de voie en palier, et de 1000 mètres sur les fortes rampes, et en temps de brouillard quel que soit le profil de la ligne ; sur le Midi, les lorris sont couverts à 800 mètres. Il ne paraît y avoir aucune instruction spéciale sur Lyon et Orléans.

On évite de faire circuler ou stationner des lorris 15 minutes avant l'heure du passage des trains. Cet intervalle de temps est porté à 20 minutes sur l'Est. La circulation des lorris est interdite pendant la nuit et en temps de brouillard.

Signaux de marche dans les manœuvres. — Dans les manœuvres, le signal de marche est donné avec les drapeaux pendant le jour, et les lanternes pendant la nuit. On fait aussi usage de la trompe, notamment sur le chemin de fer du Nord.

Les aiguilleurs ne doivent permettre aucun mouvement de train ou de machine, sans avoir pris les précautions prescrites, et s'être assurés que les signaux qui doivent protéger ce mouvement, ont été faits. Ces manœuvres doivent s'exécuter à petite vitesse, et le mécanicien doit faire jouer le sifflet de la machine avant de se mettre en marche. Ces règles sont générales, et ne comportent que des modifications de détail.

Signaux de marche aux stations et sur la ligne. — Les signaux de mise en marche des trains sont faits, par les chefs de gare et de train, au moyen d'une sonnette, d'un sifflet de poche, de la cloche de tender, ou même d'un simple geste de la main et du mot : *Allez*, suivant les différentes lignes. C'est ainsi que, sur les chemins de fer du Nord et de l'Ouest, le chef de train donne le signal avec le sifflet de poche, sur l'avis du chef de gare que tout est prêt. Sur l'Est et sur Lyon, le chef de gare se sert de la cloche à la main, et le chef de train de la cloche du tender. Sur Orléans, le chef de gare agite sa cloche à main, et le mécanicien doit se mettre immédiatement en marche. Enfin, sur le Midi, le chef de gare donne le signal avec la cloche, quand le chef de train, en sifflant, lui a fait connaître qu'il est prêt.

Lorsqu'un train s'est arrêté sur tout autre point qu'à une gare ou une station, par suite d'un signal, d'un accident, ou pour les besoins du service, le chef de train remplit à l'égard du mécanicien les fonctions de chef de station ; c'est lui qui donne le signal de départ, au moyen du sifflet de poche ou de la cloche du tender.

Il serait bon d'établir l'uniformité des signaux de marche, principalement au départ des stations.

Signaux acoustiques. — A diverses reprises, on a proposé l'emploi de signaux acoustiques pouvant s'entendre à de grandes distances.

Les uns proposaient des canons d'alarme, d'autres, des tuyaux acoustiques destinés à établir une communication entre les gardes.

Les essais qui ont été faits à ce sujet, n'ont donné aucun résultat satisfaisant, à l'exception des pétards et de la corne, dont l'emploi est général.

Devoirs des mécaniciens lorsqu'ils aperçoivent un signal d'arrêt à la main. — Sur toutes les lignes, dès que le mécanicien aperçoit un signal d'arrêt à la main, il doit, par tous les moyens à sa disposition, se rendre immédiatement, et complétement, maître de la vitesse de son train, de manière à s'arrêter, autant que possible, avant le signal.

Devoirs des mécaniciens lorsqu'ils écrasent un pétard. — A toute explosion de pétard, le mécanicien doit, par tous les moyens à sa disposition, se rendre immédiatement, et complétement, maître de la vitesse de son train.

L'ordre de se rendre maître de la vitesse du train doit être exécuté d'une manière absolue. Il ne comporte aucune hésitation, aucune interprétation.

Le mécanicien, aussitôt qu'il entend une explosion de pétard, doit donc fermer le régulateur, donner l'ordre au chauffeur de serrer les freins du tender et faire aux conducteurs du train, au moyen du sifflet, le signal réglementaire pour qu'ils serrent les freins ; au besoin même, il doit faire contre-vapeur.

Sur les lignes du Nord, de l'Est et de l'Ouest, quand la vitesse du train a été complétement amortie et ne dépasse pas la vitesse d'un homme qui marcherait rapidement à côté du train, le mécanicien peut faire desserrer les freins ; il avance ensuite avec la plus grande prudence, en se réservant toujours la facilité d'arrêter dans la limite de l'étendue de voie qui lui paraît libre.

Si, après avoir parcouru une distance qui, sur la ligne du Nord et sur celle de l'Ouest, est fixée à 1 kilomètre, et sur celle de l'Est à 2 kilomètres, le mécanicien n'aperçoit aucun obstacle, il peut reprendre la vitesse normale, mais en observant avec un redoublement d'attention, la voie en avant et les signaux qu'on pourrait lui faire.

Sur les lignes de Lyon et d'Orléans, l'arrêt doit être complet ; le train se remettant en marche, avance avec une vitesse qui ne doit pas dépasser 8 kilomètres, et ne reprend sa vitesse normale qu'après avoir parcouru 1,500 mètres.

Sur la ligne du Midi, lorsqu'un pétard est écrasé, le mécanicien doit s'arrêter, et reprendre sa marche en se faisant précéder, à trente pas de la machine, par un agent porteur d'un signal ; si, après avoir parcouru de la sorte 1500 mètres, il n'aperçoit devant lui aucun obstacle ou agent, il reprend une vitesse de 20 kilomètres jusqu'à la rencontre d'une station ou d'un agent.

TROISIÈME PARTIE.

SIGNAUX DES TRAINS.

———

Signaux des trains ou des machines en marche. — La nuit, tout train ou toute machine en marche doit porter au moins un feu blanc en avant, et au moins un feu rouge à l'arrière. Le feu blanc éclaire la voie, le feu rouge commande l'arrêt à tout train qui suivrait de trop près. Cette règle est commune à toutes les compagnies ; le nombre et la disposition des feux varient seuls.

Sur le Nord et sur l'Est, les feux rouges d'arrière sont au nombre de trois. L'un est placé tout à fait en queue, au-dessus du crochet d'attelage, les deux autres, aux deux angles supérieurs d'une des voitures du train, la dernière autant que possible.

Les deux feux d'angle de voiture sont à deux réflecteurs, de manière à donner une lumière blanche vers l'avant en même temps qu'une lumière rouge vers l'arrière. Cette disposition permet généralement de s'assurer qu'aucune voiture ne s'est détachée.

Sur la ligne de Lyon, les trains en marche n'ont que deux lanternes à feu rouge à l'arrière.

Les machines isolées n'en portent qu'une.

Sur Orléans, tout train, pendant la nuit, doit porter à l'avant deux lanternes blanches ou vertes, à l'arrière, trois lanternes rouges.

Les machines isolées portent deux lanternes blanches ou vertes à l'avant, et une lanterne rouge à l'arrière.

Sur la ligne de l'Ouest, tous les trains portent à l'arrière trois feux rouges, ainsi disposés : l'un, donné par une grande lampe-signal placée sur le dernier véhicule du train ; les deux autres, par deux petites lampes placées de côté, et présentant chacune un feu blanc tourné vers la tête du train.

Les signaux d'avant sont disposés d'une manière spéciale à la direction que suivent les trains, ainsi que l'indique le tableau suivant :

SECTIONS.	POSITION DES SIGNAUX.
Ligne de Normandie et de Bretagne (double voie).	Une lampe-signal à feu blanc, placée devant la machine à la base de la cheminée.
Paris à Auteuil.	*Idem.*
Paris à Saint-Germain et à Versailles (rive droite).	Deux lampes-signaux à feu blanc. Une, placée devant la machine, à la base de la cheminée; l'autre, sur la traverse de la machine (côté hors voie).
Paris (Montparnasse) *à Versailles* (rive gauche) *et Paris* (Saint-Lazare) *au Bois de Colombes.*	Deux lampes-signaux à feu blanc, placées sur la traverse de la machine, l'une à droite, l'autre à gauche.
Paris à Asnières et à Saint-Cloud (Grande gare). Trains spéciaux d'Asnières et de Saint-Cloud.	Deux lampes-signaux à feu blanc. Une, placée devant la machine, à la base de la cheminée; l'autre, sur la traverse de la machine (côté de l'entrevoie).
Bois de Colombes à Argenteuil.	Deux lampes-signaux placées sur la traverse de la machine, l'une, à feu blanc, du côté hors voie; l'autre, à feu rouge, du côté de l'entre-voie.

Sur les chemins de fer du Midi, enfin, les feux blancs d'avant sont au nombre de deux. Les feux rouges d'arrière, au nombre de trois, sont disposés ainsi que ceux des lignes du Nord, de l'Est et de l'Ouest, de façon à projeter un feu blanc à l'avant.

On voit la diversité qui existe entre les dispositions adoptées par les compagnies.

La disposition des feux rouges présentant à l'avant deux feux blancs latéraux, devrait être appliquée par toutes les compagnies.

Signaux des trains dédoublés, supplémentaires, facultatifs ou spéciaux. — Les trains supplémentaires, facultatifs ou spéciaux, ne sont pas obligatoirement annoncés sur les lignes du Nord, de l'Est, d'Orléans et de l'Ouest.

Sur la ligne de Lyon, le train qui précède immédiatement un train supplémentaire, porte, le jour, un drapeau vert, déployé à l'angle supérieur de droite de la dernière voiture à frein. La nuit, ce train porte un feu vert, placé à l'angle supérieur de droite de la même voiture, et remplaçant l'un des feux rouges réglementaires.

Le train facultatif est annoncé, le jour, par un drapeau vert, déployé à l'angle supérieur de gauche de la dernière voiture à frein, la nuit, par un feu vert. Les trains spéciaux sont signalés par le train qui précède, le jour, par un drapeau rouge déployé à l'angle supérieur de droite de la dernière voiture à frein, et, la nuit, par un feu vert placé au-dessus du crochet d'attelage, et remplaçant l'un des feux rouges réglementaires.

Sur le chemin de fer du Midi, un drapeau vert, le jour, et un feu vert, la nuit, à l'arrière d'un train du côté droit, annoncent l'arrivée d'un train facultatif.

Le drapeau vert ou le feu vert, du côté gauche, annoncent le train spécial.

Deux drapeaux verts, pendant le jour, ou deux feux verts, pendant la nuit, annoncent les trains supplémentaires.

Ces signaux sont placés sur le dernier wagon, l'un à droite, l'autre à gauche du train.

Sur les lignes du Nord, de l'Est et de l'Ouest, les trains dédoublés sont ordinairement annoncés par un drapeau vert, ou un feu vert.

L'expérience démontre que les trains spéciaux ou facultatifs peuvent, sans inconvénient, n'être pas obligatoirement annoncés ; il suffit de prescrire de prendre des dispositions sur tous les points et à toute heure, comme si un train était attendu.

Signaux de communication entre les mécaniciens et les agents de la voie. — Les mécaniciens appellent par un coup de sifflet prolongé, l'attention des agents chargés de la surveillance de la voie.

Ils font usage de ce signal :

1° Avant de mettre la machine en mouvement ;

2° A l'approche des passages à niveau, des courbes, des tranchées, des souterrains, des ponts tournants, partout enfin où il existe des signaux fixes, ou des indications qui prescrivent de siffler ;

3° Quand ils voient une ou plusieurs personnes sur la voie ;

4° En temps de brouillard, les mécaniciens doivent répéter souvent ce signal pour annoncer l'approche des trains.

Les signaux au moyen desquels les agents de la voie appellent l'attention des mécaniciens, ont été énumérés précédemment.

Les modes de communication sont les mêmes pour tous les réseaux. Toutefois, les ordres de service de la compagnie d'Orléans sont muets sur ce point; ceux de l'Ouest ne spécifient pas les circonstances dans lesquelles on doit faire usage du sifflet à vapeur.

Signaux de communication entre les mécaniciens et les aiguilleurs. — Pour communiquer avec les aiguilleurs, les mécaniciens sifflent à l'approche des bifurcations et des changements de voie pris en pointe.

La direction des trains, aux approches des bifurcations, s'indique par le signal ordinaire d'attention, pour aller à gauche, et par trois coups de sifflet allongés, quand on va à droite.

Aux abords des bifurcations, et quel que soit l'état des signaux de la voie, le mécanicien marchant vers la bifurcation devra toujours indiquer la direction du train par le signal convenu.

Ces diverses règles sont communes à tous les réseaux.

En outre, sur le chemin de l'Ouest, lorsque les voies d'entrée de gare à marchandises sont reliées à la voie principale au moyen d'une aiguille en pointe, les mécaniciens des trains et des machines qui veulent pénétrer sur ces voies, doivent faire entendre *quatre coups de sifflet* pour se faire ouvrir l'aiguille d'accès.

Cette disposition est encore applicable pour la grande gare des voyageurs de Saint-Cloud.

Signaux de communication entre les mécaniciens et les gardes-freins. — Les mécaniciens communiquent avec les gardes-freins de la manière ci-après, suivant les divers réseaux.

Sur les chemins de fer du Nord, de l'Est, d'Orléans, de l'Ouest et du Midi :

Deux coups de sifflet saccadés commandent de serrer les freins.

Un coup de sifflet bref commande de desserrer les freins.

Sur Lyon on fait usage de :

Deux coups de sifflet brefs pour serrer les freins jusqu'à frottement.

Plusieurs coups de sifflet saccadés ordonnent de serrer les freins jusqu'à refus.

Un coup de sifflet bref annonce la mise en marche et ordonne de desserrer les freins.

Sur toutes les lignes, un coup de sifflet prolongé appelle l'attention des gardes-freins.

Signaux de communication entre les mécaniciens et les dépôts. — Sur les lignes du Nord, de l'Est et du Midi, des coups de sifflet longs et répétés servent à demander une machine. Ce signal doit être fait aux approches des dépôts, et du plus loin qu'on puisse l'entendre, toutes les fois qu'on aura besoin d'une locomotive de relais ou de renfort.

Les ordres de service des chemins de Lyon, d'Orléans et de l'Ouest ne prescrivent, à cet égard, rien de particulier aux mécaniciens.

Signaux destinés à couvrir un train ou une machine isolée, arrêtés sur la voie. — Lorsque, par un motif quelconque, un train ou une machine isolée, est arrêté sur la voie, le premier devoir des gardes et cantonniers est de se porter à l'arrière, pour faire les signaux d'arrêt qui doivent protéger le train ou la machine.

Le conducteur de queue, sans s'informer des causes de l'arrêt, doit également se porter en arrière, au pas de course, pour faire les signaux réglementaires.

Cet agent doit être porteur, le jour, d'un drapeau rouge, la nuit, d'une lanterne à verre rouge, avec les moyens de la rallumer si elle venait à s'éteindre. Le jour comme la nuit, il doit être muni de pétards.

S'il rencontre un employé ou un ouvrier de la voie, il le charge d'assurer les signaux au point convenable, et revient ensuite à son train.

S'il n'a rencontré personne, et si sa présence au train est utile ou s'il y est rappelé, il doit mettre des pétards sur les rails afin de prévenir le mécanicien de tout train ou de toute machine qui surviendrait ; il doit, pour plus de sûreté, poser sur les rails deux pétards, l'un à gauche, l'autre à droite, à une distance de 25 à 30 mètres, l'un de l'autre.

Par un temps humide, le nombre de pétards employés est porté à trois, espacés de la même manière.

Le conducteur chef doit, de son côté, s'assurer que toutes les dispositions ci-dessus ont été prises.

Il est formellement interdit à l'employé chargé d'assurer les signaux à l'arrière d'un train, de revenir, même lorsqu'il y serait rappelé, s'il n'a pu, soit charger un agent de faire les signaux d'arrêt, soit, à défaut d'agent, placer les pétards à la distance réglementaire.

Ces règles, appliquées sur la ligne du Nord, sont à peu près communes à toutes les compagnies. Sur les lignes d'Orléans, il est interdit à l'agent envoyé du train d'y revenir s'il n'a pas été remplacé ; en ce cas, il reste dix minutes après le départ du train pour faire les signaux. Sur l'Est et sur Lyon, il est encore interdit à cet agent de revenir lorsqu'il y a lieu de présumer que les machines sont pourvues de chasse-neige, ou lorsqu'on attend soit un train, soit une machine, sur la voie où stationne le train arrêté. Sur Lyon, l'agent détaché du train doit prendre le numéro ou le nom de l'agent de la voie qui doit le remplacer.

Les distances auxquelles doivent être faits les signaux, varient suivant les lignes.

Sur la ligne du Nord, ces signaux sont faits à 800 mètres, au moins, de l'arrière du train.

Sur l'Est, cette distance, qui est de 800 mètres dans les conditions ordinaires, est portée à 1000 mètres en temps de brouillard, de neige ou de forte pluie, et dans les courbes lorsque la déclivité ne dépasse pas $0^m,005$. Cette distance peut être portée à 1200 et 1500 mètres dans les lignes en déclivité qui dépassent $0^m,005$ et $0^m,008$.

Sur la ligne de Lyon, d'après les règlements en vigueur, cette distance est de 700 mètres sur le réseau sud, et varie de 800 a 1500 mètres, suivant la déclivité de la voie, sur le réseau nord.

D'après le nouveau règlement, non homologué encore, cette distance serait constamment de 1000 mètres.

Sur la ligne d'Orléans, le signal se fait à 1000 mètres.

Sur les lignes de l'Ouest, le signal est uniformément fait à 700 mètres des trains ; mais en temps de brouillard, de neige abondante ou de verglas, on augmente cette distance de 300 mètres, ce qui la porte à 1000 mètres.

Sur les lignes du Midi, les signaux d'arrêt sont faits à 800 mètres. au moins.

Voici bien des différences dans une prescription qui ne devrait varier que suivant les conditions de déclivité, de courbe et de vitesse des trains.

Il résulte de cette situation qu'en cas de collision, un agent du chemin de fer de l'Ouest qui a fait les signaux *à 700 mètres* sur une pente de $0^m,01$, peut ne pas être poursuivi devant les tribunaux, tandis que l'agent du chemin de fer de l'Est qui aurait fait les signaux *à 1400 mètres* sur une pente surpassant $0^m,008$, peut être condamné.

Ces anomalies sont regrettables; il devrait y avoir identité dans cette partie des ordres de service des compagnies. Sans doute, il y a intérêt à limiter au strict nécessaire, la distance à laquelle on fait des signaux d'arrêt; toutefois, nous pensons que cette distance, dans les conditions ordinaires de pente et de vitesse, ne devrait pas être inférieure à 1000 mètres.

Ainsi que nous venons de le dire, quelques compagnies font varier les distances auxquelles les signaux d'arrêt doivent être faits, suivant les déclivités du chemin; pour être logiques, elles devraient aussi les faire varier suivant la vitesse des trains. Il est certainement préférable d'adopter une longueur moyenne, calculée de façon à être toujours suffisante.

On ne saurait laisser à l'appréciation des agents le soin de choisir entre les diverses longueurs prévues; ils ignorent le plus souvent les pentes des parties de ligne sur lesquelles ils se trouvent, et ils doivent interpréter le règlement de la façon la plus facile pour eux, c'est-à-dire, appliquer la distance minima.

Cette question est une des plus importantes, et serait utilement discutée en commun par les diverses compagnies du réseau français.

Signaux destinés à protéger un train ou une machine, dont la vitesse se trouve momentanément ralentie. — Lorsque, par une cause quelconque, la vitesse d'un train ou d'une machine se trouve momentanément ralentie, au point de permettre à un homme marchant au pas de le suivre, le conducteur de queue doit descendre, et mettre des pétards sur la voie derrière ce train, de distance en distance. tant que la vitesse du train lui permettra de le faire.

Cette règle est appliquée par toutes les compagnies. Les différences qui existent tiennent surtout à la distance à laquelle le train est couvert ; sur les lignes du Nord, de l'Est, d'Orléans et de l'Ouest, les pétards sont placés au moins de kilomètre en kilomètre ; sur la ligne de Lyon, l'espacement est de 1500 mètres, et sur celle du Midi, de 800 mètres seulement.

Sur les lignes de l'Est et de Lyon, dans le cas où il y aurait lieu de présumer que les machines sont pourvues de chasse-neige, et dans celui où l'on attendrait soit un autre train, soit une machine sur la même voie, le conducteur ne se contentera pas de poser des signaux-pétards ; mais il devra, en outre, suivre son train à 800 mètres, au moins, de distance, pour le couvrir au moyen de son drapeau ou de sa lanterne, conformément aux prescriptions réglementaires.

En général, lorsqu'un train laisse des pétards derrière lui, il doit s'arrêter aussitôt qu'il rencontre un agent de la voie, afin que ce dernier retire les pétards devenus inutiles.

Ces prescriptions semblent devoir donner lieu à une observation.

Le plus souvent, les ralentissements dans la marche des trains ont lieu dans les rampes ; des ruptures d'attelage peuvent se produire. Si le conducteur de queue a quitté son poste pour placer les pétards réglementaires, le frein se trouve complétement abandonné ; les conséquences d'une rupture d'attelage peuvent, en ce cas, devenir très-graves. Il y a là une disposition qui laisse à désirer, puisque, dans les circonstances où le conducteur serait le plus nécessaire à la manœuvre du frein, il doit, réglementairement, quitter son poste.

Signaux destinés à couvrir les voies en cas d'accident. — En cas d'accident interceptant à la fois les diverses voies, le chef du train fait faire le signal d'arrêt, à la distance réglementaire, à l'avant comme à l'arrière. Il fait prévenir le plus promptement possible, les chefs des gares les plus rapprochées, entre lesquelles le train se trouve arrêté. Il prend les mesures nécessaires pour rétablir le service.

Si la voie opposée à celle que suit le train, est obstruée, ce train doit s'arrêter à la première gare pour y donner l'avis utile.

Les conducteurs montrent le signal *rouge* à tous les trains, ou machines, qu'ils croisent avant d'arriver à cette gare ; au besoin, les mécaniciens doivent s'arrêter au premier garde qu'ils rencontrent, pour lui signaler l'obstacle.

Telles sont les règles prescrites sur les lignes du Nord. Ces règles sont analogues à celles qui sont adoptées par les autres compagnies.

Quelques-unes, notamment celle de Lyon et de la Méditerranée, et celle de l'Ouest, font arrêter les trains devant l'obstacle et placer des pétards en arrière de ce point.

Signaux employés lorsque les trains circulent accidentellement sur une voie unique. — Le problème de la circulation temporaire sur une seule voie dans le cas où, par suite, d'accident, la seconde voie est interceptée, a donné lieu à deux solutions différentes.

Le plus grand nombre de lignes, le Nord, l'Ouest, Orléans, Paris à Lyon par la Méditerranée ou par le Bourbonnais et, dans certains cas, la ligne de l'Est, appliquent le pilotage.

Les autres, comme l'Est le plus souvent, et comme le Midi, appliquent sur la partie de voie unique, temporaire, les principes de la circulation sur une voie unique, permanente.

Nous ne nous occuperons pas ici de ce dernier système, qui sort du cadre que nous nous sommes tracé, et qui demanderait une étude spéciale, celle de la circulation des trains sur une voie unique.

Nous nous bornerons à dire que, dans ce système, on fait un usage habituel du télégraphe électrique.

Les principes de l'organisation du service de pilotage sont, partout, les suivants :

L'entrée d'un train sur les aiguilles qui donnent accès sur la voie unique, n'a lieu qu'en présence et sur l'ordre d'un employé spécial, qui prend le nom de *pilote*.

Cet agent accompagne chaque train, il n'engage le premier sur la voie unique, en sens contraire de la circulation, qu'après s'être assuré que la voie est complétement libre et qu'aucun train ne peut s'y introduire par l'autre extrémité. Si, sur son ordre, plusieurs trains sont successivement expédiés dans le même sens, avant le passage d'un train venant en sens contraire, il accompagne seulement le dernier de ces trains.

L'application pure et simple de ces règles, écarte de la manière la plus absolue toute possibilité de collision des trains marchant en sens contraire.

Quant à la sécurité de la marche des trains dans le même sens, elle est sous la garantie des précautions ordinaires, et n'en réclame pas d'autres. Cette garantie est même plus forte que d'habitude ; car les agents des trains étant partis successivement les uns à la suite des autres, au simple intervalle réglementaire, sont à l'avance fixés sur les soins qu'ils doivent prendre pour maintenir cet écart.

Les autres dispositions prescrites par les compagnies découlent des règles générales que nous venons d'exposer, et n'ont pour objet que d'en assurer l'exécution.

C'est ainsi que, pour empêcher l'entrée des trains sur la voie unique hors de la présence du pilote, des gardes sont placés à chacune des extrémités de cette voie.

Ces gardes reçoivent l'ordre de ne laisser s'engager aucun train sans la présence du pilote, et sans son ordre.

De même, pour empêcher toute confusion et toute incertitude, la correspondance télégraphique ne peut être employée qu'à la condition de passer les dépêches en toutes lettres, sans abréviation. Les réponses donnent l'assurance que les dépêches ont été bien comprises. Quelques règlements disent même que l'accusé de réception donnera la répétition, mot pour mot, de la dépêche.

Une règle prescrite par toutes les compagnies, est relative à la sécurité du premier train circulant et à la protection de la voie ; elle est ainsi conçue : « Toutes les fois que les cantonniers n'auront pas
« été prévenus en temps utile de la circulation à contre-voie, le mé-
« canicien du premier train qui passera sur la voie unique, en sens
« contraire de la circulation normale sur cette voie, devra marcher
« avec la plus grande prudence, et être en mesure de s'arrêter immé-
« diatement, si cela était nécessaire. Il prévient les gardes et les
« cantonniers, qui, à partir de ce moment, devront protéger en avant
« et en arrière, à la distance réglementaire, les travaux de nature à
« intercepter la circulation, ou les lorris qu'il serait indispensable de
« faire circuler. »

Il y a dans les règlements des diverses compagnies, relatifs à la circulation temporaire sur une voie unique, quelques particularités que nous allons signaler.

Sur les lignes d'Orléans, si le passage du premier train circulant à contre-voie a lieu la nuit, les agents de la surveillance de nuit devront, avant de quitter leur service, prévenir les agents logés dans les maisons de garde, que la circulation est établie sur la voie unique.

Sur la ligne de l'Est, l'employé-pilote est muni d'un drapeau portant les mots : *laissez passer*. Il ne doit y avoir qu'un seul drapeau *laissez passer*, et il est tenu par l'employé-pilote de façon à être parfaitement visible.

A la sortie de la simple voie, l'employé devra quitter la machine et se porter au premier train, soit montant, soit descendant.

Ces dispositions impliquent pour ce pilote l'obligation d'accompagner tous les trains, entre l'entrée de la voie unique et sa sortie. Il doit en résulter une perte de temps et un trouble dans le service, lorsque deux ou trois trains se dirigent dans le même sens avant l'arrivée du train suivant en sens contraire. Il faut, en effet, alors que ce pilote revienne sur la machine au point de départ, ou qu'il intervertisse l'ordre de la circulation. Sans aucun doute, il vaut mieux se borner à prescrire, ainsi que le font les autres compagnies, de ne point laisser engager des trains sans la présence à l'aiguille du pilote, et sans son ordre. Le pilote peut aussi rester au point de départ, lorsque plusieurs trains sont successivement expédiés dans le même sens avant le passage d'un train en sens contraire, et monter seulement sur le dernier de ces trains.

Les nouveaux règlements de la ligne de Lyon et de la Méditerrannée portent les dispositions suivantes :

Règlement des mécaniciens (*art.* 74 et 75).

« Les mécaniciens sont, autant que possible, prévenus avant leur
« arrivée aux entrées de la voie unique ; mais, dans tous les cas, l'ar-
« rêt des trains ou des machines aux entrées de la voie unique, doit
« être assuré par les signaux des gardes placés à ces entrées. Aucun
« mécanicien ne doit s'engager sur la voie unique sans être accom-
« pagné par le pilote, ou sans que le pilote lui en ait remis lui-même
« l'ordre écrit.

« Le pilote doit se faire reconnaître par le mécanicien, toutes les
« fois que ce dernier le requiert, par la production de l'ordre écrit
« qui le nomme ; il prend place sur la machine.

« Lorsqu'un service de pilotage est organisé par un ordre de ser-
« vice transmis à l'avance aux agents des gares et des trains, l'ordre
« écrit qui doit être remis au pilote pour le faire reconnaître, peut
« être remplacé par un brassard, dont le pilote en service doit tou-
« jours être porteur. »

Règlement des chefs de gares (*art.* 244).

« En général, la circulation temporaire sur une seule voie s'établit
« entre deux gares. Toutefois, s'il existe une communication de voies
« entre le point d'interception et l'une des gares voisines, cette com-

« munication peut être prise comme tête de voie unique. Dans ce
« cas, l'agent qui organise le pilotage doit installer sur ce point, in-
« dépendamment du garde qui doit manœuvrer les aiguilles et don-
« ner passage aux trains, un second agent qui remplit les fonctions
« de chef de gare.

« *Art.* 245.— S'il existe des aiguilles à des points intermédiaires
« de la voie unique, temporaire (*communication de voies, carrières*
« *à ballast, embranchements quelconques*), l'agent qui organise le
« pilotage doit placer un garde à chacun de ces points, en lui don-
« nant la consigne écrite de ne laisser aucun train ni aucune ma-
« chine s'engager par les aiguilles, sur les voies principales. S'il
« existe déjà des aiguilleurs sur ces points, les agents doivent être
« avertis de l'interception d'une des voies, et la même consigne
« écrite doit leur être donnée. Ils doivent immédiatement accuser
« réception de cette consigne.

« *Art.* 246.— Dans aucun cas, le pilote ne doit laisser s'engager
« sur la voie le premier train qui doit passer sur cette voie, en séns
« contraire de la circulation normale, avant d'avoir reçu l'assurance
« que la voie est libre, qu'un garde est placé à l'autre extrémité,
« et a reçu l'ordre écrit de ne laisser engager aucun train, aucune
« machine, sur la voie unique sans la présence à l'aiguille du
« pilote ou sans son ordre.

« En outre, s'il existe des aiguilles à des points intermédiaires de
« la voie unique, temporaire, le chef de gare qui fait passer le pre-
« mier train circulant à contre-voie, ne doit pas laisser partir ce
« train, avant d'avoir reçu l'assurance que les mesures prescrites par
« l'art. 245 ont été prises.

« *Art.* 253. — Lorsqu'il est nécessaire, par suite de la durée du
« service ou pour toute autre cause, de relever l'agent désigné comme
« pilote et de le remplacer par un autre agent, cette mesure peut
« être prise par l'un ou l'autre des chefs de gare de tête de la voie
« unique, temporaire.

« Avant d'installer un nouveau pilote, le chef de gare doit retirer
« des mains de l'agent qui était chargé de ce service, l'ordre écrit
« qui lui avait été remis pour justifier de ses qualités près des gardes,
« des conducteurs et des mécaniciens. Il doit remettre ensuite au
« nouveau pilote un ordre ainsi conçu :

« M. . . . . désigné comme pilote de . . . .
« à . . . . en remplacement de M. . . . . »

Quelques parties de ces prescriptions présentent une assez grande importance et pourraient être généralisées.

Les trains qui marchent à contre-voie sont, du reste, munis de signaux spéciaux ; ils consistent en général, pendant le jour, en un drapeau *rouge* placé sur le dernier véhicule du train ; la nuit et dans les souterrains, en lanternes *rouges* placées à l'avant, et remplaçant les feux blancs ordinaires à l'avant des trains.

En résumé, nous voyons que les compagnies qui ont adopté le service de pilotage pour la circulation temporaire sur une voie unique, prescrivent des dispositions analogues, mais que toutes n'ont pas les mêmes ordres de service. Ne serait-il pas avantageux que cette question fût examinée en commun par toutes les compagnies, et que, en laissant à chacune le soin de régler les dispositions de détails, elles se missent d'accord sur les points principaux.

Déjà, cette question de la circulation temporaire sur une voie unique, a été traitée par le syndicat du chemin de Ceinture.

Une rédaction avait été arrêtée; elle a été appliquée sur les seuls chemins de fer du Nord et de l'Ouest. Depuis, les lignes de l'Ouest ont modifié certaines dispositions qui ne semblaient pas suffisantes.

Il y a, dans tous les règlements, une partie des ordres de service qui laisse à désirer, c'est celle qui est relative à la nomination des pilotes. Cette nomination doit remplir deux conditions : être très-promptement faite, et ne pas donner lieu à erreur ou double emploi. Les règlements disent bien que le pilote doit justifier de sa qualité, mais n'indiquent pas qui doit lui conférer cette qualité.

Sur le chemin de fer de Lyon, on laisse aux deux chefs de gare de tête de la voie unique, le droit de retirer des mains de l'agent qui a été chargé du service, l'ordre écrit qui lui avait été remis pour justifier de sa qualité. Évidemment, il y a là un point important qu'il conviendrait de fixer.

Signaux destinés à mettre en communication les voitures d'un train. — *Prescriptions de l'ordonnance du 15 novembre 1846.* — L'article 23 de l'ordonnance du 15 novembre 1846 porte : « Les conducteurs gardes-freins seront mis en communica-
« tion avec le mécanicien pour donner, en cas d'accident, le signal
« d'alarme, par tel moyen qui sera autorisé par le Ministre des Tra-
« vaux publics, sur la proposition de la Compagnie. »

Historique. — Les compagnies de chemins de fer ont, afin de se conformer aux prescriptions de cet article, expérimenté depuis longtemps de nombreux appareils.

On a essayé l'emploi d'un tube en caoutchouc flexible et sans solution de continuité, susceptible d'être jeté dans des anneaux sur toute la longueur du train. Ce tube, d'un diamètre intérieur de 16 millimètres, portait un sifflet à l'extrémité placée sur la machine et une embouchure adaptée à l'autre extrémité. Il était établi de façon à permettre de communiquer, à l'aide de la voix, après l'avertissement donné par le bruit du sifflet.

Aussitôt que le mécanicien avait entendu le sifflet, il devait le dévisser et le remplacer par une sorte de pavillon, ou porte-voix, qu'il plaçait à son oreille. Ce système a été expérimenté sur la ligne du Nord. On a reconnu qu'en raison du bruit de la marche du train, il était très-rare de pouvoir se faire comprendre en parlant, et qu'on ne parvenait même que difficilement à faire rendre au sifflet un bruit assez aigu pour éveiller l'attention du mécanicien ou du chauffeur, quand ils étaient occupés aux soins de la machine. Cet appareil a, par suite, été abandonné.

MM. Poncelet, ingénieur en chef au corps des ponts et chaussées belge, et Jamar, ingénieur-mécanicien, ont pensé à donner aux gardes-freins un sifflet dont le bruit fût assez intense pour être entendu du mécanicien. Ils ont fait monter sur un fourgon à bagages, un sifflet à air comprimé adapté au cylindre d'une pompe foulante à bras, manœuvré par le conducteur garde-frein. Ce système n'a pas produit de bons résultats. Quand le fourgon suivait immédiatement le tender, le bruit du sifflet arrivait rarement jusqu'au mécanicien, et dès que le fourgon était placé en queue du train, le signal cessait absolument d'être entendu. On a constaté que, même en prenant sur l'essieu du wagon la force de compression nécessaire pour mettre en jeu le sifflet pneumatique le plus énergique, on n'aurait encore qu'un instrument insuffisant, et inefficace dans la plupart des cas.

Les expériences faites en Angleterre ont même démontré que le sifflet à vapeur le plus puissant placé à l'arrière d'un train, n'était pas un moyen infaillible de se faire entendre des mécaniciens.

Lors de l'enquête prescrite par l'arrêté ministériel du 19 novembre 1853, plusieurs membres de la commission se sont livrés, à diverses reprises, à des expériences, dont le résultat constant leur a permis de poser, en fait, qu'aucun son grave ou aigu, soit continu, soit intermittent, qu'il fût produit par un sifflet ou par une trompe, ou qu'il consistât en une détonation de poudre, n'était plus entendu du mécanicien dans certaines conditions presque habituelles, même quand le train était court, quand, par exemple, le vent était contraire, ou quand la marche du train était accélérée.

Dès l'année 1852, M. Herman, ingénieur en chef sous-directeur de la compagnie d'Orléans, avait proposé l'emploi de l'électricité, et avait confié à M. Bréguet le soin d'étudier les dispositions d'un appareil.

L'appareil expérimenté était basé sur le jeu d'un courant électrique continu, qui circulait d'un bout à l'autre du train sous les wagons, et dont l'interruption suffisait pour mettre en mouvement une forte sonnerie placée en tête du train.

L'appareil de M. Bréguet n'avait été appliqué qu'à un petit nombre de voitures; toutes les compagnies qui forment actuellement le réseau d'Orléans, ne semblaient pas disposées à l'admettre. Dans ces conditions, il ne pouvait rendre aucun service; il fut donc abandonné.

Cette question si importante des relations à établir entre les mécaniciens et les agents des trains, a fait en 1853, en Angleterre, l'objet d'une enquête spéciale. Cette enquête n'a donné lieu à aucune solution satisfaisante du problème.

Jusque dans ces derniers temps, les procédés à adopter pour réaliser la prescription de l'art. 23 de l'ordonnance précitée, étaient donc restés très-imparfaits.

Le mécanicien étant mis en communication avec les conducteurs gardes-freins, au moyen du sifflet de la machine qui s'entend parfaitement de toutes les parties d'un train en marche, les conducteurs ne pouvaient eux-mêmes se mettre en relation avec les mécaniciens qu'au moyen de cordes.

Pour les trains de voyageurs ordinaires et pour les trains de marchandises, on se bornait à placer la corde entre le fourgon de tête et la machine; dans les trains *express*, qui sont d'une longueur restreinte, la corde régnait entre le fourgon de queue et la machine.

Outre l'imperfection de ce mode de communication, les difficultés, et le temps qu'il fallait nécessairement perdre pour placer les cordes dans les supports posés au-dessus des voitures, on n'obtenait qu'un résultat, la mise en relation du conducteur de tête, ou de queue, avec le mécanicien.

Appareil Prudhomme. — Le chemin de fer du Nord a fait des efforts pour améliorer cette partie du service, et, avec son initiative et sa libéralité ordinaires quand il s'agit de faciliter des expériences, il a accueilli un inventeur qui proposait d'obtenir, par l'emploi de l'électricité, les résultats suivants (*) :

1.° Mettre un conducteur quelconque d'un train en communication avec tous les autres conducteurs ;

2° Permettre à un voyageur, de quelque compartiment que ce soit, de faire appel à tous les conducteurs ;

3° Enfin, avertir les conducteurs de chaque tronçon, de la rupture accidentelle d'un train.

Ainsi qu'on le voit, le problème que l'inventeur, M. Prudhomme, voulait résoudre, était très-complexe ; sa solution devait produire des résultats très-importants pour la sécurité et la marche des trains.

M. Prudhomme est venu à bout de cette tâche difficile, et la compagnie du Nord n'a eu qu'à se féliciter du concours qu'elle lui avait prêté.

On peut dire, aujourd'hui, que l'appareil de M. Prudhomme est complétement pratique, et que, grâce à des perfectionnements récents, il laisse peu à désirer.

C'est dans cette conviction, et après des expériences très-nombreuses qui ont duré quelques années, que la compagnie du Nord s'est décidée à appliquer en grand, l'appareil que nous allons décrire.

Dix-sept cent cinquante-six voitures du Nord sont munies de communications électriques ; dans ce nombre, figurent quatre cent soixante-quatorze wagons à frein, disposés pour recevoir des piles-sonneries et manettes d'appel.

Parmi les douze cent quatre-vingt-deux autres, cinq seulement, celles du train impérial, permettent la communication de voyageurs à agents, au moyen d'un bouton d'appel placé dans l'intérieur des voitures, et qu'il suffit de pousser pour fermer le circuit électrique et faire marcher la sonnerie ; mais on monte en ce moment, sur un certain nombre de voitures, un nouveau système d'appel avec signal

---

(*) Déjà, la compagnie des chemins de fer de l'Est avait expérimenté cet appareil, mais sur une petite échelle, et aux frais de l'inventeur.

extérieur, dont l'application doit être faite aux voitures de toutes classes.

Les autres Compagnies suivent l'exemple du Nord.

La Compagnie de Lyon a déjà cinq cents voitures de montées ; celle de l'Est vient d'appliquer le système à vingt voitures. La Compagnie d'Orléans a vingt-cinq voitures, et celle du Midi, trente-six, munies de l'appareil Prudhomme, et auxquelles on va appliquer les signaux extérieurs d'appel à l'usage des voyageurs. La ligne de l'Ouest doit être montée entièrement dans un délai de quelques mois.

Nous reviendrons plus loin sur les services que peuvent rendre les appareils Prudhomme, en ce qui concerne les rapports entre les voyageurs et les agents des trains, et nous dirons pourquoi leur utilisation avait été jusqu'à présent ajournée.

Nous voulons auparavant décrire l'appareil. Il nous suffira, pour cela, de résumer les très-intéressants rapports qui ont été faits par M. de Fourcy, Ingénieur en Chef du contrôle du chemin de fer du Nord, chargé par M. le Ministre de l'Agriculture, du Commerce et des Travaux publics, de surveiller l'application des appareils électriques de M. Prudhomme sur la ligne du Nord.

L'un de ces rapports a été inséré dans les *Annales des ponts et chaussées* (1862, 2ᵉ semestre). Nous devons la communication de l'autre rapport, encore inédit, à la bienveillance de l'auteur.

Dans l'appareil de M. Prudhomme, deux ou trois piles sont réparties dans la longueur du train ; chacune d'elles est munie d'une sonnerie. Tous les pôles négatifs (pôle zinc) sont réunis par un même fil ; un second fil, complétement isolé du premier, relie tous les pôles positifs et toutes les sonneries.

Tant qu'a lieu l'isolement des deux fils, les piles restent inactives et les sonneries nulles.

Lorsqu'au contraire, on fait communiquer les deux fils en un point quelconque de leur parcours, le fluide positif et le fluide négatif mis en contact se combinent, un courant électrique s'établit, et les sonneries se mettent en mouvement.

Que la communication des deux fils soit de nouveau suspendue, et le silence se rétablit.

Piles. — Dans l'origine, M. Prudhomme employait une pile Daniell à dix-huit éléments. Le sulfate de cuivre, adopté généralement, était remplacé par le sulfate de plomb, qui produit les mêmes effets, mais d'une manière moins rapide.

Depuis, le sulfate d'oxydule de mercure a été substitué au sulfate de plomb.

Deux modèles de ces piles sont en usage. Dans le premier, le vase poreux est supprimé ; le cylindre creux de zinc est remplacé par une baguette de ce métal, recouverte supérieurement par une gaîne de caoutchouc, qui descend de quelques centimètres au-dessous du niveau de l'eau, et préserve le métal de l'usure rapide qui se produit, à ce niveau, dans les autres piles.

Le second modèle (Pl. XVI, *fig.* 1), est la pile Marié-Davy dont nous avons parlé plus haut ; sa disposition est semblable à celle de la pile Bunsen (Pl. XIV, *fig.* 5). Afin de la rendre facilement transportable, la chope en verre est fermée par un bouchon de liége qui empêche l'épanchement du liquide ; en outre, pour éviter la rupture de ce vase par suite des chocs du cylindre de zinc, ce dernier est entouré d'éponge.

Sonneries. — La sonnerie électrique (Pl. XVI, *fig.* 2) est analogue à celle qu'on emploie dans tous les appareils télégraphiques. Pour éviter le tintement que peut produire la trépidation des fourgons en marche, on a dû apporter la modification suivante : un retour d'équerre B qui vient faire buttoir à l'armature A du marteau, est mobile autour d'un axe X ; quand le courant ne passe pas, le buttoir s'appuie contre l'armature ; aussitôt que le courant passe, la plaque P est attirée contre les deux bobines, le buttoir B se relève, et la sonnerie fonctionne comme les trembleuses ordinaires.

Elle est placée dans la boîte de la pile (*fig.* 2).

Description de l'appareil. — Chaque fourgon de conducteur contient une boîte de pile (*fig.* 2) qu'on y accroche à l'une des parois extrêmes.

Les crochets d'attache C servent de conducteurs.

Pour simplifier, supposons qu'il n'y ait dans le train (*fig.* 3) qu'un fourgon de tête, une voiture à voyageurs et un fourgon intermédiaire, une voiture à voyageurs et un fourgon de queue. Ce cas comprend tous les autres.

Considérons, pour un moment, les trois piles dans leur position respective, et abstraction faite des véhicules qui les renferment.

Supposons que tous les pôles positifs soient réunis aux rails, et par conséquent à la terre, au moyen de fils en contact avec les plaques de garde des roues et les barres d'attelage ; que les fils des pôles négatifs, après avoir traversé les sonneries S, S', S'', forment une seule et même ligne au moyen de lames métalliques ab, $a'b'$, $a''b''$, mobiles respectivement autour des points b, b', b''. Il est évident que, dans cette position, il n'y aura pas de courant, et qu'aucune des trois sonneries ne marchera.

Imaginons maintenant que le conducteur de tête tourne la lame ab de manière à amener son extrémité a sur le fil positif.

Les choses changeront à l'instant.

Le fil négatif de la pile P de tête étant coupé en a, la sonnerie S de cette pile ne reçoit aucun courant ; mais le fil positif de cette même pile ouvre une issue à travers $b'a'$, $b''a''$, aux fluides négatifs des deux piles P', P'', et il en résulte un courant qui met en jeu les sonneries S', S'', tant qu'on n'a pas replacé la lame ab dans sa position normale. Rétablissons les trois lames dans leur état initial, et supposons que le conducteur du fourgon intercalé, tourne la lame $a'b'$ en amenant son extrémité a' sur le fil positif de sa pile. Le fil négatif de cette pile étant coupé en a', la sonnerie ne recevra aucun courant, et restera par conséquent neutre. Mais le fil positif de la pile donnera issue aux fluides négatifs des piles P, P'', et le courant qui en résultera fera fonctionner les sonneries de ces deux piles.

Enfin, si les lames ab, $a'b'$ sont dans leur position normale, et qu'on tourne $a''b''$, la sonnerie S'' demeure immobile, mais S et S' sont mises en jeu. Chacun des trois conducteurs peut donc communiquer avec les deux autres.

Recherchons, maintenant, comment les voyageurs d'un compartiment quelconque, pourront se mettre en relation avec les agents du train.

Supposons qu'on installe dans un compartiment deux fils verticaux, l'un cd relié en d à la ligne des pôles négatifs, l'autre ef entièrement isolé de cette ligne, et aboutissant en f à la ligne qui communique avec les pôles positifs.

Si un voyageur abaisse la lame h, de manière qu'elle touche à la fois les deux fils cd et ef, il y aura à l'instant même courant dans chaque sonnerie, puisque le fluide positif des trois piles communique avec leur fluide négatif.

Les trois conducteurs seront donc simultanément avertis, et, si le voyageur qui a abaissé la lame h n'a pas le moyen de la remettre en place, les trois sonneries marcheront jusqu'à ce qu'un des agents du train soit venu, dans le compartiment qui a donné le signal d'appel, remettre la lame dans sa position normale.

Cette seconde partie du problème résolu, il reste à montrer comment la rupture du train peut d'elle-même faire marcher les sonneries. Supposons, par exemple, que la seconde voiture de voyageurs se sépare du fourgon intermédiaire ; la ligne négative se brisera en R, la ligne positive, en Q ; mais, si cette rupture ne peut avoir lieu sans qu'une lame métallique m soit violemment tirée de gauche à droite, de manière à se mettre en contact avec ce qui reste des lignes positives et négatives du tronçon de tête, le fluide positif de ce tronçon pourra se réunir au fluide négatif, et les deux sonneries S et S' marcheront tant que la lame m restera en contact avec les deux lignes.

Si la rupture a eu, en même temps, pour effet de tirer de droite à gauche une lame métallique n placée dans le wagon des voyageurs, et que, dans ce mouvement, cette lame soit en contact avec ce qui reste des lignes positive et négative dans le tronçon de queue, le fluide positif de ce tronçon pourra se réunir au fluide négatif, et la troisième sonnerie sera mise en jeu.

Dans le cas où les barres d'attelage ne donneraient pas une continuité parfaite pour la ligne positive, la terre y suppléerait. En effet, le pôle positif de la première pile communique directement avec la terre ; son pôle négatif y communiquerait par a, b, m ; de là, jeu de la première sonnerie.

Le pôle positif de la seconde pile communique directement avec la terre ; son pôle négatif y communiquerait par a', b', m ; de là, jeu de la deuxième sonnerie. Il en serait de même pour la troisième sonnerie, puisque le pôle positif communique directement avec la terre, et que son pôle négatif serait aussi mis en communication avec elle par a'', b'', n.

Les trois conducteurs du train seront donc avertis simultanément de la rupture.

Pour que la rupture soit signalée, en quelque point du train qu'elle ait lieu, il suffit de munir indistinctement tous les véhicules de deux lames de contact analogues à m et n, et, comme ils seront ainsi tous parfaitement symétriques, on pourra les introduire dans le train sans se préoccuper du sens de la marche.

Les lames ab, h, m, n, ne sont qu'un moyen d'explication théorique; il reste à décrire comment M. Prudhomme dispose chacun de ces trois organes.

Le premier a, comme on l'a vu, pour objet de faire communiquer, en cas de signal à échanger entre conducteurs, le pôle positif p (*fig.* 4 et 5) d'une quelconque des piles B, avec la ligne des pôles négatifs n.

L'effet qui était supposé produit par la rotation de la lame ab autour de son extrémité b (*fig.* 3), est obtenu en pratique au moyen d'un commutateur C (*fig.* 4, 5 et 6) placé verticalement contre une des parois du fourgon, et permettant de faire communiquer à volonté les pôles positifs avec les pôles négatifs. Ce commutateur, à la portée de chaque conducteur, sert aux agents du train à s'avertir mutuellement, par le tintement de la sonnerie qui se fait entendre lorsque le circuit est fermé.

L'organe qui doit être mis à la disposition des voyageurs, et dont l'effet avait été représenté par le mouvement d'une lame h venant se mettre en contact avec les fils c et e (*fig.* 3), est remplacé, en pratique, par un système de disque que nous allons décrire.

Une tringle métallique T (*fig.* 7), placée dans l'intérieur de la cloison de chaque compartiment de voiture, est disposée de manière, que l'une de ses extrémités excède d'une certaine longueur la paroi extérieure de droite de la caisse du wagon, au-dessous de la toiture, et l'autre extrémité, la paroi de gauche.

Cette tringle est munie d'une petite manivelle M, qui permet de lui imprimer un mouvement de rotation équivalant au quadrant; une chaîne avec un anneau D (*fig.* 4 et 7), est attachée au bout de la manivelle M. Pour mettre cet appareil à la portée des voyageurs, on a percé d'outre en outre, dans chaque cloison de voiture, à hauteur des yeux, une ouverture triangulaire qui laisse apercevoir, des deux compartiments contigus, l'anneau D suspendu à la chaîne.

Un commutateur C (*fig.* 9), fixé à l'une des extrémités de la tringle T, et auquel viennent aboutir des fils conducteurs, en communication avec les pôles positifs ou négatifs des piles placées dans les fourgons spéciaux, permet de fermer le circuit en opérant une légère traction sur l'anneau D de la manivelle M; la tringle tourne, le contact s'établit, et, aussitôt, les sonneries des piles se mettent à tinter, et à appeler l'attention des conducteurs du train.

Afin d'éviter aux agents de longues recherches pour reconnaître d'où est parti l'appel, M. Prudhomme a disposé de chaque côté du wagon un petit voyant E (*fig.* 4, 7, 8 et 9) de forme demi-ovale, percé d'une ouverture. Ce voyant est ajusté à l'extrémité de la tringle, et dans sa position normale il ne présente que la tranche à la vue ; mais, aussitôt que le contact est établi dans l'un des compartiments du wagon, il prend la position verticale et montre sa face blanche. Lorsque le conducteur a répondu à l'appel, il interrompt le circuit en remettant le voyant dans la position horizontale. Un ressort de pression P (*fig.* 9), placé à l'extrémité de la tringle T (*fig.* 7), sert d'ailleurs à maintenir ce voyant d'une façon très-rigide dans la position qu'il doit occuper.

Dans le but d'empêcher les voyageurs de faire un appel inutile, l'anneau de la chaîne est protégé par une vitre que le voyageur est obligé de briser pour donner le signal. Cette vitre est très-mince (un millimètre et demi), et peut être cassée très-facilement avec le coude, ou avec le moindre objet un peu résistant.

La manœuvre de ce petit appareil est aussi facile et aussi prompte qu'on peut le désirer.

Les voitures du train impérial sont seules munies d'un bouton d'appel (*fig.* 10). Il suffit d'appuyer le doigt sur le bouton B pour que le ressort K se mette en contact avec la lame L ; le courant passe, et les sonneries fonctionnant, avertissent simultanément le conducteur et le garde-frein. Lorsque la pression cesse d'agir sur le bouton B, le ressort K se relève et le courant est interrompu.

Afin d'opérer l'isolement des pièces K et L, on a entouré le bouton d'appel d'une plaque circulaire en bois MN.

Le troisième organe est destiné à faire connaître la rupture du train, en mettant en contact la ligne négative avec la ligne communiquant aux pôles positifs et à la terre ; ainsi qu'on l'a vu plus haut, la continuité des pôles positifs est établie de wagon à wagon, par un fil métallique *p* relié aux barres d'attelage T (*fig.* 5), et venant aboutir au point G par un bouton de contact I (*fig.* 12). Pour plus de sûreté, le fil *p* se relie aux rails par les plaques de garde des roues S (*fig.* 5), de sorte, que si, accidentellement, une barre d'attelage devient, pour telle raison que ce soit, mauvaise conductrice de l'électricité, les rails compris entre la dernière roue du premier wagon et la première du wagon suivant, rétablissent la continuité de la ligne positive. Autant on s'efforce de mettre les lignes positives en communication avec toutes les parties métalliques du train et de la voie, autant, au contraire, on prend de soin pour maintenir normalement la ligne négative dans l'isolement le plus absolu, de wagon à wagon. Cette ligne négative est représentée dans le dessin (*fig.* 5) par le fil métallique *n*, qui aboutit aux extrémités G et H du châssis de la voiture.

M. Prudhomme obtient la continuité de la ligne négative au moyen de cordes métalliques X (*fig.* 4, 5 et 11) formées de gros fil de cuivre rouge tourné en spirale, et recouvertes par un corps isolant (*caoutchouc, gutta-percha,* ou autre).

Entre deux wagons, il y a deux cordes tout à fait pareilles, et placées dans des positions exactement symétriques, ce qui permet l'attelage en tous sens; chaque corde est fixée par un bout H à la partie du wagon dont elle dépend. Elle se termine à l'autre bout, par un anneau métallique, que l'on accroche lors de l'attelage, à un crochet de cuivre G (*fig.* 4, 5 et 12), appartenant au wagon suivant.

Ce crochet est monté sur un barillet Y (*fig.* 12), contenant un fort ressort qui, avant l'attelage, maintient le crochet vertical, et fortement pressé contre le bouton de contact I encastré dans la paroi du châssis. Pour atteler, il faut attirer le crochet. L'épaisseur de l'anneau dans lequel on l'introduit, le maintient dans la position oblique, et il cesse d'être en contact avec le bouton fixe dont il vient d'être question.

La corde à âme de cuivre, le crochet et le barillet sont traversés par la ligne négative; le bouton de contact fixe est relié à la ligne positive; l'attelage maintient donc la séparation des deux fluides.

Les choses vont aussitôt changer, si les wagons se séparent en cours de route. Les deux cordes sont alors violemment tirées, leurs anneaux laissent échapper les crochets qu'ils enchâssaient. Ramenés par le ressort du barillet dans leur position normale, les crochets appuient, chacun, sur le bouton de contact correspondant; le courant électrique est fermé dans l'un comme dans l'autre des deux tronçons du train, et toutes les sonneries fonctionnent. Il semble impossible d'imaginer pour obtenir ce résultat, un organe plus simple, plus solide et plus efficace que celui que nous venons de décrire.

Il est à peine nécessaire d'ajouter que si l'on retire du train un fourgon muni de pile et de sonnerie, il faut, pour empêcher cette dernière de tinter, suspendre au crochet de chaque bout, l'anneau de la corde flottante.

M. Prudhomme propose en outre d'ajouter, presque sans frais, à son système un perfectionnement propre à signaler l'incendie d'une voiture.

Il logerait en plusieurs points du véhicule, un petit ressort constitué par deux lames de métaux différents. L'inégale dilatation des deux lames déformerait le ressort, et, dans sa nouvelle figure, celui-ci établirait le contact entre les deux fluides électriques.

Le prix par wagon de voyageurs, des fils, disques et crochets de communication, pose comprise, est de 25 fr.

L'appropriation des fourgons pour recevoir les appareils, compris le commutateur, est de 15 fr.

Le prix de la boîte contenant la pile et la sonnerie est de 55 fr.

L'entretien fait, à Paris, par M. Prudhomme coûte :

> Voiture. . . . .   3 fr.
> Fourgon . . . .   5 fr.
> Pile. . . . .   15 fr.

Appareil Achard. — La compagnie des chemins de fer de l'Est s'est, depuis quelques mois, préoccupée de la solution du même problème ; elle a expérimenté avec succès l'appareil de M. Achard, ancien élève de l'École polytechnique.

Dans le système de M. Achard, c'est l'électricité qui intervient à un moment donné, pour s'emparer de la force de rotation des roues, et en disposer pour tirer tout simplement le cordon d'un ou plusieurs timbres puissants et énergiques.

A cet effet, un excentrique E (Pl. XV, *fig.* 5 et 6) est fixé sur un des essieux du fourgon à bagages. Un levier LL' articulé sur le châssis de ce véhicule, vient s'abattre sur cet excentrique, et en reçoit, pendant la marche, un mouvement de va-et-vient ; à son extrémité libre, ce levier porte un cliquet C qui engrène dans les dents d'une roue à rochet N, et la fait tourner, à chaque oscillation, d'un certain nombre de dents. Cette roue à rochet porte, latéralement, quatre taquets ou cames T, T', T'', T''', qui viennent butter tour à tour contre l'extrémité d'un levier MM'M'' articulé vers son milieu sur le châssis, et dont l'autre extrémité tire les tringles des sonneries V, V'.

Ces tringles sont articulées, d'une part au levier MM'M'' qui leur communique un brusque mouvement de va-et-vient, et de l'autre, aux marteaux de deux timbres I, I' : le premier, extérieur au fourgon et de grande dimension, est destiné à appeler l'attention du chauffeur et du mécanicien placés sur la locomotive ; le second, intérieur au fourgon et de moindre dimension, a pour but de donner l'éveil au chef de train.

Une disposition plus simple consiste à attacher directement les tiges V, V' des timbres au premier levier L, L' qui repose sur l'excentrique E, en supprimant le rochet N et le second levier MM'M''. Dans ce cas, le marteau frappe un coup sur le timbre à chaque tour de roue ; la fréquence des coups frappés pouvant alors paraître trop grande, surtout en vitesse, on a eu recours au rochet N pour la diminuer et la régler à volonté.

Par ces premières dispositions, la sonnerie, pendant la marche, se ferait entendre continuellement ; c'est l'électricité qui intervient, pour en suspendre le fonctionnement ou le provoquer à volonté.

Dans ce but, le premier levier LL' porte à son extrémité libre deux tiges de fer plat G, G, articulés sur l'axe du cliquet, et guidées dans leur mouvement de va-et-vient, par deux coulisses Q, Q.

Ces deux glissières frottent constamment contre les extrémités d'un électro-aimant A, A', à quatre pôles, disposé horizontalement entre elles. Tant qu'un courant électrique ne vient pas aimanter les quatre pôles, ces derniers n'opposent qu'une faible résistance au mouvement ; les glissières G, G se meuvent verticalement le long des pôles, sans rencontrer d'autre obstacle qu'un léger frottement entre pièces en fer à l'état ordinaire. Mais, aussitôt que l'aimantation se produit par le passage du courant électrique, il en résulte une très-forte adhérence entre les quatre pôles et les deux glissières. Cette adhérence, qui peut s'élever à plus de 100 kilogrammes, s'oppose au glissement, empêche le levier LL' de retomber sur l'excentrique E, et le maintient ainsi indéfiniment suspendu au haut de sa course. A ce moment, il n'y a plus de transmission de mouvement.

Veut-on faire retentir tous les timbres, il suffit d'interrompre le courant électrique. Les glissières G, G n'étant plus maintenues par l'adhérence magnétique, le levier LL' retombe sur l'excentrique E, en reçoit un mouvement de va-et-vient, et fait tourner le rochet N par l'intermédiaire du cliquet C. Chaque taquet T, T', T'', T''' vient, tour à tour, soulever graduellement le levier MM'M'', puis échappe, et le laisse retomber brusquement ; c'est alors que les deux marteaux frappent les timbres correspondants I, I' et les font retentir avec toute l'énergie qu'on voudra, jusqu'à ce que le courant électrique, lancé de nouveau dans l'électro-aimant, vienne suspendre la marche de l'appareil.

Une conséquence forcée et éminemment préservatrice, c'est que toutes les causes, tous les accidents, tous les dérangements susceptibles d'empêcher la circulation du courant, feront nécessairement retentir la sonnerie indéfiniment jusqu'à l'arrêt complet du train. C'est ainsi que seront signalés instantanément les ruptures d'attelage, les déraillements et même les incendies, lorsqu'ils auront atteint les fils conducteurs.

C'est une pile à sulfate de cuivre qui fournit aux employés le moyen de disposer de l'action énergique des timbres, pour produire des avertissements instantanés d'un bout du train à l'autre.

Deux éléments ou couples sont installés dans chaque fourgon. A l'avant, à l'arrière, tout est disposé exactement de la même manière, de telle sorte que la locomotive peut être attelée indifféremment à l'un ou à l'autre bout du train. Les courants électriques produits dans chaque fourgon, sont reliés entre eux par des fils conducteurs adaptés à chaque voiture ; ils agissent toujours dans le même sens et s'ajoutent.

S'il y a deux ou trois, ou même un plus grand nombre de fourgons intercalés dans le train, on peut les tourner dans tous les sens, sans nuire à la transmission du courant électrique. Un avertissement produit sur l'un d'eux se répète sur tous les autres.

D'une voiture à l'autre, les fils conducteurs du courant se raccordent au moyen d'un petit crochet en cuivre U (*fig. 7*), que l'on engage dans une pince à ressort Z. Lors de la décomposition du train, ces fils se décrochent d'eux-mêmes par le seul fait de la séparation des voitures.

Un simple interrupteur est mis, dans chaque fourgon, à la disposition du chef de train, des gardes-freins et de tels employés qu'on voudra. Il suffit de tourner la manivelle à droite pour faire retentir tous les timbres à la fois ; en ramenant la manivelle à gauche, toute sonnerie cesse à l'instant.

Toutes les pièces de ce système sont conçues et construites comme pièces de grosse mécanique, à l'exclusion de toute précision ; on s'est efforcé de mettre cette installation en harmonie avec le matériel roulant. La partie électrique, qu'on croit la plus délicate, est construite par les ouvriers des ateliers de réparation de la Villette, et, bien que ceux-ci soient étrangers au maniement de l'électricité, ils ont livré des organes dans de bonnes conditions pratiques ; une expérience de plus de deux ans, en service effectif, a mis leur bon fonctionnement hors de doute.

Il n'est pas besoin de faire remarquer que ce système de communication, destiné aux agents du train, peut également être mis à la disposition des voyageurs de toutes les classes ; c'est là une simple question d'installation d'interrupteurs dans toutes les voitures, ce qui ne présente aucune difficulté pratique.

Le principe essentiel de ce mode de communication, consistant à s'emparer de la force de rotation des roues pour faire retentir la sonnerie, il s'ensuit : 1° qu'on peut employer des timbres aussi puissants qu'on voudra, la force ne fera jamais défaut ; 2° que le mécanicien est toujours instantanément et *directement* averti par le timbre extérieur, en même temps que le chef de train.

Le mot *directement* est souligné pour bonne cause.

Il est clair qu'en cas d'accident sur un train en vitesse, il est très-essentiel de ne pas perdre une seconde ; or, c'est ce résultat qu'on obtient, en avertissant directement le mécanicien, qui dispose seul des moyens d'arrêt. Si cet employé devait attendre le commandement du chef de train, il y aurait inévitablement au moins une dizaine de secondes de perdues, et dix secondes, en trains de vitesse, se traduisent par 200 mètres parcourus avant de commencer la manœuvre des freins.

Il est, du reste, facile, d'après ce système, de distinguer l'appel fait par un agent de celui provenant d'un voyageur.

Il suffit de prescrire aux agents des trains de faire fonctionner la sonnerie par intermittence.

L'interrupteur mis à la disposition des voyageurs, peut être disposé de façon à ne pas lui permettre de rétablir le courant interrompu. La sonnerie mise en mouvement, continue à se faire entendre jusqu'à l'arrivée de l'agent du train. Un commutateur fait, du reste, sortir un signal du compartiment d'où est parti l'appel.

L'appareil de M. Achard est appliqué sur, environ, trois cents voitures à voyageurs de première classe, et sur vingt-cinq fourgons, de la ligne de l'Est.

Le circuit électrique est formé par deux fils régnant sous toute la longueur du train, sans communication avec les rails. Il présente cet avantage spécial que tous les dérangements, même ceux de la pile, font fonctionner les sonneries.

Appareil Bazin. — L'avertisseur électrique de M. Bazin repose sur le même principe que l'appareil Prudhomme.

Un câble métallique traverse chaque voiture et fait corps avec les chaînes d'attelage ; l'accrochage des voitures établit la communication électrique dans le train.

Si les tendeurs viennent à se rompre, un petit ressort déclanché par les chaînes d'attelage ferme le circuit, et une sonnerie se fait entendre.

Pour prévenir les agents du train, les voyageurs doivent faire deux manœuvres : pousser un bouton de sonnerie qui est fixé au plafond du compartiment, et tirer un cordon qui sert à relever un disque à contre-poids, placé sous le toit de la voiture. Ces deux manœuvres n'étant pas commandées par un même mécanisme, il en résulte que la sonnerie peut être mise en mouvement sans que le disque soit relevé ; de sorte que, bien que l'agent ait entendu l'appel, il ne sait vers quelle voiture il doit se diriger,

Ce système semble devoir nécessiter quelques perfectionnements.

Objections présentées contre la mise en communication des voyageurs avec les conducteurs des trains. — Nous avons dit plus haut que nous reviendrions sur la question de la communication entre les voyageurs et les agents des trains.

Cette communication, vivement réclamée par l'opinion publique, et dont l'utilité a été rendue évidente par plusieurs accidents survenus depuis quelques années, a donné lieu à des objections qui sont ainsi résumées dans le rapport en date du 1er décembre 1857, présenté, au nom de la commission d'enquête, par M. de Parieu, vice-président, et M. Prosper Tourneux, secrétaire-rapporteur.

« Quelques personnes désireraient qu'il fût possible de mettre à
« la disposition de tous les voyageurs un moyen de donner au mé-
« canicien le signal d'arrêt. Des recherches sérieuses n'ont pas été
« faites dans cette direction par les compagnies, et on le comprend ;
« en effet, outre que le problème se complique au point de vue mé-
« canique, il y aurait à craindre que certains voyageurs ne se fis-
« sent un jeu de répandre l'alarme, en provoquant l'arrêt des trains,
« ou n'abusassent du moyen mis à leur disposition exclusivement
« pour les cas graves, en donnant le signal d'arrêt pour des causes
« futiles ou sans gravité réelle. Dans tous les cas, la commission
« pense qué, si la science parvient à résoudre le problème, l'admi-

« nistration ne devrait autoriser l'installation de l'appareil dans les
« trains, que lorsque la législation permettra de punir de peines très-
« sévères, les voyageurs qui feraient un emploi abusif de ce moyen de
« sécurité. »

Depuis la présentation de ce rapport, des études ont été faites,
ainsi qu'il est dit plus haut, et les recherches ont été couronnées de
succès.

La solution de la question, est donc à peu près obtenue au point de
vue mécanique.

De plus, un service de dix ans effectué, pour ainsi dire, sans accident sur le chemin de fer du Nord, a démontré que les agents pouvaient facilement circuler sur les marchepieds des trains, même
express, pourvu qu'il restât assez de place entre les voitures et les
ouvrages d'art.

La solution complète est donc indiquée; il faut arriver à généraliser cette circulation sur les marchepieds des trains, qui offre pour
la surveillance et le contrôle en route, de nombreux avantages.

Les conducteurs se rendront facilement, alors, à l'appel qui leur
sera fait, et seront seuls juges de la question relative à l'arrêt du
train.

Sur quelques lignes, sur celle du Nord, par exemple, on peut, dès
à présent, organiser ainsi le système de communication de voyageur
à agent, bien qu'en certaines sections l'ouverture des ouvrages d'art
ne soit que de 7^m,40.

L'expérience montrera, nous n'en doutons pas, que les craintes ex-
primées étaient exagérées, et que les voyageurs ne feront usage du
signal que dans les cas graves. S'il en est autrement, le service ne
sera pas troublé, et le conducteur désigné pour faire le contrôle,
n'aura eu que la peine de se rendre à l'appel abusif.

Pour réprimer cet abus, il sera inutile de recourir à des peines
sévères; il suffira de taxer le voyageur qui, sans nécessité, aura fait
faire au conducteur un service supplémentaire. Il sera, du reste, facile de découvrir ce voyageur, puisqu'un signal spécial indiquera le
compartiment dans lequel il se trouve.

Les lignes sur lesquelles, par suite du trop faible espace laissé
entre les wagons et les ouvrages d'art, on ne peut, dès à présent, installer ce système de communication par marchepieds, devront donner lieu à une étude spéciale.

Quelquefois, le trop faible espace réservé pour la traversée des ouvrages d'art, résulte de piliers ou de colonnes, placés dans l'entrevoie pour supporter les tabliers des ponts.

Ce mode de construction présente des inconvénients à tous les points de vue. Les mécaniciens, qui souvent circulent sur les marchepieds des machines, sont ainsi exposés gratuitement, et leur vie doit être aussi sauvegardée que celle des autres agents.

On peut, dans la plupart des cas, remplacer les supports sans être forcé de reconstruire les tabliers des ponts, en employant des souspoutres armées ou des poutres en tôle.

C'est ce qui a été fait, il y a quelques années, sur le chemin de Versailles (rive gauche).

Dans les parties en souterrain, la difficulté est plus grande ; mais les souterrains ne sont, sur les lignes de fer, que des points exceptionnels, qui sont rapidement franchis.

Nous pensons que, là, est la véritable solution du problème, et le moyen de répondre à la seule objection sérieuse.

Dans cet ordre d'idées, les trains ne seraient arrêtés que par le conducteur, lorsqu'il aurait jugé, par lui-même, que cet arrêt est nécessaire.

Une circulaire de Son Excellence M. le ministre de l'agriculture, du commerce et des travaux publics tranche, du reste, la question.

Cette circulaire (note 11) met les compagnies en demeure de réaliser dans un délai de quatre mois, la communication d'agent à agent et de voyageur à agent ; elle leur laisse, du reste, le soin de choisir l'appareil qui leur semble préférable. Il serait à désirer qu'elles arrêtassent leur choix sur le même système, afin de permettre la réunion des voitures de plusieurs lignes.

Si, par exemple, la compagnie du Nord applique le système Prudhomme et la compagnie de l'Est, le système Achard, les trains composés de voitures de ces deux compagnies, ceux de Paris à Reims entre autres, seront privés de communication d'agent à agent ou à voyageur. Le jeu de l'appareil Prudhomme est, en effet, basé sur la production du courant électrique, et celui de l'appareil Achard sur son interruption.

Il y aurait là une question à examiner, afin que l'application de la mesure prescrite pût être générale. Nous nous contentons de l'indiquer.

Signaux télégraphiques. — Sur plusieurs lignes de chemins de fer, notamment sur les lignes du Nord, d'Orléans et du Midi, on à fait usage d'appareils télégraphiques portatifs pour les trains en marche. Ces appareils ne servent plus sur les lignes du Nord et d'Orléans ; ils ont été remplacés, sur la ligne du Nord et sur quelques sections à voie unique de la ligne d'Orléans, par les postes de secours. Nous dirons plus loin les causes de cet abandon.

Nous nous bornerons à décrire ici, l'appareil inventé par M. Bréguet.

Appareils portatifs des lignes d'Orléans. — Les appareils portatifs Bréguet (Pl. XIV, *fig.* 16) sont disposés de manière à établir la communication électrique avec un fil, sur un point quelconque de la ligne. Ils sont placés dans le fourgon à bagages des trains.

La boîte de l'appareil comprend un récepteur, un manipulateur, une boussole, une pile composée de dix-huit éléments ; deux bobines LT pleines de fil de cuivre recouvert de coton.

A cet appareil est joint une longue canne à tirage, en jonc, à l'extrémité de laquelle est un crochet en cuivre, destiné à mettre la bobine L en communication avec le fil de la ligne.

La bobine T se met en communication avec la terre.

Pour établir la correspondance à l'aide de l'appareil portatif, il faut :

1° Prendre le fil de la bobine L, dénuder l'extrémité de ce fil du coton qui le recouvre, l'attacher fortement au crochet de la canne, et suspendre par ce même crochet, la canne au fil de la ligne ;

2° Prendre ensuite le fil de la bobine T, en dénuder également l'extrémité, l'attacher à un coin en fer, et le bien fixer entre le joint de deux rails.

Ces préparatifs terminés, le chef du train peut commencer la correspondance, et les dépêches transmises parviennent en même temps, aux deux postes télégraphiques entre lesquels le train est arrêté.

Avant de transmettre aucun signal, le chef du train doit s'assurer si, au moment où il se dispose à correspondre, les deux stations entre lesquelles le train est arrêté, n'échangent pas elles-mêmes une dépêche.

Il suffit, pour cela, d'examiner le cadran récepteur de l'appareil portatif, dans lequel, dès que la communication est établie, viennent se répéter tous les signaux transmis par l'un ou l'autre des postes avec lesquels on correspond.

Si l'aiguille de ce cadran est immobile, c'est qu'aucun courant ne passe dans le fil; le moment est donc favorable, et l'appareil **portatif** peut fonctionner.

Si, au contraire, le récepteur de l'appareil portatif indique le passage d'une correspondance, le chef de train doit attendre quelque intermittence, ou un temps de repos, et en profiter pour transmettre immédiatement son signal d'avertissement spécial. Les deux postes interrompus dans leur transmission, doivent alors s'arrêter et attendre les signaux du train en détresse.

La transmission d'un train arrêté doit se faire toujours alphabétiquement, en indiquant bien clairement le nom du poste auquel il s'adresse.

Le poste auquel le train s'adresse doit seul répondre.

On familiarise les conducteurs avec l'emploi de l'appareil portatif, par des exercices qu'ils sont tenus de faire sous la surveillance des chefs de gare.

Causes qui ont motivé l'abandon de cet appareil sur les lignes du Nord. — Nous avons dit plus haut que, sur les lignes du Nord et d'Orléans, cet appareil a été complétement abandonné.

Cet abandon est basé sur la difficulté des correspondances, même dans les circonstances les plus favorables. L'appareil attaquant deux postes à la fois, il est indispensable que ces postes comprennent tous deux le préambule de la dépêche, afin que celui qui n'est pas appelé se retire du circuit et laisse l'autre poste correspondre librement.

Cette première condition est difficilement remplie, les courants divisés agissant toujours très-imparfaitement sur les appareils, et l'irrégularité des transmissions devant plutôt faire croire à un dérangement qu'à une attaque réelle.

Le réglage de cet appareil, qui ne peut se faire que sur place, est d'autant moins aisé que le mouvement de trépidation produit par la marche du train, dérange les électro-aimants de leur position normale. Les conducteurs ne peuvent, quelquefois, parvenir à régler l'appareil.

Par les temps de pluie, ou même de grande humidité, il est fréquemment impossible de se servir de l'appareil portatif, soit à cause des pertes de courant qui résultent de l'humidité, ou des mélanges qui se produisent dans l'appareil lui-même, ou dans les fils qui y aboutissent.

La pile est aussi très-sujette à des dérangements, soit qu'il y ait évaporation des liquides pendant l'été, ou congélation et, par suite, rupture des vases pendant l'hiver, soit enfin, parce que les lames de cuivre sont coupées par l'action des sulfates, que l'on met en grande quantité dans les vases poreux pour y maintenir le liquide.

Ce système présente encore d'autres inconvénients : les appareils sont souvent détériorés, soit pendant le transport jusqu'aux trains, soit pendant le transbordement ou le trajet lui-même.

Le mouvement des trains produit dans le mécanisme de graves détériorations, par l'usure incessante des pivots et des engrenages.

Dans le cas de déraillement ou de collision, lorsque les appareils sont le plus nécessaires, ils sont mis le plus souvent hors d'état de fonctionner.

Les compagnies du Nord et d'Orléans ont trouvé, en résumé, que ces appareils rendaient peu de services et qu'il était inutile de les maintenir.

Remarquons qu'une partie des inconvénients signalés, s'appliquent à la pile. Ces inconvénients spéciaux auraient pu être très-atténués, si la pile avait été appelée à fonctionner régulièrement; il n'en était pas ainsi. Les cas où l'appareil portatif était nécessaire, se présentaient rarement; il en résultait que, malgré la surveillance exercée, l'entretien des piles, qui demande de grands soins, était assez souvent négligé.

Il ne faudrait donc pas conclure de l'abandon qui est fait par la compagnie du Nord de l'appareil portatif, qu'elle proscrit tout système qui exige le transport de piles électriques dans les trains; elle l'admet, au contraire, pour l'appareil Prudhomme, que nous avons décrit. Cet appareil étant appelé à servir plus souvent, on obtiendra aisément des agents les soins journaliers indispensables au bon fonctionnement de la pile. On peut, du reste, employer des piles spéciales, moins susceptibles de se déranger lorsqu'elles sont transportées par les wagons.

Communications télégraphiques entre les stations d'une ligne et les trains en mouvement sur cette ligne. (Système Bonelli). — M. le chevalier Bonelli, directeur général des télégraphes sardes, a proposé d'établir une communication électrique permanente entre les stations d'une ligne et les trains en mouvement sur cette ligne, et même entre les trains, de telle sorte que les trains lancés à toute vitesse puissent, non-seulement correspondre à chaque instant avec les stations, mais encore, échanger incessamment et directement des dépêches entre eux.

Les appareils employés sont ceux de la télégraphie ordinaire. Toute l'innovation consiste dans l'installation sur la voie, d'un conducteur métallique en communication constante avec les télégraphes des stations et des trains.

Le système du chevalier Bonelli a été décrit dans le quatrième rapport de la sous-commission chargée, lors de l'enquête de 1853, d'examiner diverses inventions et moyens de sûreté proposés pour les chemins de fer.

Le conducteur métallique au moyen duquel le chevalier Bonelli établit une communication constante entre les trains en marche et les stations, est placé dans les chemins à une voie, au milieu de la voie et parallèlement aux rails, à une hauteur de 4 à 5 centimètres au-dessus du sol ; il consiste en une tringle en fer méplat reposant sur des isolateurs, fixés au moyen de vis implantées verticalement dans chaque traverse. Cette tringle se compose, d'ailleurs, d'une série de barres galvanisées à leur bout, et reliées les unes aux autres par de petites goupilles à tête traversant des trous oblongs, pour permettre au conducteur métallique de se dilater et de se raccourcir suivant les températures, sans inflexion et sans rupture.

La tringle est mise en communication avec l'appareil électrique placé à la station, et sur le tender du train, à l'aide d'une tige de fer en forme de T renversé, qui glisse sur elle en exerçant un frottement continuel.

Dans les croisements de voie, la tringle est remplacée par un fil métallique recouvert de gutta-percha, qui passe sous les traverses ; il en résulte nécessairement une interruption, très-courte d'ailleurs, dans le contact du conducteur mobile avec la tringle.

Dans les chemins à deux voies, le chevalier Bonelli, plaçait la tringle dans l'entre-voie, et, par conséquent, le conducteur mobile sur l'un des côtés du train. Un mouvement d'articulation servait à soulever l'un des conducteurs mobiles au moment du croisement de deux convois, et à les empêcher ainsi de s'entre-choquer.

Des expériences ont été faites en Piémont ; elles ont été reproduites en France sur la voie du chemin de fer de Versailles (rive droite), entre Paris et Saint-Cloud ; elles ont démontré le mérite théorique du système du chevalier Bonelli.

Mais on comprend facilement les difficultés pratiques de correspondance ; la principale provient des interruptions de courant, et des nombreuses causes qui peuvent détruire l'isolement du conducteur métallique. En outre, le système serait très-incertain par suite des subdivisions qui s'opéreraient dans le courant, tous les trains échelonnés sur une même section du conducteur métallique étant forcément en communication permanente entre eux et les stations.

Les expériences qui ont été faites de ce système n'ont pas eu, et ne pouvaient avoir, d'autre suite ; elles présentent néanmoins un grand intérêt, et nous avons cru utile de les rappeler.

Signaux pyrotechniques. — Des expériences ont été faites, notamment sur le chemin de fer du Nord, sur les signaux lumineux.

Expériences faites sur le **Nord.** — Le but à atteindre était de mettre entre les mains du mécanicien, un signal qu'il n'eût qu'à laisser tomber sur l'accotement de la voie, après l'avoir allumé au feu de la machine, pour être certain qu'il brûlerait derrière lui en projetant une vive lumière, en quelque lieu qu'il tombât, soit au milieu d'une neige épaisse, soit, par un temps de pluie, sur des terrains détrempés.

M. Aubin, artificier de la ville de Paris, a fait plusieurs essais, dont il a été question lors de l'enquête prescrite par l'arrêté ministériel du 19 novembre 1853.

M. Aubin employait un tube cylindrique en carton, de $0^m,03$ de diamètre à l'intérieur, et d'une longueur variable avec la durée que l'on voulait donner à la flamme, à raison d'un décimètre par minute.

Ce tube était porté au milieu de sa longueur, à l'aide d'une bague en fil de fer, sur une sorte de chevalet à quatre pieds, également en gros fil de fer et symétrique, de façon à toujours maintenir la flamme à 12 ou 15 centimètres de terre, de quelque manière que le signal vînt à tomber.

Il était d'une composition inflammable.

On avait d'abord coloré la flamme en rouge, mais cette couleur exigeait l'emploi d'une assez forte proportion de chlorate de potasse et de sulfate de strontiane. Ces substances élevaient le prix du signal, et rendaient la combustion moins facile.

On s'est borné à chercher à obtenir une flamme blanche éclatante, et pouvant suffire à donner un signal immédiatement reconnaissable. On y est arrivé à l'aide d'une composition de soufre, de nitrate de potasse et de régule d'antimoine, qui est aussi inaltérable qu'on peut le désirer, mais qu'on ne peut encore livrer qu'à un prix assez élevé.

Les expériences ont prouvé que le diamètre de $0^m,03$ adopté pour le corps cylindrique du signal, était effectivement suffisant pour produire une flamme capable de percer un brouillard épais, et de projeter une masse de lumière assez grande.

Le prix d'une flamme blanche revenait :

$$\text{Pour} \quad 2' \quad \text{à} \quad 1^f,25.$$
$$- \quad 3' \quad \text{à} \quad 1^f,60.$$
$$- \quad 5' \quad \text{à} \quad 2^f,50.$$

Le prix des flammes rouges était, pour les mêmes durées, de 2 fr., $2^f,75$ et $4^f,50$.

On a également expérimenté des pots à feu et des fusées.

Ces essais n'ont, jusqu'ici, conduit à aucune application pratique ; néanmoins, les signaux lumineux présenteraient en certains cas des avantages réels, et sans doute on parviendra à les utiliser.

Expériences faites sur le **Midi.** — On expérimente en ce moment, sur les chemins de fer du Midi, des signaux pyrotechniques qui seraient jetés du train sur la voie par le garde-frein d'arrière.

Ce signal consiste, comme celui essayé sur les lignes du Nord, en une composition enfermée dans un tube en carton, et donnant par sa combustion, une flamme éclatante dont on peut faire varier l'intensité, la couleur et la durée, en modifiant les dimensions et les éléments de la matière. Une minute de durée correspond à 3 centimètres de longueur de la composition.

Un second tube, plus étroit et beaucoup plus court, est relié à la partie supérieure du premier. Il renferme un *retard*, ou composition qui brûle sans donner de flamme, jusqu'à ce que la combustion, partant de la partie inférieure où se trouve la mèche qu'allume le garde-frein, ait atteint la mèche intérieure, qui met le retard en communication avec le sommet de la composition à flamme colorée.

Dans l'appareil expérimenté, le tube principal a 27 millimètres de diamètre extérieur et 22 centimètres de longueur, ce qui assure à la flamme une durée d'au moins sept minutes.

Les deux tubes sont attachés solidement ensemble par deux fils de fer, et maintenus à une certaine distance l'un de l'autre, par un coin en bois.

La partie métallique de l'appareil, qui sert de support et d'enveloppe au signal, se compose de six morceaux de gros fil de fer, dont les extrémités supérieures sont rivées sur un anneau en fer, en dedans duquel passe le tube contenant la composition. Les extrémités inférieures des six fils de fer, se réunissent au fond d'un culot en fonte, percé, suivant son axe de révolution, de deux ouvertures cylindriques superposées et de diamètre inégal. La plus étroite, celle du bas, est traversée par les bouts des fils de fer qui se recourbent deux fois, en établissant ainsi une liaison solide entre eux et le culot.

Outre son rôle de support, le culot en fonte a encore pour but de donner de l'assiette au système complet ; il l'oblige à toucher terre par cette base d'un certain poids, lorsqu'on laisse tomber le signal du train sur la voie, et il le maintient à une certaine distance du sol pendant tout le temps de la combustion. D'un autre côté, il s'oppose à ce que le vent puisse emporter l'appareil en dehors de la voie, où il doit rester comme signal d'arrêt.

Le prix d'un de ces signaux, armature non comprise, varierait de 1^f,50 à 2 fr.

CONCLUSION.

———

Nous sommes arrivé au terme de notre étude : étude un peu aride, mais qui, nous l'espérons, ne paraîtra cependant pas dépourvue de tout intérêt.

Notre but, en l'entreprenant, a été d'indiquer aux personnes étrangères à l'exploitation des chemins de fer, les soins qui sont pris pour garantir la sécurité de la marche des trains.

Nous avons voulu aussi résumer et comparer les divers systèmes de signaux appliqués sur le réseau français, afin de constater les différences qui ne sont pas motivées.

A ce dernier point de vue, notre travail peut avoir quelque utilité pour les hommes techniques.

On ignore souvent les expériences et les applications qui ont lieu dans les diverses compagnies. Chacun, absorbé par ses travaux journaliers, recule devant une étude qui exige de nombreux documents, et qui, nous le savons par expérience, demande de longues heures.

Notre service d'Ingénieur du contrôle des chemins de fer en exploitation, nous a naturellement conduit à cette étude d'ensemble, pour laquelle nous avons eu besoin de recourir au bienveillant concours de toutes les Compagnies.

Ce concours ne nous a pas manqué, et nous sommes heureux de leur en témoigner notre gratitude.

Nous remercions aussi MM. les Conducteurs des ponts et chaussées, attachés au service du contrôle, qui nous ont beaucoup aidé à accomplir notre tâche.

Notre travail peut donner lieu à des critiques; on peut lui reprocher, entre autres choses, de ne produire aucune idée nouvelle et de manquer souvent de conclusion.

Il ne faut pas oublier que la question des signaux préoccupe depuis vingt ans les esprits les plus éminents. En une semblable situation, les vues nouvelles sont rares; ce que l'on peut espérer, ce sont des améliorations à un système basé sur l'expérience.

Nous avons dû, en second lieu, ne conclure qu'avec beaucoup de réserve sur des points très-délicats, qui peuvent, d'une manière absolue, être bien traités sur chacune des lignes, mais qui laissent à désirer au point de vue de l'uniformité.

Notre but, nous le répétons, a été d'exposer, le plus exactement et le plus complétement possible, ce qui se fait sur le réseau français. Les réponses des Compagnies, auxquelles nous avons officieusement communiqué notre travail, nous donnent l'espérance que ce résultat a été atteint.

Il appartient à l'Administration, secondée par ses Ingénieurs et par ceux des Compagnies, d'établir l'uniformité qui manque sur beaucoup de points importants.

Nous serons trop heureux si notre travail peut contribuer à faire atteindre cet important résultat.

NOTE 1. (Page 1.)

NOTICE SUR LES DISQUES-SIGNAUX.

A l'origine des chemins de fer en France, la surveillance de la voie et de la circulation des trains était confiée à des gardes munis de drapeaux pendant le jour, et de lanternes pendant la nuit. Ils étaient placés à l'entrée et à l'intérieur des courbes, dans les alignements à une distance suffisante pour s'apercevoir, aux passages à niveau, aux abords des stations, et aux extrémités des tunnels. Ils étaient munis de sifflets, à l'aide desquels ils s'annonçaient mutuellement les trains, et, en cas d'arrêt accidentel, ils portaient, à la course, par correspondance, les demandes de secours.

Sur les seuls chemins de Versailles (rive droite) et de Saint-Germain, soixante-deux gardes étaient répartis; la longueur totale des deux lignes n'était que de 36 kilomètres.

Chacun de ces gardes avait une guérite semblable à celle des militaires. Leur vêtement était complété, l'hiver, par un manteau en laine, dit roulière. On tolérait, dans les plus grands froids, les gants et les sabots. La troisième année, la roulière fut remplacée par un cafetan ou paletot de peau de bique, encore employé sur plusieurs lignes.

Ce système de surveillance se montra, à la fois, très-insuffisant pour la sécurité et très-périlleux pour les gardes. Les hommes, abattus par la chaleur pendant l'été, retirés sous leur guérite pendant la pluie, engourdis par le froid pendant l'hiver, étaient presque toujours surpris par les trains irréguliers, quelquefois même par les trains réguliers. Ils quittaient la voie et cherchaient un abri aussitôt après le passage des trains; ils s'endormaient dans leur guérite; plusieurs étaient, chaque année, victimes de l'état de somnolence provoquée par l'ennui, l'inoccupation, le froid, la chaleur ou l'ivresse.

En 1845, M. Clapeyron améliora la surveillance en plaçant, dans chaque canton, un disque que le garde devait manœuvrer aussitôt après le passage du train, pour fermer la voie, et cinq minutes après pour l'ouvrir.

Des inspecteurs placés sur les trains exerçaient une surveillance efficace, en s'assurant que le cantonnier manœuvrait son disque aussitôt après le passage du train. Il y avait deux disques par canton, l'un pour la voie montante, l'autre pour la voie descendante; ils étaient placés de chaque côté des voies, que le cantonnier était obligé de traverser pour manœuvrer ces disques.

Cet état de choses dura jusqu'en 1846 où, pendant un hiver rigoureux, plusieurs accidents sérieux éprouvés par les gardes, pour les causes que nous avons signalées, démontrèrent l'urgence d'en réduire le nombre au plus strict nécessaire. M. E. Flachat, ingénieur en chef du chemin de fer de Saint-Germain, sollicita le concours des ingénieurs chargés du contrôle, et, sur l'avis de MM. Baude et Lechatelier, ingénieurs en chef de ce service, les gardes furent d'abord retirés des alignements. Il restait, cependant, encore à chaque passage à niveau deux gardes à distance, en sus du garde du passage : il en était de même aux abords des gares intermédiaires. M. E. Flachat, avec l'appui des ingénieurs du contrôle, demanda et obtint de l'Administration des Travaux Publics, l'autorisation de faire manœuvrer à distance les disques de ces gardes par celui du passage à niveau, et par le garde-aiguilleur de la station. Ce fut pendant plusieurs années l'unique application des disques-signaux, en France et à l'étranger.

A la suite de cette mesure tous les gardes-lignes furent retirés. Il ne resta plus sur les voies, que les gardes de passages à niveau et les aiguilleurs. Partout ailleurs, les trains se gardèrent eux-mêmes en cas de détresse. Dans le cours de sept années, dix ou douze gardes avaient été victimes de leur indifférence pour le danger, ou surpris au passage des trains lorsqu'ils étaient endormis ou engourdis. Les autres restaient exposés aux mêmes dangers.

La manœuvre des disques à distance fut d'abord faite par deux fils montés sur un croisillon.

M. Chabrier y substitua plus tard un seul fil, et adopta la disposition conservée depuis, qui ferme la voie lorsque le fil se brise. Dans les trois premières années, où les lignes de Saint-Germain et de Versailles furent les seules qui employaient les disques à distance, divers perfectionnements furent successivement appliqués ; on adopta, entre autres, un levier décrivant un arc dont le développement était proportionnel à la dilatation du fil.

Les lanternes des disques étaient placées sur les disques mêmes et tournaient avec eux, ainsi que cela a encore lieu sur les lignes d'Orléans et du Nord. — La secousse que la manœuvre faisait subir à la lanterne, avait des inconvénients. Il convenait d'adopter le procédé anglais, d'après lequel les lanternes étant fixes, sont couvertes par des verres rouges placés sur les disques, quand la voie est fermée. C'est le système généralement appliqué aujourd'hui : lanterne fixe, et disque mobile portant un verre rouge qui vient masquer la lanterne.

Un brevet pris en France par un constructeur, a retardé de plusieurs années cette application si rationnelle.

NOTE 2. (Page 10.)

RÈGLEMENT DE LA TRANSMISSION DES DISQUES À DEUX FILS.

(D'après une note de M. POULET,
Inspecteur du matériel des voies au chemin de fer du Nord.)

———

Après avoir observé la précision avec laquelle fonctionnent, en général, sur le chemin de fer d'Orléans, les disques à distance, dont les transmissions de mouvement se font exclusivement au moyen de deux fils, réglés ou non d'après les variations de la température, M. Poulet apprit des agents chargés de la manœuvre que, pour les fils à dilatation libre, les tensions devaient toujours être comprises entre certaines limites, et qu'on satisfaisait à cette condition en ayant soin de tendre plus ou moins les fils au moment de la pose, suivant la température.

M. Poulet, cherchant à soumettre à des règles fixes ces procédés de tâtonnement, fit une série d'expériences concernant : les tensions extrêmes admissibles dans les transmissions des disques, la limite d'élasticité des fils de fer et la relation entre cette limite et la tension maxima, la loi qui existe entre les variations de tension et de température des fils, enfin les moyens de réduire les frottements des fils sur leurs supports.

Il reconnut d'abord que le jeu d'un disque à deux fils de $0^m,003$ de diamètre, placé à 1500 mètres du levier de manœuvre, était assuré sous toutes les tensions comprises entre 28 et 80 kilogrammes, et que des fils clairs galvanisés peuvent, sans perdre leurs propriétés élastiques, subir une variation de 0,0008 de leur longueur.

Admettant ensuite que les températures extrêmes répondent à + 35 et — 15 degrés centigrades, et que la tension relative à + 35 degrés soit de 28 kilogrammes, M. Poulet cherche à établir que la limite d'élasticité du fil ne sera pas dépassée par l'effort de contraction maximum, dû à la température de — 15 degrés, augmenté de la tension initiale à + 35 degrés.

Des expériences directes auraient démontré que l'allongement produit sur le fil, sous un effort de 28 kil., est, par unité de longueur. 0,00012

En outre, pour les 50 degrés de variation thermométrique, entre les limites extrêmes qui sont admises, la contraction qui tend à se produire dans le fil, compensée par un allongement élastique et par une réduction des flexions entre les supports, sera, en prenant 0,000012 pour coefficient de dilatation linéaire du fer. 0,00060

L'allongement élastique total qui répond à —15 degrés, est un peu moindre que la somme des deux résultats précédents. 0,00072

Ainsi, la limite d'élasticité expérimentée par M. Poulet. 0,00080
dépasse l'allongement à —15 degrés de plus de. 0,00008
Il serait donc possible d'abaisser encore la température d'au moins $\frac{0,00008}{0,000012} = 6°,67$, ou au dessous de —21°,67.

L'élasticité des fils compenserait donc les efforts de traction maximum, dus à la plus basse température admise ; et la transmission fonctionnera bien, pourvu que la tension maxima relative à —15 degrés, n'excède pas 80 kil.

Afin de vérifier cette condition, M. Poulet a déterminé directement les rapports qui existaient entre les variations de tension et de température de fils de 500 mètres de longueur, supportés comme ceux des transmissions des signaux à deux fils du réseau du Nord. Au milieu de leur longueur, et pendant qu'ils se trouvaient être sous la même tension, on les a soudés aux crochets de dynamomètres qui, après la suppression des bouts de fil entre les crochets et des poids tendeurs, ont indiqué les tractions exercées, diminuées du frottement des fils sur leurs supports.

L'appareil, laissé dans ces conditions, a permis d'observer fréquemment les tensions et les températures ; et il aurait été constaté qu'à un abaissement d'un certain nombre de degrés centigrades, répond exactement une augmentation du même nombre de kilogrammes de tension, et *vice-versâ*.

De cette loi très-simple, M. Poulet conclut que, dans l'intervalle de + 35 à —15 degrés, la tension, d'abord égale à 28 kil., s'accroît de 50 kil., et atteint ainsi le maximum de 78 kil., inférieur à la limite admise.

Là réduction des frottements s'obtient par un polissage des fils, au droit de leurs supports, et par un entretien sérieux qui assurent le jeu régulier des disques. On se fera une idée exacte de l'influence des résistances passives dans la transmission des signaux, en consultant le tableau suivant, relatif au disque à deux fils placé à Achiet (Nord), à 1500 mètres de sa manœuvre, posé d'abord avec des fils qui n'étaient ni polis ni graissés, et ensuite, avec des fils polis et graissés. Dans toutes les expériences, la course au levier de manœuvre, était de 0^m,30.

INDICATION du déplacement des fils sur un point de la transmission, pendant la manœuvre du levier.	LES FILS n'étant ni polis, ni graissés.	LES FILS étant polis et graissés.
1re Tension de 30 kilogrammes.		
1er quart...	0m,050	0m,190
Moitié....	0m,030	0m,170
Trois quarts.	0m,010	0,m145
Au disque...	déplacement du buttoir, 0m,020	Bon fonctionnement du disque.
2e Tension de 40 kilogrammes.		
1er quart...	0m,075	0m,210
Moitié....	0m,035	0m,180
Trois quarts.	0m,015	0m,155
Au disque..	déplacement du buttoir, 0m,050	Bon fonctionnement du disque.
3e Tension de 50 kilogrammes.		
1er quart...	0m,130	0m,200
Moitié....	0m,060	0m,175
Trois quarts.	0m,025	0m,145
Au disque..	déplacement du buttoir, 0m,01	Bon fonctionnement du disque.

INDICATION du déplacement des fils sur un point de la transmission, pendant la manœuvre du levier.	LES FILS n'étant ni polis ni graissés.	LES FILS étant polis et graissés.
4e Tension de 60 kilogrammes.		
1er quart...	0m,140	0m,185
Moitié....	0m,075	0m,160
Trois quarts.	0m,030	0m,140
Au disque..	déplacement du buttoir, . 0m,020	fonctionne bien, mais arrive juste.
5e Tension de 70 kilogrammes.		
1er quart...	0m,137	0m,180
Moitié....	0m,060	0m,150
Trois quarts.	0m,027	0m,130
Au disque..	déplacement du buttoir, 0m,020	fonctionne encore.
6e Tension de 80 kilogrammes.		
1er quart...	0m,135	0m,175
Moitié....	0m,045	0m,140
Trois quarts.	0m,025	0m,120
Au disque..	déplacement du buttoir, 0m,020	fonctionne, mais très-juste.

M. Poulet a déduit de la relation empirique entre les variations de tension et de température des fils, une méthode qui est suivie au Nord, pour l'établissement d'une transmission à deux fils, transmission qu'on ne doit jamais régler, quelque changement que subisse la température.

L'analyse suivante, basée sur les données de M. Poulet, tend à démontrer la loi entre les tensions et les températures, en négligeant, toutefois, les courbures du fil, qu'on supposera rectiligne et tendu entre deux points fixes.

Pour obtenir, dans cette hypothèse, la formule qui donne la tension T de ce fil, par millimètre carré, en fonction de sa température t, et des coefficients de dilatation a et d'élasticité E, on observe que, la température s'abaissant de $35° - t$, si le fil était libre de se raccourcir, la diminution sur l'unité de longueur, prise à la température de 35 degrés, serait

$$\delta = \frac{a\,(35 - t)}{1 + 35\,a}.$$

Or, ce fil étant supposé de longueur constante, la contraction δ sera rachetée par un allongement élastique égal, sous un accroissement de tension

$$N = \delta E = \frac{a E\,(35 - t)}{1 + 35\,a},$$

pourvu que l'on ne dépasse pas la limite d'élasticité, ou que l'on ait $t > -21°,67$.

12

La tension effective, à la température t, composée de N et de la traction initiale de 4 kilogrammes, sera

$$T = \frac{a\,E\,(35 - t)}{1 + 35\,a} + 4.$$

Des données de M. Poulet on déduit $a = 0,000\,012$, et $E = 12000$. Substituant
ces valeurs, on a pour la tension par millimètre carré de section

$$T = 9^k,0379 - 0^k,14394\,t.$$

Il faut multiplier les résultats par la section du fil, en millimètre carré,

$$\left(\frac{3}{2}\right)^{2}.\pi = 7^{mmc},068583,$$

pour avoir la tension de ce fil dans l'hypothèse où l'on s'est placé.

En faisant varier t, de degré en degré, depuis —15 jusqu'à +35 degrés,
on obtiendra les valeurs correspondantes de T, qui sont portées dans le tableau
suivant.

TEMPÉRA-TURES.	TENSIONS par millim. carré.	TENSIONS pour un fil de 3 millim. de dia-mètre.	TEMPÉRA-TURES.	TENSIONS par millim. carré.	TENSIONS pour un fil de 3 millim. de dia-mètre.	TEMPÉRA-TURES.	TENSIONS par millim. carré.	TENSIONS pour un fil de 3 millim. de dia-mètre.
	k.	k		k	k		k	k
— 15	11,197	79,147	2	8,750	61,850	+ 19	6,303	44,553
14	11,053	78,129	3	8,606	60,832	20	6,159	43,536
13	10,909	77,112	4	8,462	59,815	21	6,015	42,518
12	10,765	76,094	5	8,318	58,800	22	5,871	41,501
11	10,621	75,077	6	8,174	57,780	23	5,727	40,483
10	10,477	74,060	7	8,030	56,763	24	5,583	39,466
9	10,333	73,042	8	7,886	55,745	25	5,439	38,449
8	10,189	72,024	9	7,742	54,728	26	5,295	37,431
7	10,045	71,007	10	7,598	53,711	27	5,151	36,414
6	9,901	69,989	11	7,454	52,693	28	5,008	35,396
5	9,757	68,972	12	7,310	51,675	29	4,864	34,379
4	9,613	67,955	13	7,166	50,658	30	4,720	33,362
3	9,470	66,937	14	7,023	49,640	31	4,576	32,344
2	9,326	65,920	15	6,879	48,623	32	4,432	31,327
1	9,182	64,902	16	6,735	47,606	33	4,288	30,309
0	9,038	63,885	17	6,591	46,588	34	4,144	29,292
+ 1	8,894	62,868	18	6,447	45,571	35	4,000	28,274

On remarquera que, dans la formule et le tableau ci-dessus, comme dans la
loi expérimentale, les accroissements de tension sont proportionnels aux abais-
sements de température. Si une différence de température d'un degré ne cor-

respond plus exactement à une différence de tension d'un kilogramme, le faible désaccord qui existe, résulte de ce que le module d'élasticité employé dans les calculs, est E = 12000, au lieu du nombre un peu moindre $\frac{4\,(1 + 35\,a)}{9\,a\,\pi}$ que donne immédiatement la loi expérimentale, quand on suppose le fil rectiligne, et qu'on néglige aussi les frottements.

Quoi qu'il en soit, au moment de la pose d'une transmission, on fait usage, exclusivement, au chemin de fer du Nord, des nombres ronds qui expriment, d'après M. Poulet, les températures des fils et les tensions correspondantes.

Le levier de manœuvre et le disque occupant leurs positions définitives, on attache les fils sur la poulie fixée à la partie inférieure du mât, qu'on a provisoirement rendu fixe, et aux deux points à ce destinés sur le levier de manœuvre, distants de 0^m,15 de son axe de rotation.

Les fils reposant sur leurs supports définitifs, espacés de 15 en 15 mètres, sont tendus sous un effort approximatif de 50 kilogrammes. On les polit alors sur une longueur de 0^m,50, au droit de chaque support, et on les graisse légèrement; puis, on procède successivement à leur règlement.

A cet effet, on plante dans le sol, au milieu de la longueur de la transmission, l'appareil représenté (Pl. XVII, *fig.* 1). Il se compose de deux montants verticaux en bois, entre-toisés en haut et en bas, et évidés latéralement pour le passage de quatre poulies.

Si, comme le représente le croquis, c'est le fil *ab* que l'on veut d'abord régler, ou le coupe au milieu de sa longueur, en le tenant suffisamment long pour le faire passer, la première partie *aa'*, au-dessous de la poulie *p* et en dessus de la poulie *p'*. On suspend à son extrémité un poids P de 30 kilogrammes. On fait de même pour la deuxième partie *bb'*.

On constate alors la température à l'aide d'un thermomètre, en regard des graduations duquel sont indiquées les charges en kilogrammes, comme le représente l'échelle (*fig*, 2), et qu'on a eu le soin de suspendre préalablement contre l'une des faces de l'appareil tendeur.

Si la température était de + 35 degrés, le poids P de 30 kil. serait suffisant. Dans le cas contraire, on complète le poids indiqué en regard de la température, en ajoutant des rondelles aux 30 kil.

Ainsi, par exemple, si la pose se fait par une température de 15 degrés, on ajoute à chacun des poids de 30 kil., des rondelles formant un supplément de 20 kil. Il ne faudrait ajouter que 18^k,623 d'après le tableau, qui indique pour la tension minima 28^k,274, au lieu de 30 kilogrammes.

C'est sous l'influence de ces poids que les deux parties *aa'*, *bb'* du fil *ab* sont ligaturées au point *q* situé entre les poulies du bas de l'appareil tendeur. Cette ligature solidement établie, il ne reste qu'à enlever les poids, et les bouts de fil passant sur les poulies.

Les mêmes opérations et les mêmes soins doivent être pratiqués pour le deuxième fil AB.

Tous les disques du réseau du Nord, montés dans ces conditions, ont donné les meilleurs résultats, et non-seulement on a pu se passer des tendeurs, mais on a cru nécessaire de les supprimer, pour mettre les agents chargés de la manœuvre dans l'impossibilité de changer le règlement établi dans les conditions ci-dessus, par les équipes spéciales.

Pour les grandes distances qui ont été adoptées au Nord, l'entretien le plus parfait est en outre indispensable. Il faut donc que des agents soigneux et bien surveillés entretiennent le poli des fils au droit de leur supports, le graissage et la propreté de tous les axes des poulies et leviers.

NOTE 3. (Page 20.)

DES RÉSISTANCES AU MOUVEMENT ; DE LA MARCHE DE LA TRANSMISSION, ET VARIATIONS DE SA LONGUEUR PAR SUITE DES DIFFÉRENCES DE TENSION OU DE TEMPÉRATURE.

(Extrait du Mémoire de M. MARIÉ, Ingénieur en chef, adjoint, du matériel et de la traction du chemin de fer de Lyon.

———

§ 1. — DES RÉSISTANCES AU MOUVEMENT.

Il faut, pour que le levier de rappel puisse ramener le disque parallèlement à la voie, qu'il exerce sur le fil une tension supérieure à celle que produit le contrepoids du tube du levier de manœuvre, augmentée de tous les frottements du disque, des leviers et de la transmission. Il importe donc de connaître ces frottements.

Nous allons en déterminer la valeur.

1° *Résistance d'une poulie verticale.* — Les poulies étant espacées de 15 mètres, la pression verticale sur l'axe d'une poulie sera le poids du fil, c'est-à-dire $1^k,600$ pour le fil de 4 millimètres (qui pèse $0^k,106$ le mètre), ou $2^k,250$ pour le fil de 5 millimètres (qui pèse $0^k,150$ le mètre).

Il faut y ajouter, de part et d'autre, $0^k,400$ pour le poids de la poulie. Si l'on évalue a 0,20 le coefficient de frottement pour des surfaces qui peuvent être mal graissées, le frottement sera $0^k,400$ dans le premier cas, et $0^k,530$ dans le second.

Mais le diamètre de la poulie est $0^m,060$, et celui de son axe, $0^m,006$. La résistance sur le fil sera donc $\dfrac{0.400 \times 6}{60} = 0^k,040$, pour le fil de 4 millimètres, et $\dfrac{0,530 \times 6}{60} = 0^k,053$ pour le fil de 5 millimètres.

2° *Résistance d'une poulie horizontale.* — Les poulies horizontales sont soumises, de la part du fil, à deux forces : une force verticale Q (Pl. XVII, *fig.* 3), égale au poids du fil supporté, et une force horizontale S, qui dépend de la tension du fil et de son angle de déviation sur la poulie. Si nous appelons A et B les deux réactions horizontales exercées par la poulie sur son pivot, en haut et en bas, nous aurons les relations des moments :

$$QR - Sb + A(a + b) = 0,$$

et
$$QR + Sa - B(a + b) = 0,$$

d'où
$$A = \frac{Sb - QR}{a + b}, \quad \text{et} \quad B = \frac{Sa + QR}{a + b}.$$

La somme arithmétique des valeurs absolues de ces deux forces, est égale à la pression qui produit le frottement (*).

Si nous appelons 0 la tension du fil, et 2α l'angle suivant lequel le fil s'infléchit, on aura pour chacun des sommets du polygone :

$$S = 2\theta \sin\alpha.$$

Nous avons reconnu, par expérience, que l'angle maximum suivant lequel on peut, sans altérer leur élasticité, courber horizontalement sur les poulies de $0^m,120$, des fils de 4 à 5 millimètres, est celui qui correspond à des poulies placées tous les 15 mètres dans une courbe de 300 mètres, ce qui donne pour 2α, une valeur de $2°50'$, soit 3 degrés.

Il faut répartir les poulies horizontales, de manière à ne pas dépasser cette valeur 2α.

Dans ces conditions, et en supposant $0 = 100^k$, ce qui, comme on le verra plus loin, est à peu près, la plus grande valeur de la tension moyenne du fil, on trouve $S = 5^k$.

On a d'ailleurs, comme on a vu haut plus, $Q = 1^k,600$ pour le fil de 4 millimètres, et $2^k,250$ pour le fil de 5 millimètres.

Quant aux dimensions de la poulie, elles sont

$R = 60^{mm}$, $a = 20^{mm}$, $b = 20^{mm}$, et $r = 5^{mm}$ (rayon du pivot). On aura donc :
Pour le fil de 4 millimètres, $A = 0^k,100$ et $B = 4^k,900$.

Leur somme sera 5 kil.

Le frottement sur le pivot sera $5^k \times 0,20 = 1^k,000$.

La résistance sur le fil, $1 \times \dfrac{5}{60} = 0^k,083$,

Pour le fil de 5 millimètres, $Q = 2^k,250$, $A = -0^k,875$, et $B = 5^k,875$. Leur somme arithmétique, $6^k,750$.

(*) Appelons φ cette expression, sa valeur sera :

Si $Sb > QR$, $\varphi = \dfrac{Sb - QR}{a + b} + \dfrac{Sa + QR}{a + b} = S$, quels que soient a et b, indépendant de Q.

Et si $Sb < QR$, $\varphi = \dfrac{QR - Sb}{a + b} + \dfrac{Sa + QR}{a + b} = \dfrac{1}{a + b}\left[2QR + S(a - b)\right]$.

Pour rendre cette dernière expression un minimum, il faut faire $a + b$ le plus grand possible, c'est-à-dire augmenter le plus possible la longueur du pivot, et faire en même temps $a = b$, c'est-à-dire placer le plan de la gorge au milieu du pivot. Elle deviendra alors $\varphi = \dfrac{2QR}{a + b}$, indépendant de S.

Le frottement sur le pivot sera $6{,}750 \times 0{,}20 = 1{,}350$; la résistance sur le fil $1{,}350 \times \dfrac{5}{60} = 0^{k}{,}112$.

A cette résistance il faut ajouter, dans les deux cas, le frottement dû au poids du fil et de la poulie, qui s'exerce verticalement sur le pivot, et dont nous supposons toujours le coefficient égal à 0,20.

La poulie pèse $0^{k}{,}520$.

La pression totale sera donc :

$$0{,}520 + 1{,}600 = 2^{k}{,}120, \text{ pour le fil de 4 millimètres,}$$

et
$$0{,}520 + 2{,}250 = 2^{k}{,}770, \text{ pour le fil de 5 millimètres.}$$

Ce qui donne pour le frottement, $0^{k}{,}424$, et $0^{k}{,}554$.

Mais, à cause de la convexité donnée aux deux surfaces en contact, ce frottement s'exercera toujours très-près du centre. Nous supposerons une distance de 3 millimètres, ce qui est encore exagéré. La résistance sur le fil sera alors :

$$0^{k}{,}424 \times \frac{3}{60} = 0^{k}{,}021, \quad \text{et} \quad 0^{k}{,}554 \times \frac{3}{60} = 0^{k}{,}028.$$

La résistance totale due à une poulie horizontale, sera donc, au maximum, pour le fil de 4 millimètres :

$$0^{k}{,}083 + 0^{k}{,}021 = 0^{k}{,}104.$$

Et pour le fil de 5 millimètres :

$$0^{k}{,}112 + 0^{k}{,}028 = 0^{k}{,}140.$$

Ainsi, en résumé, les frottements sont, dans les conditions indiquées plus haut :

	Avec le fil de 4 mill.	Avec le fil de 5 mill.
Sur une poulie verticale.	$0^{k}{,}040$	$0^{k}{,}053$
Sur une poulie horizontale. . . .	$0^{k}{,}104$	$0^{k}{,}140$

Nous avons dit plus haut que l'angle 2α correspondant à un espacement de 15 mètres pour les poulies horizontales, dans une courbe de 300 mètres, est de 3 degrés environ, angle de déviation qui ne doit pas être dépassé.

On resterait exactement dans cette limite pour les courbes de différents rayons, en faisant croître, comme le rayon de la courbe, l'espacement des poulies horizontales; mais, en exécution, on suivra les règles ci-dessous, qui donneront toujours des déviations plus faibles tout en conservant, pour les supports, l'espacement réglementaire de 15 mètres.

On établira ces poulies, tous les 15 mètres, en courbe de 300 à 600 mètres de rayon; tous les 30 mètres, en courbe de 600 à 900 mètres; tous les 45 mètres, en courbe de 900 à 1,200 mètres; et tous les 60 mètres, en courbe de 1,200 mètres.

Pour les rayons au-dessus de 1,200 mètres jusqu'à 3,000 mètres, on placera ces poulies tous les 60 mètres, comme si le rayon était de 1,200 mètres.

Pour les rayons au-dessus de 3,000 mètres, on ne posera pas de poulies horizontales.

Dans l'intervalle de ces poulies horizontales, le fil sera tendu en ligne droite, et reposera sur des supports à poulie verticale, espacés de 15 en 15 mètres.

Tableau des résistances au mouvement, pour 1,000 mètres de transmission, sur des courbes de différents rayons, avec des supports disposés comme il est dit ci dessus.

RAYONS des COURBES.	RÉSISTANCES POUR 1,000 MÈTRES DE TRANSMISSION.									
	Fils de 4 millimètres.					Fils de 5 millimètres.				
	SUR LES POULIES					SUR LES POULIES				
	verticales		horizontales			verticales		horizontales		
	Nombres de poulies.	Frottements.	Nombres de poulies.	Frottements.	Frottements totaux.	Nombres de poulies.	Frottements.	Nombres de poulies.	Frottements.	Frottements totaux.
300^m	»	»	67	6^k,97	6^k,97	»	»	67	9^k,38	9^k,38
600	33	1^k,32	34	3^k,54	4^k,86	33	1^k,75	34	4^k,76	6^k,51
900	44	1^k,76	23	2^k,39	4^k,15	44	2^k,33	23	3^k,22	5^k,55
1200	50	2^k,00	17	1^k,77	3^k,77	50	2^k,65	17	2^k,38	5^k,03
L. droite.	67	2^k,68	»	»	2^k,68	67	3^k,55	»	»	3^k,55

3° *Résistance des poulies de renvoi.* — Pour les déviations brusques, au delà de 3 degrés, on fait, comme comme nous l'avons dit, usage de grandes poulies horizontales (*fig.* 4, 5, 6 et 7).

Si θ est encore la tension du fil, et 2α l'angle des deux brins de la chaîne qui passe sur cette poulie, la composante horizontale S′ sera 2θ sin α, et si 2α = 90° et θ=100^k, ce qui est à peu près le cas le plus défavorable, on aura S′=141^k,50.

Dans ce cas, il n'y a pas lieu de tenir compte du poids de la chaîne, qui est supportée par les deux poulies voisines; la pression S′ est donc la seule force qui détermine le frottement latéral sur le pivot. De plus, le frottement sur la tête du pivot est négligeable dans ces appareils, bien construits et bien entretenus.

Pour ces poulies, qui sont en général mieux graissées que les poulies ordinaires de transmission, on peut supposer un coefficient de frottement de $\frac{1}{10}$.

Le diamètre de la poulie est 0^m,400; le diamètre de son axe est 0^m,020; la résistance de la poulie au mouvement du fil sera :

$$\frac{141,5}{10} \times \frac{0,020}{0,400} = 0^k,700.$$

Les poulies verticales qui accompagnent les grandes poulies horizontales, pèsent 1^k,500 chacune.

Le poids de la chaîne qu'elles ont à supporter est, pour chacune, 1 kilogramme environ. Leur diamètre est 0^m,100, et celui de leur axe, 0^m,010.

On trouverait par le même calcul que pour les poulies de transmission, et en évaluant le frottement à $\frac{1}{10}$ de la pression, que la résistance au mouvement des deux poulies est 0^k,050, ce qui porte à 0^k,750 la résistance au mouvement d'une poulie de renvoi à angle droit.

Soit pour les deux poulies de renvoi à angle droit, qui sont ordinairement accouplées, 1^k,500.

4° *Résistance du disque.* — Le poids du disque et de son arbre est environ 100 kilogrammes.

Le diamètre de son pivot est 0^m,035; la longueur minima du levier d'action du fil sur l'axe du disque, est 0^m,187 × cos 45° = 0^m,132.

En admettant que le coefficient de frottement est encore $\frac{1}{10}$, et que ce frottement s'exerce, à cause de la convexité, à 0^m,010 de l'axe du pivot, la résistance au mouvement du fil sera au maximum :

$$\frac{1}{10} \times 100 \times \frac{0,010}{0,132} = 0^k,757.$$

La pression du vent sur le disque produit, sur les deux tourillons de l'arbre, des réactions horizontales, qui sont une autre cause de frottement.

Soient : U, la pression totale du vent sur le disque (*fig.* 8);

V, la réaction horizontale sur le tourillon supérieur;

V′, la réaction horizontale sur le tourillon inférieur;

h, la hauteur du tourillon supérieur, au-dessus du pivot;

H, la hauteur du centre du disque au-dessus du pivot.

On a : $$UH = Vh, \text{ et } U(H - h) = V'h,$$

d'où $$V = \frac{UH}{h}, \quad V' = \frac{U(H-h)}{h}.$$

Le diamètre du disque est 1^m,200; la surface est 1^m,13.

En admettant que la pression du vent atteint, au maximum, 60 kilogrammes par mètre carré, on a :
$$U = 68^k,$$

et, comme H = 4^m,900, h = 4^m,100, on trouve :
$$V = 81, \quad V' = 13.$$

Si le coefficient de frottement est 0,1, le frottement sera en a 8^k,100, et en b, 1^k,300 ; et, le diamètre de l'arbre étant 0^m,045 en a et 0^m,035 en b, la résistance sur le fil, produite par l'action du vent, sera, au maximum :

$$8,1 \times \frac{0,045}{2 \times 0,132} + 1,3 \times \frac{0,035}{2 \times 0,132} = 1,553.$$

La résistance du disque sera donc, au maximum :

$$0^k,757 + 1^k,553 = 2^k,310.$$

5° *Résistance du levier de rappel.* — Le levier de rappel est soumis à la fois, dans le cas le plus défavorable, à une tension horizontale de 100 kilomètres, au maximum, et à un poids vertical de 40 kilogrammes, environ.

La résultante de ces deux pressions est 107 kilogrammes.

Le diamètre de l'axe étant $0^m,040$, et le levier d'action du fil sur le petit bras de levier, étant à très-peu près $0^m,260$, la résistance de ce levier au mouvement du fil sera, au maximum :

$$\frac{1}{10} \times 107 \times \frac{0,040}{0,260 \times 2} = 0,823.$$

Ainsi, la résistance totale d'un disque et de son levier de rappel, sera environ 3 kilogrammes.

Résistance de la grande poulie du levier de manœuvre. — Ce frottement, dont nous aurons besoin plus tard, est celui d'une poulie de renvoi à angle droit, qui aurait $0^m,200$ de diamètre et un axe de $0^m,030$, et sur laquelle la tension de la chaîne serait 60 kilogrammes, au maximum. Ce frottement serait $1^k,300$ environ.

Nous ferons remarquer seulement, que tous les nombres qui précèdent s'appliquent à des surfaces bien graissées, et que, si l'on ne graissait pas, ils pourraient devenir plus que doubles.

On voit par là l'intérêt qu'il y a à graisser fréquemment toutes les parties frottantes.

Nous allons voir, au chapitre suivant, l'influence de ces frottements sur la marche de la transmission.

§ II. — Marche de la transmission, et variations de sa longueur par suite des différences de tension.

1° *Marche de la transmission et des leviers.* — Lorsque l'on veut fermer un disque, le fil, qui était soumis seulement à la tension du contre-poids placé dans le tube, reçoit du levier de manœuvre un accroissement de tension ; la transmission s'allonge, parce que le fil lui-même s'allonge, et qu'il se redresse dans l'intervalle des poulies de support.

Mais le levier de rappel n'est pas soulevé immédiatement ; son mouvement n'a lieu que, lorsque le fil a acquis une tension supérieure à l'action de ce levier.

A partir de cet instant, le levier commence son mouvement, et il obéit ensuite d'autant plus facilement, que le moment d'action de sa lentille diminue à mesure qu'il se relève. En même temps, la tension diminuant, la transmission se raccourcit ; aussi, pendant cette période, le chemin parcouru par le levier de rappel, est plus grand que le chemin parcouru par le levier de manœuvre.

Enfin, lorsque le levier de rappel a achevé sa course et que le disque est fermé, la tension du fil augmente de nouveau, et celui-ci prend une tension d'équilibre qui dépend de l'action du levier de manœuvre. Une fois le levier de manœuvre abaissé, c'est le poids de sa lentille qui le maintient dans cette position. La distance de cette lentille à l'axe du levier, doit être en rapport avec la position de la lentille du levier de rappel. Trop près du centre, elle serait insuffisante, et le disque pourrait se rouvrir de lui-même ; trop loin, elle aiderait à la manœuvre de fermeture du disque ; mais il serait d'autant plus difficile de l'ouvrir.

En réalité, lorsqu'on manœuvre un disque bien réglé, on sent parfaitement trois périodes : d'abord, la tension augmente, puis, la résistance diminue tout d'un coup, et enfin, le levier tombe de lui-même pour prendre sa position d'équilibre.

En nous appuyant sur ce qui précède, nous allons chercher quel est le poids à mettre dans le tube, et quelle est la position à donner aux lentilles des leviers, pour que les résistances de la transmission n'arrêtent pas le disque et que, malgré les allongements et les diminutions de flèche du fil, il reste au levier de manœuvre une course suffisante.

2° *Transmission posée sur terrain de niveau.* — Nous supposerons d'abord que le terrain sur lequel la transmission est placée, est de niveau ou à peu près.

Appelons, en kilogrammes :

P, le poids suspendu dans le tube ;

T_1, la tension sur le fil du levier de rappel abaissé (abstraction faite des frottements) ;

T_2, la tension sur le fil du levier de rappel relevé (abstraction faite des frottements) ;

T'_2, la tension que le levier de manœuvre abaissé peut exercer sur le fil, par l'action seule de la lentille ;

θ, la tension moyenne du fil de transmission, quand le disque est ouvert ;

θ_1, la tension moyenne du fil de transmission, quand le fil est tendu et que le levier de rappel va commencer à se relever ;

θ_2, la tension moyenne du fil au moment où le disque vient de se fermer ;

F, F_1, F_2, les résistances au mouvement de la transmission, correspondant aux tensions θ, θ_1, θ_2. En courbe, F et F_2 sont plus petits que F_1. Nous négligerons cette différence, et nous n'aurons égard qu'à la valeur numérique de F_1, ce qui sera défavorable pour les résultats cherchés ;

F', la résistance au mouvement du disque et du levier de rappel ;

F'', la résistance au mouvement de la grande poulie du levier de manœuvre ;

F''', la résistance au mouvement de deux poulies de renvoi à angle droit.

Lorsque le disque est ouvert, le fil est soumis à une tension qui varie dans sa longueur.

Dans le voisinage du levier de manœuvre, et si les poulies de renvoi sont près de ce levier, la tension du fil sera :

$$P - F'' - F'''.$$

Auprès du mât de signal, la tension ne sera que :

$$P - F'' - F''' - F.$$

La tension moyenne sera ainsi, environ (*) :

$$\theta = P - F'' - F''' - \frac{F}{2}. \qquad (1)$$

(*) On verra plus loin que les allongements et les diminutions de flèche du fil, sont d'autant plus sensibles que la tension initiale est moindre, et que la tension maxima que prend le fil est plus grande. Aussi, afin que nos calculs conviennent même aux cas les plus défavorables, nous choisirons les hypothèses qui donnent la tension initiale la plus faible

(En réalité, il n'en sera pas toujours ainsi ; en effet, lorsque le disque vient d'être ouvert sous l'action du levier de rappel, la tension du fil est plus grande auprès du levier de rappel qu'auprès du levier de manœuvre, de toutes les résistances : mais, si alors le fil se dilate par suite d'une élévation de température, la tension tend à diminuer ; le contre-poids compensateur agit, et la tension se trouvant alors supérieure de son côté, on retombe dans le cas que nous avons supposé d'abord, et qui, comme on le verra plus loin, est le plus défavorable sous le rapport des allongements du fil.)

Lorsque l'on veut fermer le disque, il faut, pour que le levier de rappel commence à se soulever, exercer sur le fil une tension variable dans la longueur.

Cette tension sera, auprès du mât de signal :

$$T_1 + F' + F''';$$

et auprès du levier de manœuvre :

$$T_1 + F' + F''' + F_1.$$

La tension moyenne sera :

$$\theta_1 = T_1 + F' + F''' + \frac{F_1}{2}, \text{ environ.} \tag{2}$$

Lorsque le disque sera fermé, la tension du fil, sera, auprès du disque :

$$T_2 + F' + F''';$$

et auprès du levier de manœuvre :

$$T_1 + F' + F''' + F_2.$$

La tension moyenne sera :

$$\theta_2 = T_2 + F' + F''' + \frac{F_2}{2}, \text{ environ.} \tag{3}$$

Pour que le levier de manœuvre ne se relève pas par la tension du fil, il faut que

$$T'_2 > T_2 + F' + F''' + F_2. \tag{4}$$

Enfin, lorsqu'on relève le levier de manœuvre, il faut, pour que le mouvement de retour du fil puisse avoir lieu, que

$$T_2 > P + F' + F'' + F''' + F. \tag{5}$$

Nous verrons plus loin comment on satisfait à ces deux conditions, d'après la forme des leviers, et en plaçant convenablement les lentilles.

Mais il reste à remplir deux conditions d'un ordre différent.

1° Pour que le levier de rappel commence sa course, il faut que la course a du levier de manœuvre soit supérieure à la quantité $\delta_{(\theta_1 - \theta)}$ dont la transmission s'allonge en passant de la tension θ à la tension θ_1.

---

et la tension maxima la plus forte. C'est pour cela que, lorsque nous estimons la tension initiale, nous supposons les poulies de renvoi placées entre le levier de manœuvre et la transmission, de manière à diminuer cette tension. De même, en cherchant la tension maxima, nous supposons les poulies de renvoi placées entre le mât de signal et la transmission, de manière à augmenter cette tension maxima.

Soit

$$a > \delta_{(\theta_1 - \theta)}. \tag{6}$$

2° Pour que le levier de rappel complète sa course, il faut que la course a du levier de manœuvre soit supérieure à la course e du levier de rappel, augmentée de la quantité $\delta_{(\theta_2 - \theta)}$, dont la transmission s'allonge en passant de la tension θ à la tension θ_2.

Soit

$$a > c + \delta_{(\theta_2 - \theta)}. \tag{7}$$

3° *Variations de longueur de la transmission par les différences de tension.* — Nous allons déterminer $\delta_{(\theta_1 - \theta)}$ et $\delta_{(\theta_2 - \theta)}$, variations de longueur de la transmission par suite des différences de tension.

Appelons (*fig. 9*) :

L, la longueur totale du fil;
l, la distance horizontale entre deux supports;
λ, la longueur vraie du fil entre deux supports, à une certaine tension t;
λ', la longueur vraie du fil entre deux supports à une autre tension t';
Q, la tension au point C, le plus bas de la courbe décrite par le fil, quand la tension est t auprès des supports;
f, la flèche de la courbe;
p, le poids de l'unité de longueur du fil;
ω, sa section;
E, le module d'élasticité du fer $= 20\,000\,000\,000$.

L'allongement proprement dit du fil, est :

$$\Delta L = \frac{t' - t}{E} \times \frac{1}{\omega} \times L.$$

Pour le fil de 4 millimètres de diamètre :

$$\omega = 0{,}0000126, \quad \text{d'où} \quad \Delta L = 0{,}0000040\,L\,(t' - t).$$

Pour le fil de 5 millimètres de diamètre :

$$\omega = 0{,}0000197, \quad \text{d'où} \quad \Delta L = 0{,}0000026\,L\,(t' - t).$$

Quant à l'allongement qui résulte, de ce que la flèche des courbes décrites par le fil entre ses supports diminue, on peut l'évaluer ainsi qu'il suit :

On peut assimiler la courbe décrite par le fil entre deux supports, à une parabole dont l'équation serait :

$$x^2 = \frac{2Q}{p}\,y.$$

La flèche serait alors :

$$f = \frac{p l^2}{8Q}, \quad \text{d'où} \quad Q = \frac{p l^2}{8f}.$$

On aura :

$$t = \sqrt{Q^2 + \frac{p^2 l^2}{4}},$$

mais, comme $\dfrac{p^2 l^2}{4}$ est très-petit vis-à-vis de Q^2, on peut poser :

$$t = \sqrt{Q^2} = Q = \frac{p l^2}{8 f}.$$

On a d'ailleurs sensiblement :

$$\lambda = l \left(1 + \frac{8}{3} \frac{f^2}{l^2} \right) = l + \frac{8}{3} \frac{f^2}{l},$$

$$\lambda - l = \frac{8}{3} \frac{f^2}{l} = \frac{p^2 l^3}{24 Q^2} = \frac{p^2 l^3}{24 t^2},$$

d'où :

$$\frac{\lambda - l}{l} = \frac{p^2 l^2}{24 t^2} = \frac{p^2 l^2}{24} \times \frac{1}{t^2}.$$

Pour une autre tension t', on aurait de même :

$$\frac{\lambda' - l}{l} = \frac{p^2 l^2}{24} \times \frac{1}{t'^2},$$

d'où,

$$\frac{\lambda' - \lambda}{l} = \frac{p^2 l^2}{24} \left(\frac{1}{t'^2} - \frac{1}{t^2} \right).$$

$\dfrac{\lambda' - \lambda}{l}$ représente la variation de longueur du fil compris entre deux supports a et b, pour un mètre de projection horizontale. Pour toute la longueur de la transmission l'allongement, de signe contraire à $\lambda' - \lambda$, sera :

$$\Delta' L = L \frac{p^2 l^2}{24} \left(\frac{1}{t^2} - \frac{1}{t'^2} \right).$$

Ainsi, le terme $\Delta' L$ est proportionnel au carré du poids du fil par mètre courant, et au carré de l'espacement des supports.

L'allongement total de la transmission est donc :

$$\delta_{(t'-t)} = \Delta L + \Delta' L = \frac{L}{E \omega} (t' - t) + \frac{L p^2 l^2}{24} \left(\frac{1}{t^2} - \frac{1}{t'^2} \right),$$

$$\delta_{(t'-t)} = L (t' - t) \left[\frac{1}{E \omega} + \frac{p^2 l^2}{24} \times \frac{(t' + t)}{t^2 t'^2} \right] \qquad (8)$$

Ainsi, pour réduire $\delta_{(t'-t)}$ il y a avantage à diminuer la différence $t' - t$, puisqu'on diminue le coefficient $(t' - t)$, et qu'en même temps le terme $t t'$ en dénominateur se rapprochera du maximun, qui correspond à $t = t'$.

Pour une différence donnée entre t et t', il faudra, pour réduire $\delta_{(t'-t)}$, augmenter à la fois t et t', parce que le terme $(t t')^2$ croît plus vite que le terme $(t' + t)$.

En prenant $l = 15$ mètres, on a pour le fil de 4 millimètres, qui pèse $0^k,106$ par mètre courant :

$$\Delta' L = 0,106 \left(\frac{1}{t^2} - \frac{1}{t'^2} \right) L.$$

Et pour le fil de 5 millimètres, qui pèse $0^k,150$ par mètre courant :

$$\Delta' L = 0,211 \left(\frac{1}{t^2} - \frac{1}{t'^2} \right) L.$$

4° *Équilibre du levier de rappel.* — Cherchons maintenant, d'après la forme et les dimensions du levier de rappel, quelle relation existe eutre T_1 et T_2 et quelle est, pour une certaine valeur de T_1, la position à donner à la lentille sur le levier (*fig.* 10 et 11).

Appelons :

K, le poids de la lentille ;

R et R', les longueurs des deux bras du levier ;

α, l'angle formé par ces deux bras ;

β et β' les angles formés avec la verticale, par le petit bras de levier dans ses deux positions extrêmes ;

c, le déplacement horizontal du point A ;

On a les trois équations

$$KR' \sin(\alpha + \beta) - T_1 R \cos\beta = 0, \qquad (a)$$

$$KR' \sin(\alpha - \beta') - T_2 R \cos\beta' = 0, \qquad (b)$$

$$R(\sin\beta + \sin\beta') - c = 0. \qquad (c)$$

Ici $c = 0^m,247$, $\alpha = 75°$, $R = 0^m.260$, $K = 27^k$.

Or $\beta = 30°$; on trouve, à l'aide de l'équation (c), que $\beta' = 26°45'$, et on a

$$T_1 = 115,8R', \qquad (9)$$

$$T_2 = 86,8R', \qquad (10)$$

d'où $$T_2 = 0,75\,T_1.$$

Relations qui permettent, connaissant l'une des deux tensions T_1 et T_2, de trouver l'autre et la valeur de R', c'est-à-dire la position de la lentille sur le levier de rappel.

5° *Équilibre du levier de manœuvre.* — Cherchons maintenant quelle position il faut donner à la lentille du levier de manœuvre, pour produire sur le fil une tension T'_2 capable de tenir le disque fermé (*fig.* 12).

Appelons :

K', le poids de la lentille ;

R'', sa distance à l'axe du levier ;

V, la distance de l'axe du levier au point d'accrochage de la chaîne ;

γ, l'angle des deux bras du levier, en prenant pour le petit bras, la ligne qui joint le centre de l'axe avec le point d'accrochage de la chaîne ;

φ, l'angle que fait l'horizontale avec le grand bras du levier de manœuvre abaissé.

Il faut que

$$K'R'' \cos\varphi > T'_2 V \sin(\gamma - \varphi),$$

ou

$$R'' > T'_2 \frac{V \sin(\gamma - \varphi)}{K' \cos\varphi}.$$

On a d'ailleurs :

$$V = 0^m,410, \quad K' = 34^k, \quad \gamma = 65°, \quad \varphi = 15° \text{ environ,}$$

d'où

$$R'' > 0,0096\,T'_2. \qquad (11)$$

6° *Résumé des calculs de la marche de la transmission.* — En résumant ce qui précède, nous avons les formules :

$$(1) \qquad 0 = P - F'' - F''' - \frac{F}{2},$$

$$(2) \qquad \theta_1 = T_1 + F' + F''' + \frac{F_1}{2},$$

$$(3) \qquad \theta_2 = T_2 + F' + F''' + \frac{F_2}{2},$$

$$(4) \qquad T'_2 > T_2 + F' + F''' + F_2,$$

$$(5) \qquad T_2 > P + F' + F'' + F''' + F,$$

$$(6) \qquad a > \delta_{(\theta_1 - \theta)}, \quad \text{ou} \quad 0^m,600 > \delta_{(\theta_1 - \theta)},$$

$$(7) \qquad a > c + \delta_{(\theta_2 - \theta)}, \quad \text{ou} \quad 0^m,600 > 0^m,250 + \delta_{(\theta_2 - \theta)}.$$

$$(8) \qquad \delta_{(t'-t)} = L(t'-t)\left[\frac{1}{E\omega} + \frac{p^2 l^2}{24} \times \frac{(t'+t)}{t^2 t'^2}\right],$$

$$(9) \qquad T_1 = 115^k,8R' \; \Big\}$$
$$(10) \qquad T_2 = 86^k,8R' \; \Big\} \quad \text{d'où } T_2 = 0,75\,T_1,$$

$$(11) \qquad R'' > 0,0096\,T'_2.$$

On remplacera d'abord les quantités F', F'', F''', F_1, F_2, par leurs valeurs, calculées comme il est indiqué au paragraphe précédent.

On choisira alors une valeur de P, et l'on en déduira :

$$T_1, \quad T_2, \quad T'_2 \quad \text{et} \quad R',$$
$$0, \quad \theta_1 \quad \text{et} \quad \theta_2.$$

De la formule (8) on tirera $\delta_{(\theta_1 - \theta)}$ et $\delta_{(\theta_2 - \theta)}$, et l'on s'assurera que ces valeurs satisfont aux inégalités (6) et (7). Au besoin, on augmentera P pour y satisfaire.

Pour éviter d'avoir, dans chaque cas particulier, à effectuer les calculs précédents, nous donnons dans le tableau ci-dessous, les résultats d'applications numériques faites pour diverses longueurs de transmission.

Pour dresser ce tableau, nous avons pris les valeurs suivantes pour les résistances au mouvement du signal, des leviers, des poulies et de la transmission :

F', résistance au mouvement du disque et du levier de rappel, $= 3^k,000$;

F'', résistance au mouvement de la grande poulie du levier de manœuvre, $= 1^k,300$;

F''', résistance au mouvement des deux poulies de renvoi à angle droit, $= 1^k,500$.

Pour F, F_1, F_2, résistances au mouvement de la transmission, nous avons pris les valeurs indiquées dans le tableau suivant :

Avec le fil de 4 millimètres.	*Avec le fil de 5 millimètres.*
Jusqu'à 900^m. . . . . . 6^k	Jusqu'à 600^m. . . . . . 6^k
De 900 à 1200 , . 8^k	De 600 à 1000 . . 10^k
De 1200 à 1500 . . 10^k	De 1000 à 1400 . . 14^k
De 1500 à 1800 . . 12^k	

Ces valeurs, déduites du tableau de la page 184, correspondent à une pose en courbe de 300 mètres.

Tableau des positions à donner aux lentilles, et valeurs du contre-poids de tension, suivant les distances.

LONGUEURS des TRANSMISSIONS.	P POIDS dans le tube du levier de manœuvre.	R' DISTANCE du centre de la lentille du levier de rappel, au centre du levier.	R'' DISTANCE du centre de la lentille du levier de manœuvre, au centre du levier.
Avec le fil de 4 millim.		m.	m.
Jusqu'à 900 mètres. . . .	28ᵏ	0,450	0,700
De 900 à 1200.	38	0,590	0,800
De 1200 à 1500.	48	0,730	0,900
De 1500 à 1800.	58	0,870	1,000
Avec le fil de 5 millim.			
Jusqu'à 600 mètres. . . .	28	0,450	0,700
De 600 à 1000.	38	0,620	0,850
De 1000 à 1400.	48	0,790	1,000

Les valeurs de P, R', R'', portées dans ce tableau, sont des maxima, parce que nous avons toujours fait le calcul pour le cas le plus défavorable ; mais dans la plupart des cas, il sera possible de rester au-dessous de celles indiquées, ce qui rendra la manœuvre du disque d'autant plus facile. Il faudra prendre alors les trois valeurs plus faibles de la série précédente, correspondant à une longueur moindre de la transmission.

1° *Transmission posée sur terrain en pente.* — Si le terrain sur lequel la transmission se trouve placée, est incliné, le poids de cette transmission tend à la faire glisser sur le plan incliné, et la composante du poids suivant la direction du plan incliné, s'évalue ainsi :

Soient Ψ cette composante, et ε l'inclinaison moyenne par mètre entre le disque et le levier de rappel. Prenons ε positif lorsque le terrain va en descendant, depuis le levier de manœuvre jusqu'au disque. On a :

$$(12) \qquad \Psi = \varepsilon p L.$$

Quand la pente n'excédera pas 5 millimètres par mètre, on pourra négliger la force Ψ ; mais au delà, il pourra être nécessaire d'en tenir compte. Reprenons donc les équations (1) à (11) de la page 192 ; l'introduction de la force Ψ modifie seulement les équations (1), (2) et (3) et les inégalités (4) et (5), qui deviennent :

$$\theta = P - F'' - F''' - \frac{F + \Psi}{2}, \qquad \text{(I)}$$

$$\theta_1 = T_1 + F' + F''' + \frac{F_1 + \Psi}{2}, \qquad \text{(II)}$$

$$\theta_2 = T_2 + F' + F''' + \frac{F_2 + \Psi}{2}, \qquad \text{(III)}$$

$$T'_2 > T_2 + F' + F''' + F_2 + \Psi, \qquad \text{(IV)}$$

$$T_2 > P + F' + F'' + F''' + F + \Psi. \qquad \text{(V)}$$

13

Les autres relations ne changent pas. Le calcul serait, du reste, conduit comme pour le cas de la pose horizontale.

Si nous comparons les valeurs de T_2, T'_2, θ, θ_1, et θ_2, avant et après l'introduction de la force Ψ, nous trouvons que

$$T_2 \quad \text{devient} \quad T_2 - \Psi,$$
$$T'_2 \text{ ne change pas.}$$
$$\theta \quad \text{devient} \quad \theta - 0{,}50\,\Psi,$$
$$\theta_1 \quad \text{devient} \quad \theta_1 - 0{,}22\,\Psi,$$
$$\theta_2 \quad \text{devient} \quad \theta_2 - 0{,}50\,\Psi.$$

La valeur de T_2 doit être réduite à $T_2 - \Psi$, or,

$$T_2 = 86{,}8\,R'. \tag{10}$$

et

$$T_2 - \Psi = 86{,}8\,(R' - \rho).$$

Ainsi, R' devra être diminué de $\rho = \dfrac{\Psi}{86{,}8} = \dfrac{\varepsilon\,p\,L}{86{,}8}$.

T'_2 ne changeant pas, R'' ne changera pas non plus.

Quant aux allongements du fil par suite des différences de tension, on verrait, en faisant le calcul complet, qu'ils sont peu modifiés quand la transmission est posée en pente, au lieu d'être posée horizontalement. Ces allongements diminuent, lorsque la transmission monte depuis le levier de manœuvre jusqu'au disque, et, c'est seulement dans ce cas qu'on aura de longues transmissions.

Il résulte de ce qui précède :

1° Que, si la pente moyenne du terrain n'excède pas 0,005, on posera comme à niveau d'après les indications du tableau de la page 193 ;

2° Que, dans les pentes supérieures à 0,005, on pourra poser d'abord de la même manière, sauf à faire ensuite la modification suivante. On diminuera la valeur de R' ou on l'augmentera de $\rho = \dfrac{\varepsilon\,p\,L}{86{,}8}$ suivant que la pente descendra vers le mât de signal ou descendra vers le levier de manœuvre. Le tableau suivant donne les valeurs de ρ calculées pour différents cas.

Tableau des changements de position à faire subir à la lentille du levier de rappel, lorsque la transmission est en pente.

INCLINAISONS. MOYENNES PAR MÈTRE.	FIL DE 4 MILLIMÈTRES.				FIL DE 5 MILLIMÈTRES.			
	de $0^m,005$ à $0^m,010$	de $0^m,010$ à $0^m,015$	de $0^m,015$ à $0^m,020$	de $0^m,020$ à $0^m,025$	de $0^m,005$ à $0^m,010$	de $0^m,010$ à $0^m,015$	de $0^m,015$ à $0^m,020$	de $0^m,020$ à $0^m,025$
LONGUEURS des transmissions.	m.	m.	m.	m.	m.	m.	m.	m.
Jusqu'à 1000ᵐ.	0,012	0,018	0,024	0,030	0,018	0,027	0,036	0,045
De 1000 à 1400ᵐ. . . .	0,017	0,025	0,034	0,042	0,025	0,037	0,051	0,053
De 1400 à 1800ᵐ. . . .	0,022	0,032	0,044	0,054	»	»	»	»

§ III. — Variation de longueur du fil, par suite des différences de température.

Les transmissions à air libre sont exposées à des différences de température, qui pourraient en changer suffisamment la longueur pour compromettre le fonctionnement de l'appareil. En effet, ces différences de température peuvent être évaluées à 60 degrés de l'hiver à l'été, et à 20 degrés dans la même journée. Le fer se dilatant de $0^m,000012$ pour 1 mètre de longueur et pour 1 degré, il en résulterait pour des transmissions de 1000 mètres, des variations de longueur de :

$$60 \times 0,000012 \times 1000 = 0^m,720 \text{ de l'hiver à l'été, et de :}$$

$20 \times 0,000012 \times 1000 = 0^m,240$ dans une même journée, tandis que la course du levier de manœuvre est seulement $0^m,600$ environ.

Il faudrait donc, même pour des transmissions de 1000 mètres, régler fréquemment à la main, la longueur de la transmission.

Les leviers de manœuvre à compensateur de dilatation, remédient à cet inconvénient ; lorsque le disque est ouvert, le fil obéit aux variations de température, et le contre-poids monte et descend librement dans le tube.

Dans le levier de manœuvre ancien modèle, le contre-poids est soulevé de $0^m,300$ pendant le mouvement du levier ; mais la longueur du tube étant $1^m,600$, et la longueur de la tringle du contre-poids avec sa chape, étant $0^m,700$, il ne reste que $0^m,600$ pour la dilatation du fil. On voit donc que cet appareil ne permet de compenser les variations de longueur du fil, de l'été à l'hiver, que pour les transmissions au-dessous de 800 mètres de longueur.

Dans le levier de manœuvre nouveau modèle, le contre-poids n'étant pas soulevé pendant la manœuvre du levier, il reste une longueur de $0^m,900$ pour la dilatation du fil. On pourra donc compenser les variations de longueur du fil de l'été à l'hiver, pour les transmissions au-dessous de 1,200 mètres de longueur.

Pour les transmissions à plus de 800 mètres avec le levier ancien modèle, et à plus de 1,200 mètres avec le levier nouveau modèle, il faudra, de temps à autre, raccourcir ou allonger la chaîne, suivant la température maximum ou minimum de la saison.

Quant aux variations de longueur du fil dans une même journée, elles seront toujours compensées pour le disque ouvert, et elles ne pourront jamais avoir d'influence sur la position du disque fermé. Il est très-rare, en effet, qu'un disque à grande distance reste fermé pendant un temps assez long, pour permettre au fil de subir de grandes variations de température.

NOTE 4. (Page 47.)

ENTRETIEN DES DISQUES, ET CALCULS RELATIFS AUX SIGNAUX A DISTANCE DES CHEMINS DE FER DE L'OUEST.

(Extrait du Mémoire de M. CLERC, Ingénieur des Ponts et Chaussées,
Chef du service de l'entretien et de la surveillance.)

1° ENTRETIEN DES DISQUES.

Nettoyage et graissage. — Le nettoyage et le graissage de toutes les parties frottantes des appareils, ne doivent rien laisser à désirer.

Les guides et le support du mât de signal, les axes du levier de rappel et de manœuvre et les axes des poulies, doivent être souvent visités et graissés d'un peu d'huile, après AVOIR ÉTÉ NETTOYÉS AVEC SOIN.

L'huile employée au graissage doit être de bonne qualité; on doit éviter de se servir pour cet usage, d'huile à brûler, qui ne tarde pas à former un cambouis sec et dur.

Les tringles conductrices de la lanterne doivent être essuyées avec un chiffon gras, pour faciliter le mouvement du porte-lanterne.

Transmission. — Les résistances au mouvement pouvant doubler et même tripler lorsque l'entretien est imparfait, on devra visiter fréquemment, et au moins une fois par semaine, la transmission, tant pour s'assurer que les axes des poulies sont nettoyés et graissés, que pour examiner si les piquets ne sont pas ébranlés, et surtout, si ceux des poulies horizontales ne s'inclinent pas par l'effet de la tension du fil.

On devra s'assurer également que le fil n'a pas passé entre les poulies et les goupilles, et qu'il ne frotte pas sur les goupilles d'arrêt des poulies verticales; on vérifiera si les poulies verticales ne tendent pas à se déverser, et si les poulies horizontales ne tendent pas à se soulever sur leur axe, par suite de la pression du fil; on réparera les poulies qui présenteraient cet inconvénient, et l'on remplacera celles qui ne pourraient être réparées.

Dans le cas où la transmission passera dans une caisse en bois, on enlèvera les couvercles placés au droit des poulies, pour visiter la caisse; au moins une fois par mois, on enlèvera les corps étrangers qui pourraient s'y être introduits, et l'on graissera les poulies.

Afin d'éviter l'introduction du sable et de la poussière par le trou de graissage des poulies, on bouchera ce trou au moyen d'une cheville en bois faisant saillie à l'extérieur, et pouvant être retirée toutes les fois qu'il sera nécessaire.

On visitera les grandes poulies de traversées, et on les graissera avec soin, après les avoir nettoyées; on ne devra jamais laisser ces poulies à découvert.

On vérifiera fréquemment les attaches du fil et les attaches aux chaînes; lorsqu'il se produira une rupture de chaîne, on évitera de réparer la chaîne cassée, avec du fil de fer; on devra la remplacer ou faire ressouder le maillon rompu.

On s'assurera que l'eau ne séjourne pas dans les caisses pour passages souterrains, ni aux approches des poulies de traversées; des précautions devront être prises, surtout en hiver, pour assurer l'écoulement de l'eau.

L'herbe devra être fauchée le long de la transmission, pour ne pas gêner les mouvements du fil et des poulies.

On évitera de faire, à une distance moindre de 0^m,50 de la transmission, des dépôts de ballast, de matériaux, et, en général, de tout objet qui pourrait gêner le mouvement du fil.

Les poulies et les fils non galvanisés devront être repeints aussi souvent qu'il sera nécessaire, en évitant avec soin d'appliquer de la peinture sur les parties frottantes.

Levier de rappel. — La chaîne reliant la manivelle du mât au levier de rappel, doit toujours être horizontale; s'il survenait des tassements ou des mouvements de terrain, on devrait rectifier la position de la charpente du levier de rappel, de façon que ce résultat soit obtenu et que le petit bras du levier porte toujours sur l'arrêt en fonte, un peu avant que la voie ne soit ouverte.

Dans le cas où le remplacement de la chaîne reliant le levier de rappel au signal, deviendra nécessaire par suite de rupture, ou pour toute autre cause, on aura soin de prendre une chaîne présentant exactement la même longueur que la première: si la longueur était différente, on modifierait la position de la charpente du levier de rappel, jusqu'à ce que les conditions indiquées pour la pose soient remplies.

On veillera à ce que la plate-forme sur laquelle est monté le levier de rappel, soit toujours sèche, et l'on n'y laissera pas accumuler la neige.

Afin d'éviter l'écrasement du tasseau sur lequel vient tomber le contrepoids du levier de rappel, on disposera, au point où tombera le contre-poids, une plaquette en caoutchouc vulcanisé, de 0^m,01 au moins d'épaisseur. A défaut de caoutchouc, on pourra employer trois ou quatre rondelles de cuir, superposées comme l'indiquent les figures 1 et 2 de la planche XVIII.

Signal. — Le poteau du signal doit toujours être maintenu bien d'aplomb; les fentes qui pourraient se produire doivent être mastiquées avec soin, et le sol doit être réglé de façon à ce que l'eau ne séjourne pas au pied.

Dans le cas où les ressorts d'arrêt du porte-lanterne viendraient à se casser ou à perdre de leur élasticité, on les remplacera facilement en démontant la console en fer qui supporte les tringles conductrices.

On remédiera à l'usure du pivot et de la crapaudine supportant le mât, en mettant, sous le grain d'acier servant de crapaudine, une rondelle en tôle d'une épaisseur convenable.

La peinture doit être refaite tant sur le disque que sur les autres parties du signal et du levier de rappel, toutes les fois que cela est nécessaire, en se conformant aux prescriptions détaillées plus haut.

Levier de manœuvre. — Le plan supérieur de la charpente devra toujours être maintenu horizontal ; la charpente devrait être consolidée sans retard s'il se produisait des ébranlements.

On s'assurera fréquemment qu'il ne manque aucun des tire-fonds fixant le support de la manœuvre, ni aucune des goupilles des goujons.

Il est interdit de placer des supports pour soutenir le contre-poids de manœuvre à la voie ouverte : le levier, dans cette position, doit être complétement libre, et agir sur le fil de toute l'action du contre-poids.

Réglage de la manœuvre. — Lorsque le contre-poids viendra toucher le sol, la longueur du fil devra être diminuée ; elle devra être augmentée, au contraire, si, à la voie ouverte, le levier faisait avec l'horizontale un angle de plus de 45 degrés. On s'exposerait, en effet, dans ce dernier cas, à ce que le signal ne fût qu'incomplétement fermé lorsque le levier de manœuvre reposerait sur son taquet.

Le réglage s'obtient d'une manière très-simple en accrochant le brin de chaîne *a* (Pl. V, *fig.* 16), qui est fixé à la transmission, au moyen du crochet terminant la chaînette fixe *b*. On change ensuite le point d'attache du brin de chaîne *a* en ramenant le levier à la position qu'il doit occuper ; enfin, on retire le crochet de la chaînette *b*.

La peinture de la manœuvre devra, comme celle des autres parties de l'appareil, être toujours tenue en bon état.

Lanterne. — On devra entretenir le réflecteur dans son poli, à l'aide d'une peau de chamois et du rouge anglais. Il faut éviter de le frotter avec des chiffons durs ou imprégnés de sable.

On ne doit jamais laisser d'huile sur le réflecteur ni sur la cheminée en verre ; cette huile s'altère par la chaleur et produit des taches qu'il est fort difficile de faire disparaître.

Quand on remplit la lampe, il faut avoir soin de l'emplir presque complétement, sans quoi l'air se dilatant dans le réservoir, ferait couler inutilement dans le godet une certaine quantité d'huile

On aura soin, en allumant la lampe, de monter la mèche très-bas, afin qu'elle ne fume pas et qu'elle ne charbonne pas. Dans les longues nuits, on recoupera la mèche, s'il est nécessaire, vers le milieu de la nuit pour maintenir un bon éclairage jusqu'au jour.

Par les très-grands froids, on pourra empêcher la lanterne de geler, en laissant une certaine quantité d'huile dans le godet de trop-plein et en y mettant une ou deux veilleuses.

En hiver, lorsqu'il gèle, la lampe doit être tenue dans la maison du garde qui est chargé de son éclairage ; elle ne doit être portée au mât de signal qu'au moment de l'éclairage.

Le jour comme la nuit, la lanterne doit être levée en place à la hauteur du disque, afin d'éviter qu'elle puisse être choquée par quelque partie saillante des trains.

Miroirs et écrans. — Les miroirs réflecteurs et les glaces de lanterne seront nettoyés tous les jours. Les écrans du disque seront nettoyés tous les huit jours, ou plus souvent s'il est nécessaire.

Réparations. — En général, sauf ce qui concerne les charpentes, on devra éviter de faire faire sur la ligne, des réparations aux signaux et à leurs accessoires, et surtout aux lanternes. Toutes les pièces en mauvais état devront être renvoyées à Paris.

2° CALCULS RELATIFS AUX SIGNAUX A DISTANCE.

§ 1. — *Calcul des résistances au mouvement.*

Pour mettre en mouvement le fil qui relie le levier de manœuvre au levier de rappel, de manière à faire passer le signal de la voie ouverte à la voie fermée, ou *vice versâ*, il faut que l'action des contre-poids des leviers de rappel ou de manœuvre, soit plus forte que la somme des résistances au mouvement.

Nous allons donc commencer par déterminer séparément la valeur de ces résistances, qui sont :

1° Le frottement du fil sur les piquets à guide et glissière ;
2° Le frottement du fil sur les piquets à poulie verticale ;
3° Le frottement du fil sur les piquets à poulie horizontale ;
4° Le frottement du fil sur les poulies de renvoi ou de traversée horizontale ;
5° La résistance du disque ;
6° Le frottement des articulations du levier de rappel ;
7° Le frottement de l'articulation du secteur de manœuvre.

1° *Résistance due au frottement du fil sur un piquet à guide et glissière.* — Supposons un fil de $0^m,0044$ de diamètre pesant $0^k,120$ le mètre courant, et supposons que l'espacement des piquets est de 15 mètres.

Le poids du fil agissant sur un piquet, sera de $0^k,12 \times 15^m = 1^k,80$.

En prenant pour le coefficient de frottement $f = 0,20$, on a :

$$F = fp = 0,20 \times 1^k,80 = 0^k,360.$$

Les guides et glissières qui existent dans les anciennes transmissions, sont abandonnés pour les nouvelles installations et remplacés par les poulies, qui donnent un frottement près de dix fois moindre, ainsi qu'on va le voir ci-après.

2° *Résistance due au frottement d'une poulie verticale de $0^m,060$ de diamètre.* — Le poids du fil agissant sur la poulie, est de $1^k,80$; le poids de la poulie elle-même est de $0^k,400$, le poids sur son axe est ainsi $2^k,200$.

Mais l'axe de la poulie n'ayant que $0^m,006$ de diamètre, la résistance au mouvement sera :

$$2^k,200 \times \frac{6}{60} = 0^k,220.$$

En prenant, comme ci-dessus, pour le coefficient de frottement $f = 0,20$, on aura pour le frottement sur l'axe de la poulie :

$$0^k,220 \times 0,20 = 0^k,044.$$

3° *Résistance due aux frottements d'une poulie horizontale de $0^m,120$ de diamètre.* — Le fil exerce sur la poulie deux efforts différents, l'un dû au poids propre du fil, l'autre dû à sa tension.

Si nous nommons θ la tension sur le fil, 2α l'angle que forme le brin de fil en s'infléchissant et S la résultante des tensions θ, nous aurons (Pl. **XVIII**, *fig.* 3) :

$$S = 2\theta \cos\alpha.$$

La plus grande tension du fil est celle à laquelle il est soumis, lorsque le levier de rappel est relevé et que le levier de manœuvre est horizontal.

Cette tension, dans ce cas, est égale à l'action du contre-poids de rappel, augmentée de l'action du contre-poids de manœuvre et des résistances au mouvement.

Si l'on prend cette tension $\theta = 80$ kil., ce qui, comme nous le verrons plus loin, est à peu près la tension moyenne du fil, et si l'on suppose le fil posé en courbe de 300 mètres de rayon et les poulies espacées de 15 mètres, on a, en posant $r = 300$ mètres, $C = 15$ mètres, et en nommant ω l'angle des rayons (*fig.* 4) :

$$\sin \frac{\omega}{2} = \frac{C}{2r};$$

d'où
$$\omega = 2°\,52', \text{ soit } 3°,$$

et
$$2\alpha = 180° - 3° = 177°,$$

ce qui correspond, en pratique, à un angle qui n'altère pas l'élasticité du fil.

Par suite,
$$S = 2 \times 80^k \times \cos 88°\,30' = 4^k,18.$$

Si l'on nomme (*fig.* 5) :

$Q = 1^k,80$ le poids du fil agissant sur la poulie,
$R = 0^m,06$ le rayon de la poulie,
A et B les réactions de la force Q aux extrémités du pivot,
A′ et B′ les réactions de la force S aux extrémités du pivot,
a et b les bras de levier des réactions A, A′ et B, B′,

on a :
$$A = \frac{Sb}{a+b} \quad \text{et} \quad B = \frac{Sa}{a+b};$$

on a de plus :
$$A' = \frac{QR}{a+b} \quad \text{et} \quad B' = \frac{QR}{a+b}.$$

La somme des réactions à chaque extrémité du pivot, est ainsi :

$$A - A' = \frac{Sb}{a+b} - \frac{QR}{a+b} \quad \text{et} \quad B + B' = \frac{Sa}{a+b} + \frac{QR}{a+b}.$$

Si l'on fait $a = b$, on a :

$$A - A' = \frac{Sb - QR}{2b} \quad \text{et} \quad B + B' = \frac{Sa + QR}{2a}.$$

Dans ce cas particulier, tant que $Sb > QR$, on a, en nommant Σ la somme totale des réactions :

$$\Sigma = \frac{Sb - QR + Sa + QR}{2a} = S.$$

Si, au contraire, $Sb < QR$, la somme totale des réactions devient :

$$\Sigma = \frac{QR - Sb + Sa + QR}{2b} = \frac{QR}{b}.$$

Dans le premier cas, lorsque $\Sigma = S$, la somme des réactions est la plus petite possible ; il convient donc de faire $a = b$.

Dans le second cas, pour que $\Sigma = \dfrac{QR}{b}$ soit le plus petit possible, il faut faire a et b le plus grand possible.

En faisant, dans le cas qui nous occupe :

$$a = b = 0^{m},020,$$

on tire :

$$A = \frac{QR - Sb}{2b} = 0^{k},61$$

et

$$B = \frac{Sa + QR}{2b} = 4^{k},79.$$

La somme des réactions est, dans ce cas, comme nous l'avons vu plus haut :

$$- A + B = 4^{k},18,$$

et la somme arithmétique est : $5^{k},40$.

Mais, l'axe de la poulie n'a que $0^{m},005$ de rayon ; par suite, la résistance sur l'axe sera :

$$5^{k},40 \times \frac{5}{60} = 0^{k},45.$$

En prenant pour le coefficient de frottement $f = 0,20$, on aura :

$$0^{k},450 \times 0,20 = 0^{k},090.$$

A cette résistance, il faut ajouter le frottement dû au poids du fil et de la poulie, qui s'exerce sur le pivot.

$$
\begin{array}{ll}
\text{La poulie pèse.} \ldots \ldots \ldots & 0^{k},250 \\
\text{Le fil.} \ldots \ldots \ldots \ldots \ldots & 1^{k},800 \\
\hline
\text{La pression totale est ainsi.} \ldots & 2^{k},320
\end{array}
$$

Mais, cette résistance ne s'exerce pas à plus de $0^{m},003$ du centre, à cause de la convexité des surfaces en contact; la résistance sur le pivot sera donc :

$$2^k,320 \times \frac{3}{60} = 0^k,116,$$

et le frottement :

$$0^k,116 \times 0,20 = 0^k,0232.$$

La résistance totale due à une poulie horizontale de $0^m,12$ de diamètre, sera ainsi :

$$0^k,090 + 0^k,0232 = 0^k,1132.$$

4° *Résistance due aux frottements d'une poulie de traversée, de $0^m,35$ de diamètre.* — Le calcul, dans ce cas, est analogue au calcul précédent.

On a toujours : $\qquad S = 20 \cos\alpha.$

En prenant $\alpha = 45°$, ce qui correspond à une traversée à angle droit, et $0 = 80$ kil., on tire :

$$S = 113^k,12.$$

En supposant, comme précédemment, les poulies espacées de 15 mètres, on peut prendre $Q = 3^k$, a cause du poids de la chaîne; comme ici :

$$a = b = 0^m,030 \quad \text{et} \quad R = 0^m,175,$$

on a : $\qquad A = 47^k,81,$

et $\qquad B = 65^k,31,$

ce qui donne : $\qquad S = A + B = 113^k,12.$

Mais, comme le diamètre n'est que de $0^m,032$, la résistance au mouvement est :

$$113^k,12 \times \frac{32}{350} = 10^k,342.$$

Si l'on tient compte de ce que ces poulies sont recouvertes et bien entretenues, on peut prendre pour le coefficient de frottement $f = 0,10$.

Le frottement est alors :

$$10^k,342 \times 0,10 = 1^k,034, \text{ soit 1 kil.}$$

Il faut ici, comme dans le cas précédent, ajouter à cette résistance le frottement dû au poids du fil et de la poulie, qui s'exerce sur le pivot.

La poulie et sa vis pèsent. . . . . 9 kil.
Le fil et la chaîne pèsent. 3
La pression totale est ainsi. . . . 12 kil.

Mais le frottement ne s'exerce pas à plus de $0^m,005$ de l'axe, à cause de la convexité des surfaces en contact; la résistance sera donc :

$$12^k \times \frac{5}{350} = 0^k,171,$$

et le frottement sera :

$$0^k,171 \times 0,10 = 0^k,0171.$$

La résistance totale due à une poulie de traversée, sera ainsi :

$$1^k,00 + 0^k,017 = 1^k,017.$$

5° *Résistance du disque.* — Le poids du disque, du mât et des accessoires qui y sont fixés, est d'environ 85 kilogr.

Le diamètre du pivot est de $0^m,040$; la longueur minimum du levier d'action du fil sur l'axe du mât, est $0^m,170 \times \cos 45° = 0^m,120$.

En supposant que le coefficient de frottement $f = 0,10$, et que le frottement s'exerce à $0^m,010$ de l'axe, à cause de la convexité des surfaces, on aura, pour la résistance sur le fil :

$$0,10 \times 85^k \times \frac{10}{120} = 0^k,708.$$

La pression du vent sur le disque produit, aux points m et t (*fig.* 6), où le mât est guidé, des réactions horizontales, qui sont une autre cause de frottement.

En nommant :

P, la pression totale du vent sur le disque,
m, la réaction horizontale sur le tourillon supérieur,
t, la réaction horizontale sur le tourillon inférieur,
H, la hauteur du tourillon supérieur au-dessus du pivot,
h, la hauteur du tourillon supérieur au-dessus du centre du disque,
h', la hauteur du centre du disque au-dessus du pivot,

on a :
$$m\mathrm{H} = \mathrm{P}h'$$
et
$$t\,\mathrm{H} = \mathrm{P}h,$$
d'où
$$m = \frac{\mathrm{P}h'}{\mathrm{H}}$$
et
$$t = \frac{\mathrm{P}h}{\mathrm{H}}.$$

$$\mathrm{H} = 5^m,60, \quad h = 0^m,635, \quad h' = 4^m,965.$$

Le diamètre du disque est de $1^m,20$; en prenant pour la pression du vent 60 kilogr. par mètre carré, ce qui correspond à un vent très-impétueux, la pression totale sur le disque est :

$$\mathrm{P} = \pi \times 0^m,60 \times 0^m,60 \times 60^k = 68^k \text{ environ,}$$
d'où
$$m = 60^k,71,$$
et
$$t = 7^k,29.$$

Le diamètre du tourillon supérieur étant $0^m,020$, et celui du tourillon inférieur $0^m,040$, la résistance sera :

$$60^k,71 \times \frac{20}{170} + 7^k,29 \times \frac{40}{170} = 7^k,29 + 1^k,70 = 8^k,990.$$

En prenant pour le coefficient du frottement $f = 0,10$, on aura pour le frottement du tourillon supérieur, $0^k,729$, et pour le frottement du tourillon inférieur, $0^k,170$, soit pour les deux $0^k,899$.

La résistance totale du disque au mouvement, sera ainsi :

$$0^k,708 + 0^k,899 = 1^k,607, \text{ soit } 1^k,600.$$

6° *Résistance due au frottement des articulations du levier de rappel.* — Lorsque la voie est ouverte, la tension du fil près du levier de rappel, est d'environ 40 kilogr., le poids agissant sur l'articulation du levier, est d'environ 25 kilogr.; la résultante de ces deux forces est d'environ 47 kilogr.

Le diamètre de l'axe étant de $0^m,030$, et le levier d'action du petit bras ayant, au minimum, $0^m,18$, si l'on prend $f = 0,10$, on aura pour la résistance sur le fil :

$$0,10 \times 47^k \times \frac{15}{180} = 0^k,40.$$

Comme il faut, en outre, tenir compte du frottement des articulations des agrafes du fil de fer, on peut porter la résistance totale au mouvement du levier de rappel, à $0^k,70$.

7° *Résistance due au frottement de l'articulation du secteur de manœuvre.* — La tension du fil près du levier de manœuvre, est de 100 kilogr. environ ; le poids agissant sur l'axe est de 55 kilogr. environ; la résultante de ces efforts est de 114 kilogr. environ.

Le rayon de l'axe est $0^m,019$; le rayon du secteur est $0^m,400$; en prenant $f = 0,10$, on a pour la résistance sur le fil :

$$0,10 \times 114^k \times \frac{19}{400} = 0^k,541.$$

Résistance totale au mouvement. — Supposons maintenant un signal posé à 1000 mètres de sa manœuvre, et le fil décrivant une courbe de 300 mètres de rayon. Nous avons vu que, dans ce cas, tous les piquets doivent être munis de poulies horizontales. Supposons, de plus, que le fil traversera les voies sur deux grandes poulies de traversée.

La somme des résistances sera :

Pour 66 poulies horizontales.	$7^k,46$
Pour 2 poulies de traversée.	$2,03$
Pour le disque.	$1,60$
Pour le levier de rappel.	$0,70$
Pour le secteur de manœuvre.	$0,54$
Total.	$12^k,33$

Le tableau suivant donne la résistance au mouvement, pour des transmissions de 500 et de 1000 mètres de longueur, suivant le rayon de la courbe, et dans les conditions indiquées ci-dessus.

RAYONS DES COURBES.	RÉSISTANCES AU MOUVEMENT.						sur le disque.	sur le levier de rappel.	sur le secteur de manœuvre.	FROTTEMENTS totaux.
	SUR LES POULIES									
	verticales.		horizontales.		de traversée.					
	Nombre de poulies.	Frottements.	Nombre de poulies.	Frottements.	Nombre de poulies.	Frottements.				
Transmission de 500 mètres de longueur.										
		kil.		kil.			kil.	kil.	kil.	kil.
300 mètres.	»	»	33	3,73	2	2,03	1,60	0,70	0,54	8,60
500 —	16	0,70	17	1,92	2	2,03	1,60	0,70	0,54	7,49
800 —	22	0,97	11	1,24	2	2,03	1,60	0,70	0,54	7,08
1000 —	24	1,06	9	1,00	2	2,03	1,60	0,70	0,54	6,93
1200 —	26	1,14	7	0,79	2	2,03	1,60	0,70	0,54	6,80
1500 —	28	1,23	5	0,57	2	2,03	1,60	0,70	0,54	6,67
Ligne droite.	33	1,45	»	»	2	2,03	1,60	0,70	0,54	6,32
Transmission de 1000 mètres de longueur.										
300 mètres.	»	»	66	7,46	2	2,03	1,60	0,70	0,54	12,33
500 —	32	1,40	34	3,84	2	2,03	1,60	0,70	0,54	10,11
800 —	44	1,94	22	2,48	2	2,03	1,60	0,70	0,54	9,29
1000 —	48	2,12	18	2,00	2	2,03	1,60	0,70	0,54	8,99
1200 —	52	2,28	14	1,58	2	2,03	1,60	0,70	0,54	8,73
1500 —	56	2,46	10	1,14	2	2,03	1,60	0,70	0,54	8,47
Ligne droite.	66·	2,90	»	»	2	2,03	1,60	0,70	0,54	7,77

Il serait facile de calculer la résistance totale pour une longueur de transmission quelconque.

§ 2. — *Conditions d'équilibre du levier de rappel et du levier de manœuvre.*

Les résistances au mouvement une fois déterminées, les problèmes principaux à résoudre pour l'établissement d'un signal à distance, sont au nombre de trois, savoir :

1º Quel est le poids à donner à la lentille du levier de rappel et la distance à laquelle il faut la placer du centre de rotation, pour que le fonctionnement du signal ne soit pas entravé par les résistances au mouvement, ou : *Conditions d'équilibre du levier de rappel.*

2º Quel est le poids à donner à la lentille du levier de manœuvre et la distance à laquelle il faut la placer du centre de rotation, pour qu'elle maintienne le signal à la voie ouverte, ou : *Conditions d'équilibre du levier de manœuvre.*

3° Quelle est l'inclinaison à donner au levier de manœuvre pour que, malgré les allongements ou les diminutions dans la longueur du fil, provenant de la différence des tensions auxquelles il est soumis, il reste au levier de manœuvre une course suffisante.

Marche de la transmission et des leviers. — Lorsque l'on veut ouvrir un disque, le fil, sollicité par le levier de manœuvre, est soumis à une certaine tension; la transmission s'allonge parce que le fil lui-même s'allonge, et qu'il se redresse dans l'intervalle des poulies-supports.

Mais le levier de rappel n'est pas soulevé immédiatement; son mouvement n'a lieu que, lorsque le fil a acquis une tension supérieure à l'action de ce levier.

A partir de cet instant, le levier commence son mouvement, et il obéit ensuite d'autant plus facilement, que le moment d'action de sa lentille diminue à mesure qu'il se relève. En même temps, la tension diminuant, la transmission se raccourcit; aussi, pendant cette période, le chemin parcouru par le levier de rappel, est plus grand que le chemin parcouru par le levier de manœuvre.

Enfin, lorsque le levier de rappel a achevé sa course et que le disque est ouvert, la tension du fil augmente de nouveau et celui-ci prend une tension d'équilibre qui dépend de l'action du levier de manœuvre. Une fois le levier de manœuvre abaissé, c'est le poids de sa lentille qui le maintient dans cette position. La distance de cette lentille à l'axe du levier, doit être en rapport avec la position de la lentille du levier de rappel. Trop près du centre, elle serait insuffisante, et le disque pourrait se refermer de lui-même; trop loin, elle aiderait à la manœuvre d'ouverture du disque, mais il serait d'autant plus difficile de le fermer.

En réalité, lorsqu'on manœuvre un disque bien réglé, on sent parfaitement trois périodes : d'abord la tension augmente, puis la résistance diminue tout d'un coup, et enfin le levier de manœuvre s'abaisse de lui-même pour prendre sa position d'équilibre.

Nous considérerons successivement le cas d'une transmission posée sur un terrain horizontal, et celui d'une transmission posée sur un terrain incliné.

1° Transmission posée sur un terrain horizontal.

Équilibre du levier de rappel. — Pour passer de la position *fig.* 7 à la position *fig.* 8, il faut que l'action du contre-poids du levier de rappel soit plus forte que la somme des résistances au mouvement.

Soit (voir *fig.* 9) :

    a, la résistance du disque,
    b, la résistance des articulations m et n du levier de rappel,
    c, la résistance due au frottement du fil sur les poulies-supports,
    d, la résistance provenant du frottement de l'axe du levier de manœuvre.

Désignons en outre par :

    P, le poids de la lentille du levier de rappel,

R, la distance du centre de la lentille à l'articulation n,

$R' = 0^m,240$, la longueur du petit bras de levier m, n,

$\alpha = 30°$, l'angle que fait ce petit bras avec la verticale quand le signal est ouvert,

$\beta = 45°$, l'angle que fait le grand bras avec l'horizontale,

T, la tension sur le fil, due à l'action du contre-poids P,

on aura, dans la condition d'équilibre :

$$PR \cos\beta = TR' \cos\alpha,$$

d'où l'on tire :

$$PR = \frac{TR' \cos\alpha}{\cos\beta}. \tag{1}$$

Or, dans le cas d'équilibre, on a $T = a + b + c$, quantité connue ou que l'on peut calculer facilement, ainsi que nous l'avons vu plus haut.

On prend généralement pour P un poids constant de 20 kilogr., et l'équation (1) sert à déterminer la distance R.

La donnée du poids de 20 kilogr., est très-convenable pour les longueurs de transmission que l'on emploie dans la pratique. On devrait l'augmenter afin de ne pas avoir de longueurs exagérées de R, si, soit pour une très-grande longueur de transmission, soit pour toute autre cause, la somme des résistances au mouvement était notablement augmentée.

Équilibre du levier de manœuvre. — Pour passer de la position *fig.* 8 à la position *fig.* 7, il faut que l'action du contre-poids de la manœuvre soit plus forte que l'action du contre-poids de rappel, ajoutée à la somme des résistances au mouvement, dues aux frottements.

Conservons les mêmes notations que ci-dessus, et appelons en outre (*fig.* 10 et 11).

P_1, le poids de la lentille du levier de manœuvre,

R_1, la distance du centre de la lentille à l'articulation O,

$R_2 = 0^m,40$, le rayon du secteur de manœuvre,

ω, l'angle que fait le levier de manœuvre avec la verticale, lorsqu'il est à la fin de sa course, à la voie ouverte,

$\alpha' = 15°$, l'angle que fait le petit bras du levier de rappel avec la verticale, lorsque le levier de rappel est horizontal,

T', la tension que le levier de rappel exerce sur le fil, dans cette position,

T_1, la tension que le levier de manœuvre exerce sur le fil, dans la position qu'il occupe *fig.* 10,

on aura les deux équations d'équilibre :

$$P_1 R_1 \sin\omega = T_1 R_2, \tag{2}$$
$$PR = T'R' \cos\alpha'. \tag{3}$$

La valeur de T' sera donnée par l'équation (3), d'où l'on tire :

$$T' = \frac{PR}{R' \cos\alpha'},$$

formule dans laquelle tout est connu, puisque PR est calculé au moyen de l'équation (1).

Nous aurons ensuite :

$$T_1 = T' + a + b + c + d,$$

ce qui fera connaître T_1, et nous calculerons alors $P_1 R_1$ au moyen de l'équation (2), qui donne :

$$P_1 R_1 = \frac{T_1 R_2}{\sin \omega}.$$

L'angle ω varie avec la position du levier de manœuvre. lorsque le fil s'allonge ou se raccourcit; le cas le plus défavorable est celui où le levier de manœuvre est le plus rapproché de la verticale, comme lorsqu'on règle le signal au moment de la pose; ce cas correspond à un angle de 45 degrés environ, pour une transmission de 1000 mètres de longueur, de sorte que la valeur ci-dessus devient :

$$P_1 R_1 = \frac{T_1 \times 0^m,40}{0,70711} = 0,565\, T_1.$$

Nous prendrons $P_1 = 30$ kilogr., et nous calculerons la valeur correspondante de R_1. Si, lorsque la longueur de la transmission augmente beaucoup, on arrive pour R_1 à des valeurs trop grandes, ce qui serait gênant pour la manœuvre du signal, on augmentera la valeur du contre-poids, de manière à ce que la valeur de R ne dépasse pas $1^m,10$.

Les formules ci-dessus correspondent à l'état d'équilibre, et, par conséquent les valeurs qu'elles donnent devront être augmentées sensiblement pour obtenir le fonctionnement du signal, puisque, dans le cas où l'on ferme le signal, le contre-poids de rappel doit entraîner le fil, et que, dans le cas où l'on ouvre le signal, le contre-poids de la manœuvre doit entraîner le contre-poids de rappel. Il faut, en outre, tenir compte de ce que les calculs des frottements supposent les surfaces frottantes bien graissées, et que, dans la pratique, ces frottements peuvent considérablement augmenter, si le graissage est négligé.

Pour la distance R de la lentille du levier de rappel, on triplera les résultats donnés par le calcul. Pour la distance R_1 de la lentille du levier de manœuvre, on peut se borner à prendre le résultat donné par le calcul, car, d'une part, l'agent qui manœuvre le signal peut agir sur le levier de manœuvre, et, d'autre part, le moment du contre-poids de rappel diminue sensiblement, au fur et à mesure que le levier se relève.

En appliquant ce qui précède, on forme le tableau suivant :

Tableau des positions à donner aux lentilles, et poids à donner à ces lentilles, suivant les distances.

LONGUEURS des transmissions posées en courbe de 300 mètres de rayon.	$a+b+c+d$ — Somme des résistances au mouvement.	LEVIER DE RAPPEL.		LEVIER DE MANŒUVRE.	
		P Poids de la lentille.	R Distance du centre de la lentille au centre d'articulation du levier.	P_1 Poids de la lentille.	R_1 Distance du centre de la lentille au centre d'articulation du levier.
	kil.	kil.	mèt.	kil.	mèt.
Jusqu'à 500 mètres. . .	8,60	20	0,35	30	0,74
De 500 à 700 mètres. .	10,18	*id.*	0,43	*id.*	0,89
De 700 à 1000 mètres..	12,33	*id.*	0,52	*id.*	1,08
De 1000 à 1200 mètres.	13,91	*id.*	0,59	40	0,92
De 1200 à 1500 mètres.	16,17	*id.*	0,69	*id.*	1,07

Les résultats indiqués dans le tableau ci-dessus, se rapportent au cas le plus défavorable, celui d'une transmission en courbe de 300 mètres de rayon; il est évident qu'en pratique, la somme des frottements $a + b + c + d$, diminue quand le rayon de la courbe est plus considérable, et, par suite, les valeurs de R et R_1 peuvent être un peu diminuées.

2° Transmission posée sur un terrain incliné.

Nommons (voir *fig*. 12) :

L, la longueur de la transmission,
p, le poids du fil par mètre courant,
α, l'angle de l'inclinaison,
i, l'inclinaison par mètre ;

le poids total du fil de transmission sera pL, et la composante de ce poids, tendant à faire glisser la transmission, sera :

$$\varphi = p\text{L} \sin \alpha,$$

mais
$$i = \sin \alpha, \text{ à très-peu près,}$$
donc
$$\varphi = p\text{L}i.$$

La valeur de cette composante est donnée par le tableau suivant, pour différentes longueurs de transmission et différentes inclinaisons :

14

LONGUEUR de la transmission.	INCLINAISONS DE :			
	5 millimètres par mètre.	10 millimètres par mètre.	15 millimètres par mètre.	20 millimètres par mètre.
	kil.	kil.	kil.	kil.
500 mètres.	0,30	0,60	0,90	1,20
700 mètres.	0,42	0,84	1,26	1,68
1000 mètres.	0,60	1,20	1,80	2,40
1200 mètres.	0,72	1,44	2,16	2,88
1500 mètres.	0,90	1,80	2,70	3,60

Jusqu'à $0^m,005$ par mètre d'inclinaison, on peut négliger la valeur de φ; mais au-dessus, l'action de cette composante vient modifier l'équilibre des leviers.

Si nous supposons que le terrain soit en pente de la manœuvre au signal, les tensions se modifient de la manière suivante :

$$\text{T devient T} - \varphi, \qquad \text{T}_1 \text{ devient T}_1 + \varphi.$$

Dans le cas, au contraire, où le terrain est en pente du signal à la manœuvre :

$$\text{T devient T} + \varphi, \qquad \text{T}_1 \text{ devient T}_1 - \varphi.$$

Il faudra donc, suivant le cas, diminuer ou augmenter la distance du centre de la lentille à l'articulation du levier de rappel, suivant que la pente ira vers le mât du signal ou vers la manœuvre.

Il faudra de même augmenter ou diminuer la distance du centre de la lentille à l'articulation du levier de manœuvre, dans les mêmes cas.

En faisant entrer ces nouvelles valeurs de T et de T_1 dans les calculs précédents, on arrive à dresser le tableau suivant, qui donne les indications nécessaires pour rectifier la position des lentilles des leviers, dans le cas où le terrain est incliné.

LONGUEUR DE LA TRANSMISSION.	CHANGEMENT DE POSITION à faire subir au contre-poids du levier de rappel, pour une inclinaison de :			CHANGEMENT DE POSITION à faire subir au contre-poids du levier de manœuvre, pour une inclinaison de :		
	10 millim.	15 millim.	20 millim.	10 millim.	15 millim.	20 millim.
	mèt.	mèt.	mèt.	mèt.	mèt.	mèt.
Jusqu'à 500 mètres.	0,0085	0,013	0,017	0,005	0,007	0,009
— 700 mètres.	0,013	0,019	0,025	0,007	0,011	0,014
— 1000 mètres.	0,017	0,025	0,034	0,009	0,014	0,019
— 1200 mètres.	0,021	0,032	0,042	0,012	0,018	0,023
— 1500 mètres.	0,025	0,038	0,050	0,014	0,021	0,028

§ 3. — *Détermination de la course du levier de manœuvre.*

Variations de longueur du fil, dues aux différences de tension. — Pour que le signal puisse fonctionner et que la dilatation soit libre à la voie ouverte, il faut que la course du levier de manœuvre soit plus grande que la course du levier de rappel, augmentée de la quantité dont le fil s'allonge en vertu de la différence des tensions auxquelles il est soumis, quand la voie est fermée ou quand la voie est ouverte.

Nommons :

L, la longueur totale du fil,

l, la distance horizontale entre deux supports,

l', la longueur vraie du fil entre deux supports, sous la tension t,

l'', la longueur vraie du fil, sous la tension t',

t_0, la tension au point le plus bas de la courbe décrite par le fil, quand la voie est fermée,

t, la tension du fil près du support, dans le même cas,

t', la tension du fil près du support, quand la voie est ouverte,

f, la flèche de la courbe décrite par le fil, à la tension t,

p, le poids du mètre courant de fil,

s, la section du fil en millimètres carrés,

E, le module d'élasticité du fer $= 20000$ pour 1 millimètre carré de section,

A, l'allongement dû à ce que la flèche des courbes décrites par le fil entre les supports, diminue lorsque le fil passe de la tension t à la tension t',

B, l'allongement proprement dit du fil, dans le même cas.

Si nous supposons que, lorsque le signal est fermé, le levier de rappel touche à terre, le fil n'est soumis qu'à l'action de son propre poids, et il décrit entre deux piquets consécutifs, sensiblement une parabole dont l'équation est :

$$y = \frac{p}{2t_0}\, x^2.$$

Si l'on pose :
$$y = f, \quad x = \frac{l}{2},$$

on a :
$$f = \frac{p}{2t_0} \times \frac{l^2}{4} = \frac{pl^2}{8t_0},$$

d'où
$$t_0 = \frac{pl^2}{8f},$$

et
$$t = \sqrt{t_0^2 + \frac{p^2 l^2}{4}},$$

ou, négligeant le terme $\dfrac{p^2 l^2}{4}$, qui est très-petit,

$$t = t_0 = \frac{pl^2}{8f}.$$

La longueur développée de la parabole est donnée par l'équation

$$l' = l\left(1 + \frac{8}{3}\frac{f^2}{l^2}\right) = l + \frac{8}{3}\frac{f^2}{l},$$

d'où
$$l' - l = \frac{8}{3}\frac{f^2}{l},$$

et, en remplaçant f par sa valeur :

$$l' - l = \frac{8p^2l^4}{192t^2l} = \frac{p^2l^3}{24t^2},$$

et
$$\frac{l' - l}{l} = \frac{p^2l^2}{24} \times \frac{1}{t^2}. \qquad (1)$$

On aurait de même, à la tension t' :

$$\frac{l'' - l}{l} = \frac{p^2l^2}{24} \times \frac{1}{t'^2}. \qquad (2)$$

Et en retranchant membre à membre les équations (1) et (2) :

$$\frac{(l' - l) - (l'' - l)}{l} = \frac{l' - l''}{l} = \frac{p^2l^2}{24}\left(\frac{1}{t^2} - \frac{1}{t'^2}\right).$$

Dans cette équation, $\dfrac{l' - l''}{l}$ représente l'allongement du fil, dû à la diminution de la flèche, pour 1 mètre de projection horizontale; pour toute la longueur de la transmission on aura :

$$A = L\,\frac{p^2l^2}{24}\left(\frac{1}{t^2} - \frac{1}{t'^2}\right).$$

Quant à l'allongement proprement dit du fil, il est :

$$B = L\,\frac{t' - t}{Es} = L\,\frac{t' - t}{88000}.$$

L'allongement total du fil de la transmission, est ainsi :

$$A + B = L\left[\frac{p^2l^2}{24}\left(\frac{1}{t^2} - \frac{1}{t'^2}\right) + \frac{t' - t}{88000}\right],$$

ou
$$A + B = L(t' - t)\left[\left(\frac{p^2l^2}{24} \times \frac{t' + t}{t^2t'^2}\right) + \frac{1}{88000}\right],$$

ou
$$A + B = L(t' - t)\left(0{,}135.\frac{t' + t}{t^2t'^2} + \frac{1}{88000}\right).$$

En appliquant cette formule à une transmission de 500 mètres de longueur, on a :

L = 500 mètres.
$t' =$ 80 kilogr.
$t =$ 55 kilogr. environ, dans une transmission bien réglée.

On tire alors :

$$A + B = 0^m{,}16 \text{ environ.}$$

Variations de longueur du fil, dues aux différences de température. — Nous n'avons pas tenu compte, dans le calcul qui précède, des variations que les différences de température peuvent faire subir à la longueur du fil.

Si l'on nomme :

L, la longueur de la transmission,

n, la différence de température produisant la variation de longueur, évaluée en degrés centigrades,

$d = 0^m,000\,012\,2$ la variation par mètre de longueur, que produit une différence de 1° dans la température, on aura pour la variation de longueur du fil, due à une différence de $n°$ dans la température :

$$Lnd = 0,000\,012\,2\,Ln.$$

La différence de température peut atteindre 60 degrés de l'hiver à l'été, et jusqu'à 20 degrés dans une même journée. Il en résulte, pour une transmission de 500 mètres de longueur, une variation de longueur de :

$$0^m,000\,012\,2 \times 500 \times 60 = 0^m,366 \text{ de l'hiver à l'été,}$$

et $\qquad 0^m,000\,012\,2 \times 500 \times 20 = 0^m,122$ dans une même journée.

Le levier de manœuvre pouvant décrire un arc d'environ 100°, ce qui correspond à une course de :

$$\frac{0^m,40 \times 100 \times 2\pi}{360} = 0^m,70 \text{ environ,}$$

la course nécessaire pour faire mouvoir le levier de rappel et compenser les allongements A et B, étant de $0^m,16 + 0^m,24 = 0^m,40$ environ, il reste disponible pour l'allongement dû aux variations de température :

$$0^m,700 - 0^m,400 = 0^m,300.$$

Ce qui est suffisant, la disposition du levier de manœuvre permettant de régler facilement la longueur du fil, lorsque les variations de température l'exigent.

Position initiale du levier de manœuvre pour un signal à 500 mètres. — La course nécessaire pour faire manœuvrer un signal à 500 mètres étant, comme nous venons de le voir, de $0^m,40$, on peut en déduire la position initiale du levier de manœuvre à la voie ouverte.

Cette course, en effet, correspond à un angle de :

$$\frac{0,40}{\left(\dfrac{2\pi \times 0,40}{360}\right)} = 58 \text{ degrés environ,}$$

Le levier faisant avec la verticale un angle de 10 degrés à gauche, dans sa position à la voie fermée, l'angle de 58 degrés qu'il décrit le place, à la voie ouverte, à 48 degrés à droite de la verticale, ou à 42 degrés au-dessus de l'horizontale.

NOTE 5. (Page 47.)

DESCRIPTION DES NOUVELLES LANTERNES POUR DISQUES-SIGNAUX, DU CHEMIN DE FER DU NORD.

(D'après une note de M. ALQUIÉ, Ingénieur du matériel fixe.)

La lanterne pour les différents disques-signaux du chemin de fer du Nord, se compose d'une boîte en fer-blanc, dont la section horizontale est un carré de $0^m,26$ de côté, et de $0^m,31$ de hauteur, portée sur quatre pieds en zinc.

La face proprement dite, c'est-à-dire le côté qui donne le feu-signal, est percée d'un trou circulaire de $0^m,22$ de diamètre, qu'on garnit, suivant les cas, d'une vitre *rouge* ou *verte*. Chacune des trois autres faces est percée d'un trou oblong, ayant $0^m,09$ de hauteur et $0^m,17$ de longueur. Deux coulisses horizontales placées extérieurement, l'une au-dessus, l'autre au-dessous de cet orifice, permettent l'introduction, soit d'un petit volet en tôle, destiné à fermer l'orifice et à intercepter la lumière, soit d'un tambour à lentille, dont l'usage sera indiqué ultérieurement. Le volet, ou le tambour à lentille, est maintenu en place par un petit mentonnet à ressort.

Les ouvertures sur les quatre côtés ont leur axe horizontal, à une hauteur qui correspond au centre de la flamme du quinquet.

Si, maintenant on envisage l'intérieur de la lanterne, on voit, pour la face proprement dite, deux séries de coulisses verticales; la série la plus rapprochée de la paroi est destinée à recevoir la vitre colorée, l'autre série reçoit le réflecteur parabolique qui sert à projeter la lumière vers le point d'arrivée des trains. Pour chacune des trois autres faces, il existe une seule série de coulisses qui sont semblables, et dans lesquelles on peut mettre à volonté, soit une vitre blanche, soit le quinquet.

Le nettoyage de la lanterne et la manœuvre du quinquet, se font par la partie supérieure; à cet effet, le fond supérieur, qui porte la cheminée, est mobile autour d'une charnière, et a son ouverture limitée par une chaînette. La cheminée est munie d'un cône et d'une collerette, pour empêcher les extinctions.

A la partie supérieure de l'une des faces de la lanterne, est fixé un système d'accrochage, composé d'une entretoise en fer rivée sur cette face, et de deux agrafes rivées à l'entretoise. Deux petites portes mobiles pratiquées sur les côtés latéraux, permettent l'introduction de la main pour régler la flamme de la lampe. Une seule porte est utile ; toutefois, on en a mis deux pour qu'il y en ait une d'accessible, quelle que soit la position du quinquet.

Le *quinquet* est disposé de façon que son feu, quelle que soit la face sur laquelle on l'applique, occupe exactement le centre de la lanterne ; c'est un quinquet à *réservoir latéral* et à *niveau constant*.

Le réservoir présente, en coupe horizontale, la forme d'un triangle isocèle légèrement tronqué au sommet, à base droite et à côtés légèrement concaves. Cette forme a été déterminée en vue de satisfaire à deux conditions :

1° *La symétrie* de la figure, afin de pouvoir placer le quinquet, indifféremment à droite ou à gauche de la face principale de la lanterne ;

2° *La forme curviligne* des côtés obliques, pour épouser la forme du réflecteur et utiliser ainsi, le mieux possible, l'espace laissé libre entre la paroi de la lanterne et le réflecteur. Cette disposition permet d'avoir un réservoir contenant une quantité d'huile, correspondant à dix-huit heures d'éclairage au moins.

Outre la forme du réservoir, le quinquet présente encore deux dispositions spéciales :

1° *La cheminée en cristal*, au lieu d'être rétrécie au droit de la flamme, comme le sont les cheminées de presque toutes les lampes, est du même diamètre sur toute sa hauteur. Cette forme, plus simple, a le grand avantage de ne pas exiger la recherche de la position du coude du verre, par rapport à la mèche correspondant à un bon éclairage. Elle rend d'ailleurs l'échauffement moins irrégulier, et par suite, les cheminées cassent moins fréquemment ; le nettoyage en est aussi plus facile.

2° *La galerie*, qui porte la cheminée, tamise l'air destiné à alimenter la flamme, à travers des fentes verticales assez étroites. Avec cette disposition, les mouvements extérieurs de l'air sont presque sans influence sur la flamme, qui est beaucoup plus fixe que dans les anciennes lampes. C'est une nouvelle cause de conservation des cheminées.

Ces détails sont d'une grande importance, car le bris des verres en service, avait de graves inconvénients.

Enfin, après avoir commencé par appliquer le quinquet contre les parois de la lanterne, on a reconnu que le réservoir d'huile subissait trop directement l'influence des changements de température, et que l'huile se congelait quelquefois. On a alors isolé le réservoir des parois, au moyen d'un *porte-quinquet* disposé pour entrer dans les coulisses du quinquet, et portant lui-même d'autres coulisses semblables.

Les résultats obtenus ont été satisfaisants ; on est arrivé ainsi, à maintenir l'huile à la température de l'air intérieur de la lanterne, qui est d'environ 20 degrés au-dessus de la température extérieure. On a dû réduire, toutefois, l'accès de l'air extérieur, au strict nécessaire.

Une modification du quinquet a été étudiée, pour le cas où les précautions indiquées ci-dessus, ne seraient pas suffisantes à protéger l'huile des chances de congélation.

Cette modification consiste à alimenter le bec par une simple prise d'air extérieur, qui, en agissant directement sur la flamme, permet d'éviter le refroidissement de l'air chaud contenu dans l'intérieur de la lanterne.

Le *tambour à lentille*, qui peut se placer sur trois des côtés de la lanterne, la face exceptée, sert à diriger vers l'aiguilleur la lumière de la lampe.

Pour atteindre ce résultat, la lentille est montée sur un cadre mobile dans des coulisses circulaires concentriques à la flamme. Suivant les inflexions de la voie que le disque doit couvrir, on règle la position de la lentille, de manière qu'elle dirige son faisceau lumineux sur le levier de manœuvre.

Quel que soit leur usage, toutes les lanternes se composent des éléments indiqués ci-dessus; elles ne diffèrent les unes des autres que par l'arrangement de ces divers éléments.

Elles sont appliquées aux appareils ci-après :

1° Aux disques à distance;

2° Aux disques d'arrêt;

3° Aux indicateurs de bifurcation.

DESCRIPTION DES LANTERNES.

1° *Lanterne pour disque à distance*. — La face est garnie d'une vitre rouge, l'accrochage a lieu par derrière; le trou oblong de ce côté, ne reçoit pas de volet, et il est garni à l'intérieur d'une vitre blanche; la lumière s'aperçoit directement, si aucun obstacle ne rend le disque lui-même invisible.

Le côté à droite de la face, est garni d'une vitre blanche à l'intérieur, et d'un tambour à lentille à l'extérieur. Le côté à gauche porte le quinquet à l'intérieur; l'extérieur est garni d'un volet.

Le disque à distance étant à voie libre, et le côté à droite de la face se trouvant tourné vers l'aiguilleur, on a mis la lentille de ce côté. On aurait pu en placer une également, par derrière; mais on a reconnu plus utile de présenter à l'aiguilleur deux feux différents correspondant aux deux positions du disque, qui lui permettent de se rendre mieux compte du fonctionnement de l'appareil.

2° *Lanterne pour disque d'arrêt*. — Comme pour la précédente, le feu de la face est rouge, l'accrochage se fait par derrière, et le trou de cette face, garni d'un verre blanc, permet de voir la lumière à travers le disque, lorsque celui-ci est dans sa position normale, c'est-à-dire à l'arrêt.

Les deux côtés latéraux sont fermés par un volet; le quinquet peut se mettre indifféremment à droite ou à gauche.

Il résulte de la disposition ci-dessus, que l'aiguilleur aperçoit le feu lorsque le disque est tourné à l'arrêt, tandis qu'il cesse de le voir lorsque le disque est à voie libre, ce qui permet à l'agent de s'assurer exactement si le disque prend bien ses deux positions.

3° *Lanterne pour indicateur de bifurcation*. — Dans ce système, le feu de la face est vert, le tambour est à lentille par derrière, et les deux côtés latéraux sont fermés.

Le quinquet peut être mis, indifféremment, à droite ou à gauche des côtés latéraux. Il en est de même pour l'accrochage. Cette lanterne est immobile.

NOTE 6. (Page 48.)

DESCRIPTION ET ENTRETIEN DES LANTERNES FIXES
DU CHEMIN DE FER DE LYON.

(Extrait du Mémoire de M. MARIÉ, Ingénieur en chef, adjoint, du matériel
et de la traction.)

1° DESCRIPTION DE L'APPAREIL.

Lanterne. — La lanterne (Pl. XVIII, *fig.* 13), se compose d'une enveloppe
cylindrique A, en tôle étamée, renfermant un réflecteur parabolique B, en
cuivre plaqué d'argent. Le cylindre est fermé, du côté de l'ouverture du réflecteur, par un cercle en cuivre C, à charnière, portant une glace. La glace est
maintenue par un deuxième cercle D, fixé par quatre vis, à l'intérieur du premier. Le deuxième fond du cylindre est fermé par un cercle à charnière E, semblable au premier, mais garni d'un fond en tôle. Une lampe d'Argand rentre
dans la lanterne par le deuxième fond. Le bec de la lampe traverse le fond du
réflecteur, et se place de manière que le centre de la flamme occupe le foyer de
celui-ci.

Un trou F, percé dans le réflecteur à la hauteur du foyer, et un petit réflecteur conique correspondant GG, HH, qui traverse le réservoir de la lampe,
envoient en arrière de la lanterne, un faisceau de lumière destiné à renseigner
la gare et les agents chargés de la manœuvre du disque sur l'éclairage et la
position du signal.

Miroirs et écrans. — Lorsque la voie est en ligne droite, le feu d'arrière
peut être aperçu directement de la gare.

Lorsque la voie est en courbe, on fait usage d'un miroir réflecteur (*fig.* 14),
qui renvoie vers la gare ce faisceau de lumière.

Ce miroir, dont on peut varier l'inclinaison, se place dans des coulisses *mm*
(*fig.* 13), fixées derrière la lanterne; il est employé pour les angles de 10 à
90 degrés.

De 0 à 10 degrés, on conserve le feu direct, sans miroir réflecteur. Le miroir, en se retournant, peut servir pour les déviations à droite ou à gauche.

Le faisceau lumineux reste blanc lorsque le disque est placé perpendiculairement à la voie; mais dans l'autre position, il est coloré en bleu par un écran
fixé au disque.

On emploie, suivant le sens et la grandeur de l'angle de déviation, l'un des quatre écrans représentés figures 15, 16, 17 et 18.

L'écran n° 1 est employé pour la lumière directe, et les déviations à gauche ou à droite inférieures à 30 degrés.

L'écran n° 2 est employé pour les déviations de 30 à 90 degrés, à droite en regardant la gare.

L'écran n° 3 est employé pour les déviations de 30 à 70 degrés à gauche.

L'écran n° 4 est employé pour les déviations de 70 à 90 degrés à gauche.

Tous ces écrans sont formés de coulisses en tôle, fixées au disque, et dans lesquelles se place un verre bleu, garni préalablement de deux cordons en caoutchouc (*fig.* 19).

2° ENTRETIEN.

Lanterne. — On devra entretenir le réflecteur dans son poli, à l'aide d'une peau de chamois et de rouge anglais ; il faut éviter de le frotter avec des chiffons durs ou imprégnés de sable. On ne doit jamais laisser d'huile sur le réflecteur ni sur la cheminée en verre ; cette huile s'altère par la chaleur et produit des taches, qu'il est fort difficile de faire disparaître.

On entretiendra polis, les cercles en cuivre de la lanterne et leurs charnières.

Quand on remplit la lampe, il faut avoir soin de l'emplir presque complétement, sans quoi, l'air se dilatant dans le réservoir, ferait couler inutilement dans le godet une certaine quantité d'huile.

On aura soin, en allumant la lampe, de monter la mèche très-bas, afin qu'elle ne fume pas et qu'elle ne charbonne pas. Dans les longues nuits, on recoupera la mèche, s'il est nécessaire, vers le milieu de la nuit, pour maintenir un bon éclairage jusqu'au jour.

En hiver, on enlèvera le capuchon de la petite cheminée qui existe dans un certain nombre de lanternes, en avant de la cheminée principale, et on fermera le trou par un bouchon que l'on recouvrira du capuchon ; on suspendra ainsi le courant d'air qui s'établit par cette cheminée, et la lanterne sera moins exposée à geler.

Par les très-grands froids, on pourra aussi empêcher la lanterne de geler, en laissant une certaine quantité d'huile dans le godet de trop-plein et en y mettant une ou deux veilleuses.

En hiver, lorsqu'il gèle, la lampe doit être tenue dans la maison du garde qui est chargé de son éclairage ; elle ne doit être portée au mât de signal qu'au moment de l'éclairage.

Le jour comme la nuit, la lanterne doit être levée en place à la hauteur du disque, afin d'éviter qu'elle puisse être choquée par quelque partie saillante des trains.

Miroirs et écrans. — Les miroirs réflecteurs et les glaces de lanternes, seront nettoyés tous les jours ; les écrans du disque seront nettoyés tous les huit jours, ou plus souvent s'il est nécessaire.

. NOTE 7. (Pages 55 et 65.)

RÈGLEMENT SPÉCIAL DE LA COMPAGNIE DE L'OUEST POUR LES SIGNAUX DE LA BIFURCATION DE SAINT-CYR.

(LIGNE DE RENNES ET LIGNE DE GRANVILLE.)

ARRÊT A L'EMBRANCHEMENT DE SAINT-CYR, DE TOUS LES TRAINS MONTANTS DE LA LIGNE DE DREUX, ET RALENTISSEMENT A OBSERVER AUX ABORDS DE L'EMBRANCHEMENT, PAR TOUS LES TRAINS.

Tous les trains et toutes les machines venant de la ligne de Dreux, devront s'arrêter à l'embranchement de Saint-Cyr et ne pénétrer sur la voie montante de Rennes, qu'après y avoir été autorisés par l'ouverture d'un signal jaune établi à cet effet.

Les mécaniciens de tous les trains et de toutes les machines devront, à l'approche de l'embranchement de Saint-Cyr, ralentir leur vitesse, de façon à se rendre maîtres d'arrêter leur train ou leur machine dans l'espace libre devant eux, ainsi qu'au premier signal d'arrêt qui leur serait fait.

SERVICE DES EMPLOYÉS CHARGÉS DE MANŒUVRER LES SIGNAUX ET LES AIGUILLES.

Direction du service.

Il appartient au chef de gare de régler le service des aiguilleurs, et des employés qui en remplissent temporairement les fonctions, ainsi que leurs rapports avec les autres employés chargés des manœuvres. Il donne, enfin, toutes instructions de détails nécessaires, pour assurer l'exécution du présent règlement et la sécurité du service dont la direction lui est confiée.

Recommandations principales.

Aucune manœuvre, aucune obstruction des voies principales, ne doit avoir lieu sans que les employés chargés de manœuvrer les signaux nécessaires, en aient été informés en temps utile.

Les aiguilleurs ne doivent autoriser une manœuvre, qu'après s'être assurés que les voies sur lesquelles cette manœuvre va s'exécuter, sont libres, et avoir pris toutes les précautions prescrites.

Ils doivent se tenir toujours prêts à faire, indépendamment des signaux fixes dont la nomenclature est indiquée au présent règlement, les signaux nécessaires, au moyen du drapeau rouge le jour, ou du feu rouge la nuit.

Lorsque les aiguilleurs manœuvrent les signaux fixes pour protéger un mouvement, ils doivent s'assurer, avant de laisser commencer ce mouvement, qu'aucune machine, aucun train, n'est engagé sur la voie, entre le signal et le point de manœuvre.

Pour se conformer à cette importante prescription, il suffit, lorsque le signal est visible du point de manœuvre, de porter attentivement le regard du côté de la voie où un train peut survenir ; mais si, par suite d'une courbe ou de toute autre cause, le signal n'est pas visible du point de manœuvre, l'employé chargé de mettre ce signal à l'arrêt doit, après l'avoir manœuvré et *avant d'autoriser l'exécution des mouvements à effectuer, laisser s'écouler un intervalle de temps suffisant pour acquérir la certitude qu'aucune machine, aucun train, marchant même lentement, n'était engagé déjà entre le signal et le point de manœuvre, au moment où le signal a été mis à l'arrêt.*

La sécurité exige que cette mesure de prudence soit rigoureusement observée en tout temps.

NOMENCLATURE ET OBJET DES SIGNAUX.

Poste n° 1. — Embranchement.

L'aiguille n° 5, reliant la voie descendante de Rennes à la voie descendante de Dreux, est normalement disposée pour donner accès sur la ligne de Rennes.

UN SIGNAL VERT, manœuvré par le mécanisme de cette aiguille, indiquera, lorsqu'il présentera le disque vert, le jour, et le feu vert, la nuit, qu'elle est disposée pour donner accès aux trains descendants et aux machines, sur la voie descendante de Dreux.

L'aiguille n° 5 est reliée, au moyen d'un enclanchement, au signal n° 4, dont il va être parlé, de telle sorte qu'il faut que ce signal soit tourné à l'arrêt et l'enclanchement manœuvré, pour que l'aiguille n° 5 puisse être disposée dans la direction de la voie descendante de Dreux.

Les trains descendants et les machines en destination de la ligne de Rennes, devront s'arrêter si le signal vert leur est présenté.

Lorsqu'un train ou une machine, devra s'engager sur la voie descendante de Dreux, le mécanicien préviendra l'aiguilleur du poste n° 1, au moyen de *trois coups de sifflet prolongés.*

Cet aiguilleur, après avoir tourné à l'arrêt le signal n° 4 et pris toutes les mesures nécessaires, manœuvrera l'enclanchement et disposera ensuite l'aiguille n° 5, lorsque le train ou la machine pourra, sans inconvénient, pénétrer sur la voie descendante de Dreux.

En outre, il devra, avant de manœuvrer l'enclanchement, laisser s'écouler un intervalle de temps suffisant pour acquérir la certitude qu'aucun train montant, aucune machine, marchant même lentement, n'était déjà engagé entre le signal n° 4 et son levier de manœuvre, au moment où il a été mis à l'arrêt.

Signaux nᵒˢ 1, 3, 4 et 10 (rouges); 8 (jaune).

Signaux nᵒˢ 1 et 3. — Toutes les fois que la voie descendante de Rennes sera occupée à l'embranchement de Saint-Cyr, par l'arrêt d'un train ou d'une machine, par une manœuvre ou par toute autre cause, le signal nᵒ 3, placé à 250 mètres environ, vers Paris, du poste nᵒ 1, sera manœuvré et tourné à l'arrêt, pour arrêter à distance les trains descendants et les machines qui pourraient se présenter.

Le signal nᵒ 1 placé à 870 mètres environ, vers Paris, du poste nᵒ 1, répétera toujours le signal nᵒ 3. Le signal nᵒ 1 sera, à cet effet, muni d'un double levier de manœuvre, mis à la portée de l'aiguilleur du poste nᵒ 1; ce signal sera en outre muni d'un appareil électrique faisant fonctionner, pendant qu'il est placé à l'arrêt, une sonnerie établie près du poste nᵒ 1.

Signal nᵒ 4. — Toutes les fois que la voie montante de Rennes sera occupée à l'embranchement de Saint-Cyr, par le passage d'un train descendant ou montant de la ligne de Dreux, par l'arrêt d'un train ou d'une machine, par une manœuvre ou par toute autre cause, le signal nᵒ 4, placé à 600 mètres environ, vers Rennes, du poste nᵒ 1, sera manœuvré et tourné à l'arrêt, pour arrêter à distance les trains et les machines qui pourraient se présenter.

Le signal nᵒ 4 sera toujours répété par le signal nᵒ 6, dans les conditions indiquées d'autre part.

Le signal nᵒ 4 est muni d'un appareil électrique faisant fonctionner, pendant qu'il est placé à l'arrêt, une sonnerie établie près du poste nᵒ 1.

Signal nᵒ 8 (jaune). — Ce signal, à potence (*fig.* 1 et 2), établi à 140 mètres environ, vers Dreux, du poste nᵒ 1 (*fig.* 1), sera normalement tourné à l'arrêt, pour interdire l'accès de la voie montante de Rennes, aux trains et aux machines venant de la ligne de Dreux.

Lorsqu'un train ou une machine venant de la ligne de Dreux, devra pénétrer sur la voie montante de Rennes, le mécanicien demandera à l'aiguilleur du poste nᵒ 1, au moyen du sifflet de sa machine, l'ouverture du signal nᵒ 8.

Cet aiguilleur, après avoir tourné à l'arrêt le signal nᵒ 4 et pris toutes les mesures nécessaires, effacera le signal nᵒ 8 lorsque le train ou la machine pourra, sans inconvénient, pénétrer sur la voie montante de Rennes.

En outre, il devra, avant d'ouvrir le signal nᵒ 8, laisser s'écouler un intervalle de temps suffisant pour acquérir la certitude qu'aucun train montant, aucune machine, marchant même lentement, n'était déjà engagé entre le signal nᵒ 4 et son levier de manœuvre, au moment où il a été mis à l'arrêt.

Dans aucun cas, les signaux nᵒˢ 4 et 8 ne pourront être effacés en même temps. En conséquence, ils sont reliés de façon que l'un ne puisse être effacé, sans que l'autre ait été tourné préalablement à l'arrêt.

Les signaux nᵒˢ 4 et 8 ne devront jamais être mis à la voie libre, lorsque le signal nᵒ 2 de la gare sera tourné à l'arrêt pour protéger, soit un train arrêté dans la gare, soit une manœuvre, soit toute autre cause interceptant la voie principale montante.

Signal nᵒ 10. — Toutes les fois que la voie montante de Dreux sera occupée par l'arrêt d'un train ou d'une machine, par une manœuvre ou par toute autre cause, le signal n° 10, placé à 830 mètres environ du poste n° 1, devra être manœuvré et tourné à l'arrêt, pour arrêter à distance les trains et les machines qui pourraient se présenter.

Le signal n° 10 est muni d'un appareil électrique faisant fonctionner, pendant qu'il est placé à l'arrêt, une sonnerie établie près du poste n° 1.

Les signaux n°° 1, 3, 4, 8 et 10 seront manœuvrés par l'aiguilleur du poste n° 1.

Poste n° 2.

SIGNAL N° 6 (rouge). — Ce signal, placé à 500 mètres environ, vers Rennes, du poste de garde établi près du signal n° 4, est destiné à répéter toujours le signal n° 4, et à protéger les machines et les trains montants qui se trouveraient arrêtés en ce point.

A cet effet, le signal n° 4, en se plaçant à l'arrêt, avertira le garde du poste n° 2, au moyen d'une sonnette mise en mouvement par ce signal. Le garde du poste n° 2 tournera immédiatement à l'arrêt le signal n° 6.

Le signal n° 6 sera manœuvré par le garde du poste n° 2.

Gare.

SIGNAUX N°° 1 et 2 (rouges). — Toutes les fois que les voies principales de la ligne de Rennes seront occupées dans la gare de Saint-Cyr, par le passage ou l'arrêt d'un train, par une manœuvre ou par toute autre cause, les signaux ci-après devront être manœuvrés et tournés à l'arrêt, pour arrêter à distance, les trains et les machines qui pourraient se présenter sur les voies où la circulation devra être, momentanément, interceptée, savoir:

1° Pour fermer la voie descendante, le signal n° 1, placé à 400 mètres environ, vers Paris, de la gare ;

2° Pour fermer la voie montante, le signal n° 2, placé à 470 mètres environ, vers Rennes, de la gare.

Le signal n° 1 est muni d'un appareil électrique faisant fonctionner, pendant qu'il est placé à l'arrêt, une sonnerie établie sur le quai descendant de la gare.

Les signaux n°° 1 et 2 seront manœuvrés par les employés de la gare.

NOTE 8. (g 63.)

ORDRE SPÉCIAL N° 2410 DE LA COMPAGNIE D'ORLÉANS,

RÉGLANT LA MANŒUVRE DES MATS DE SIGNAUX DESTINÉS A COUVRIR LES BIFURCATIONS
DES VOIES DE RACCORDEMENT DE TOURS, ET A PROTÉGER L'ENTRÉE
ET LA SORTIE DES TRAINS DANS LES GARES DE TOURS ET DE SAINT-PIERRE-DES-CORPS,
AINSI QUE LE MOUVEMENT DES MACHINES ENTRE LES DÉPOTS ET CES DEUX GARES.

---

§ 1. POSITION DES POSTES D'AIGUILLEURS. OBJET ET DISPOSITION DES MATS.

Art. 1er. — Il est établi, pour la manœuvre des mâts de signaux, destinés à couvrir les bifurcations des voies de raccordement de Tours et les gares de Tours et de Saint-Pierre-des-Corps, neuf postes principaux (Pl. X, *fig.* 1) :

1° Aux aiguilles de l'entrée en gare des marchandises de Saint-Pierre-des Corps, du côté d'Orléans.

2° A la gare de Saint-Pierre-des-Corps ;

3° Aux aiguilles de bifurcation, côté d'Orléans et Paris ;

4° Aux aiguilles de bifurcation, côté de Poitiers et Bordeaux ;

5° Aux aiguilles de bifurcation, côté de Nantes ;

6° Aux aiguilles de bifurcation, côté de Tours ;

7° A la gare des marchandises de Tours ;

8° Au contrôle de la gare des voyageurs de Tours ;

9° A la gare des voyageurs de Tours.

Art. 2. —Les mâts manœuvrés de ces différents points, répondent à deux objets distincts :

1° Les mâts de signaux à disque rouge sont destinés à arrêter les trains lorsque la voie n'est pas libre, et à protéger ces trains après leur passage et pendant leurs arrêts ;

2° Les mâts à disque ovale de couleur jaune (*fig.* 2), servent à indiquer la provenance ou la destination des trains ou des machines se dirigeant sur une bifurcation, et à ouvrir ou fermer les voies dont ils portent la désignation.

Art. 3. — Les mâts à disque rouge sont établis dans les positions et pour les objets ci-après, savoir :

Le disque n° 35 (*fig.* 1) couvre le croisement de l'entrée en gare des marchandises de Saint-Pierre-des-Corps ; il a aussi pour objet de protéger les trains arrêtés au contrôle, ou sous la gare des voyageurs de Saint-Pierre-des-Corps, en répétant à une distance convenable, lorsqu'il y a lieu, les signaux rouges du mât n° 34 ;

Les disques nᵒˢ 37 et 17 ont pour objet d'interdire à tout train ou à toute machine, la sortie de la gare des marchandises de Saint-Pierre-des-Corps, le premier, du côté d'Orléans, le second, du côté de Tours ;

Les disques nᵒˢ 33 et 6 ferment les voies de départ de la gare des voyageurs de Saint-Pierre-des-Corps, le premier du côté d'Orléans, le second du côté de Tours ;

Le disque nᵒ 30 couvre la bifurcation, côté de Bordeaux ;

Le disque nᵒ 28 couvre la bifurcation, côté de Nantes ;

Le disque nᵒ 41 a pour objet d'interdire à tout train ou à toute machine, la sortie de la gare des marchandises de Tours ;

Le disque nᵒ 12 ferme la voie de départ de la gare des voyageurs de Tours ;

Le disque nᵒ 45 ferme la voie de sortie du dépôt, dit Dépôt de Bordeaux ;

Le disque nᵒ 46 ferme la voie de sortie du dépôt, dit Dépôt de Nantes.

Tous les disques désignés ci-dessus doivent, en principe, être tournés au rouge.

Les mâts de signaux à disque rouge, nᵒˢ 35 *bis*, 31 et 31 *bis*, solidaires, et 29, sont destinés à couvrir les trains arrêtés par les mâts nᵒˢ 35, 30 et 28 ; ils sont manœuvrés par les chefs des trains en stationnement, conformément aux prescriptions de l'instruction nᵒ 1899.

Les disques nᵒˢ 34 et 32 couvrent la gare des voyageurs de Saint-Pierre-des-Corps, le premier, du côté de Paris, le second, du côté de Tours ; ces deux disques doivent être mis au rouge pendant le stationnement des trains au contrôle ou sous la gare, et lorsque la voie est embarrassée par une cause quelconque.

Le disque nᵒ 32 *bis* couvre le croisement de voie 27-28 ; il a aussi pour objet de protéger les trains arrêtés au contrôle ou sous la gare des voyageurs, en répétant à une distance convenable, lorsqu'il y a lieu, les signaux rouges du mât nᵒ 32.

Le disque nᵒ 42 couvre le contrôle de la gare de Tours, et est mis au rouge pendant que les trains y stationnent ; il doit être ouvert dès que le train est entré en gare.

Le disque nᵒ 43, placé à l'entrée de la gare des voyageurs de Tours, couvre la voie d'arrivée sous gare.

Le disque nᵒ 14 est rouge sur ses deux faces ; il couvre le point d'intersection de la voie directe de Tours à Poitiers (côté de Bordeaux), avec la voie directe d'Orléans à Nantes ; il doit, en principe, fermer cette dernière voie.

Art. 4. — Les mâts à disque ovale de couleur jaune, sont établis aux bifurcations, et manœuvrés des divers postes en correspondance avec chacune d'elles ; ils portent une inscription indiquant la provenance ou la destination des trains ou des machines ; ils peuvent prendre deux positions.

Le disque maintenu parallèlement à la voie, signifie que la circulation est interdite.

Le disque maintenu perpendiculairement aux rails, indique que le train ou la machine peut s'engager sur la voie dont le mât présente la désignation.

Les mâts à disque ovale jaune, doivent, en principe, être maintenus parallèlement à la voie, et, par conséquent, interdire la circulation.

La demande d'ouverture de la voie pour un train se fait par un signal d'appel, en ouvrant et refermant le mât qui correspond à la destination du train annoncé.

L'aiguilleur qui a autorisé le passage d'un train, ramène le mât à sa position normale, aussitôt que le train a dépassé le poste qu'il occupe.

§ II. Manœuvre des mats de signaux pour couvrir l'entrée, le stationnement et la sortie des trains, dans les gares de Tours et de Saint-Pierre-des-Corps.

Art. 5. — Trains venant d'Orléans (côté de Paris), *en destination de Saint-Pierre-des-Corps.*

Avant l'arrivée du train, l'aiguilleur chargé des aiguilles de l'entrée en gare des marchandises doit, si rien ne s'y oppose, ouvrir le disque n° 35; il le referme aussitôt que le train l'a dépassé.

Lorsque le train arrivant est un train de voyageurs, l'aiguilleur ne doit ouvrir le disque n° 35, qu'après s'être assuré que le disque n° 37 est fermé et que le disque n° 34 est ouvert; ce dernier mât doit être tourné au rouge dès qu'il a été dépassé par le train.

Lorsque le train arrivant est un train de marchandises, l'aiguilleur prévient la gare de Saint-Pierre-des-Corps, en ouvrant et refermant le mât n° 37; celle-ci autorise l'entrée du train, en ouvrant le disque n° 36 marchandises; alors l'aiguilleur ouvre le disque n° 35, après s'être assuré que le disque n° 37 est fermé.

Art. 6. — Trains de voyageurs venant d'Orléans, en destination de Tours, et ne s'arrêtant pas à Saint-Pierre-des-Corps.

Avant l'arrivée du train, l'aiguilleur de l'entrée en gare des marchandises ouvre le disque n° 35, après s'être assuré que le disque n° 37 est fermé et que le disque n° 34 est ouvert.

L'aiguilleur de la bifurcation, côté d'Orléans, demande à l'aiguilleur de la bifurcation, côté de Tours, au moyen du mât jaune n° 7 (Orléans), si le train peut passer; sur la réponse affirmative faite par le disque n° 23 (Tours), l'aiguilleur d'Orléans ouvre le disque n° 6, après s'être assuré, par l'inspection des leviers, que les voies de Nantes et de Bordeaux sont fermées, que le disque n° 17 est tourné au rouge, et que la circulation est interdite à tout train ou machine venant de Tours, en destination de la gare des marchandises de Saint-Pierre-des-Corps. Avant d'ouvrir le disque n° 23, l'aiguilleur de la bifurcation, côté Tours, s'assure que la position des mâts interdit l'arrivée des trains de Bordeaux et de Nantes, et le départ des trains de la gare de Tours pour ces deux destinations, ainsi que la rentrée et la sortie des machines du dépôt de Nantes.

Art. 7. — Trains partant de la gare de Saint-Pierre-des-Corps, et se dirigeant sur Tours, Nantes ou Bordeaux.

Avant l'expédition d'un train, la gare de Saint-Pierre-des-Corps annonce à l'aiguilleur de la bifurcation, côté d'Orléans, le départ de ce train au moyen de l'un des disques jaunes n° 21 (Tours), 9 (Nantes), 1 (Bordeaux), suivant la direction à prendre. S'il s'agit de l'expédition d'un train de marchandises, la gare tourne en outre le mât n° 8 (marchandises); l'aiguilleur d'Orléans prend alors les dispositions suivantes :

1° Trains se dirigeant sur Tours.

L'aiguilleur d'Orléans transmet la demande à l'aiguilleur de la bifurcation, côté de Tours, au moyen du mât n° 7 (Orléans) si c'est un train de voyageurs, et des mâts n°ˢ 7 (Orléans) et 39 (marchandises) si c'est un train de marchandises. Dans le premier cas, l'aiguilleur de Tours, avant de répondre, s'assure que la position des mâts interdit l'arrivée des trains de Bordeaux et de Nantes et le départ des trains de la gare de Tours pour ces deux destinations, ainsi que la rentrée et la sortie des machines du dépôt de Nantes. Ces précautions prises, il ouvre la voie par le mât n° 23 (Tours).

Si le train annoncé est un train de marchandises, l'aiguilleur de la bifurcation, côté de Tours, interdit l'arrivée des trains de Bordeaux et le départ des trains pour Bordeaux ou Orléans, ainsi que la rentrée et la sortie des machines du dépôt de Bordeaux, et ouvre la voie au moyen des mâts n°ˢ 23 (Tours) et 38 (marchandises-bifurcation). La voie étant ouverte, l'aiguilleur d'Orléans autorise le départ des trains de voyageurs en ouvrant le disque n° 6, et celui des trains de marchandises en ouvrant le disque n° 17, après s'être assuré que l'arrivée de tout train sur les voies de Bordeaux et de Nantes est interdite, ainsi que l'expédition de tout train ou machine, de Tours pour la gare des marchandises de Saint-Pierre-des-Corps.

2° Trains se dirigeant sur Nantes.

L'aiguilleur de la bifurcation d'Orléans transmet simultanément la demande à l'aiguilleur de la bifurcation de Nantes et à celui de la bifurcation de Tours, au moyen des mâts n°ˢ 11 (Orléans) et n° 10 (Nantes-Orléans), et attend que ces deux aiguilleurs lui aient donné l'autorisation : celui de Nantes en manœuvrant le mât n° 18 (Nantes), celui de Tours en manœuvrant le mât n° 15 (Orléans-Nantes).

L'aiguilleur de Nantes, après s'être assuré que la position des mâts interdit la circulation de tous les trains partant de Tours pour Nantes, ouvre la voie demandée en manœuvrant le mât n° 18 (Nantes); il manœuvre ensuite le mât n° 19 (Orléans-Nantes) pour prévenir l'aiguilleur de Tours qu'il a autorisé, en ce qui le concerne, le départ du train annoncé.

L'aiguilleur de Tours, de son côté, avant de permettre l'expédition du train, s'assure que mât n° 13 (Tours) interdit la circulation des trains venant de Bordeaux, et ferme au moyen du disque à double face n° 14, la voie directe de Tours à Bordeaux.

Après avoir reçu la réponse affirmative des postes de Tours et de Nantes, l'aiguilleur d'Orléans autorise le départ des trains de voyageurs en ouvrant le disque n° 6, et celui des trains de marchandises en ouvrant le disque n° 17, après s'être assuré que la position des mâts interdit la circulation de tous les trains venant de Bordeaux, et de tout train ou machine venant de Tours ou de Nantes, en destination de la gare des marchandises de Saint-Pierre-des-Corps. Dès que ces mesures sont prises, il fait connaître la direction du train à l'aiguilleur, placé au point de jonction des lignes directes de Bordeaux et Nantes à Orléans, au moyen du mât n° 26 (Nantes).

3° Trains se dirigeant sur Bordeaux.

L'aiguilleur de la bifurcation d'Orléans transmet la demande à l'aiguilleur de a bifurcation de Bordeaux, au moyen du mât n° 3 (Orléans), lequel, avant de répondre, s'assure que la position des mâts interdit la circulation de tous les trains partant de Tours pour Bordeaux; sur la réponse affirmative faite au moyen du mât n° 5 (Bordeaux), l'aiguilleur d'Orléans autorise le départ des trains de voyageurs en ouvrant le disque n° 6, et celui des trains de marchandises en ouvrant le disque n° 17, après s'être assuré que la position des mâts interdit la circulation de tout train ou machine venant de Tours, Nantes ou Bordeaux, en destination de la gare des marchandises de Saint-Pierre-des-Corps; il indique ensuite la direction du train, à l'aiguilleur du point de jonction des lignes directes de Bordeaux et Nantes à Orléans, au moyen du mât n° 2 (Bordeaux).

Art. 8. — Trains partant de Tours.

L'expédition des trains par la gare de Tours, est annoncée à l'aiguilleur de la bifurcation de Tours au moyen des disques n°ˢ 24 (Orléans), 25 (Bordeaux) et 27 (Nantes), suivant la direction que doit prendre le train.

S'il s'agit de l'expédition d'un train de marchandises, son départ est annoncé au moyen du mât n° 40 (marchandises), en donnant, en outre, à l'aiguilleur l'avis verbal de la destination du train.

L'aiguilleur de la bifurcation de Tours autorise le départ, pour les trains de voyageurs en ouvrant le disque n° 12, pour les trains de marchandises en ouvrant le disque n° 41, lorsque les mesures suivantes ont été prises.

1° Trains se dirigeant sur Saint-Pierre-des-Corps.

L'aiguilleur de Tours transmet la demande à l'aiguilleur de la bifurcation d'Orléans, au moyen du mât n° 23 (Tours); il tourne en outre le mât n° 38 (marchandises-bifurcation) s'il s'agit d'un train ou d'une machine, en destination de la gare des marchandises. Lorsque le train annoncé est un train de voyageurs, l'aiguilleur d'Orléans prévient la gare de Saint-Pierre-des-Corps et l'aiguilleur chargé des aiguilles n°ˢ 27 et 28, en ouvrant et refermant les mâts n°ˢ 6 et 6 *bis* solidaires. Il s'assure en outre que les voies d'arrivée de Bordeaux et de Nantes sont fermées, et que le mât n° 32 *bis* est ouvert. Ces précautions prises, il ouvre la voie par le mât n° 7 (Orléans).

S'il s'agit d'un train de marchandises, l'aiguilleur prévient la gare de Saint-Pierre-des-Corps et l'aiguilleur chargé des aiguilles n°ˢ 27 et 28 en ouvrant et refermant les mâts n°ˢ 17 et 17 *bis* solidaires. La gare donne son autorisation par l'ouverture du mât n° 8 (marchandises). Alors l'aiguilleur d'Orléans, après s'être assuré que les voies d'arrivée de Bordeaux et de Nantes sont fermées, que les mâts n°ˢ 6 et 17 sont tournés au rouge et que le mât n° 32 *bis* est ouvert, ouvre la voie au moyen des mâts n° 7 (Orléans) et n° 39 (marchandises).

De son côté, l'aiguilleur chargé des aiguilles n°ˢ 27 et 28, averti de l'expédition du train par la manœuvre des mâts n°ˢ 6 *bis*, 8 *bis* ou 17 *bis*, couvre le mât n° 32 *bis*, ou s'assure qu'il est ouvert après avoir pris les précautions suivantes :

Si le train annoncé est un train de voyageurs en destination d'Orléans, il s'assure que le mât n° 32 est ouvert.

Si le train annoncé est un train de voyageurs pour Saint-Pierre-des-Corps, correspondant à un train express, et qui doit être dirigé sur la troisième voie de cette gare, l'aiguilleur s'assure, par l'inspection des mâts n° 6 *bis* et 17 *bis*, que les mâts solidaires 6 et 17 sont tournés au rouge.

Enfin, si le train annoncé est un train de marchandises, il vérifie comme il vient d'être dit, si les mâts 6 et 17 sont tournés au rouge et s'assure, par la position du mât n° 8 *bis*, que la gare de Saint-Pierre-des-Corps a autorisé l'expédition du train.

L'aiguilleur de Tours, ayant reçu de l'aiguilleur d'Orléans une réponse affirmative, autorise le départ du train, après s'être assuré, par l'inspection des leviers, que la position des mâts interdit la circulation de tout train de marchandises venant d'Orléans, de Bordeaux ou de Nantes, en destination de Tours, et la sortie des machines des deux dépôts.

2° Trains se dirigeant sur Orléans, sans s'arrêter à Saint-Pierre-des-Corps.

La demande de la voie étant transmise, comme il est dit ci-dessus, au moyen du mât 23 (Tours), par l'aiguilleur de Tours à l'aiguilleur d'Orléans, celui-ci annonce le train à la gare de Saint-Pierre-des-Corps et à l'aiguilleur chargé des aiguilles n° 27 et 28, par la manœuvre des mâts n° 6 et 6 *bis* solidaires, et s'assure que les mâts interdisent l'arrivée des trains de Bordeaux et de Nantes, et que le mât n° 32 *bis* est ouvert; il ouvre alors la voie avec le disque n° 7 (Orléans), et l'aiguilleur de Tours autorise le départ après s'être assuré, par l'inspection des leviers, que la position des mâts interdit la circulation des trains de marchandises venant d'Orléans, Bordeaux ou Nantes, et la sortie des machines des deux dépôts.

3° Trains se dirigeant sur Bordeaux.

L'aiguilleur de Tours transmet la demande à l'aiguilleur de la bifurcation de Bordeaux, au moyen du mât n° 13 (Tours). L'aiguilleur de la bifurcation de Bordeaux, avant d'ouvrir la voie, s'assure, par l'inspection des leviers, que les mâts interdisent la circulation de tous les trains passant par la ligne directe d'Orléans à Bordeaux.

La voie étant ouverte, l'aiguilleur de Tours n'autorise le départ qu'après s'être assuré, par l'inspection des leviers, que la circulation de tous les trains de Saint-Pierre-des-Corps à Tours, de Saint-Pierre-des-Corps à Nantes et de Nantes à Saint-Pierre-des-Corps est interdite, ainsi que la circulation des trains de marchandises venant de Bordeaux, et de Nantes ou de Saint-Pierre-des-Corps à Tours, et la sortie de toutes les machines du dépôt de Nantes, et des machines du dépôt de Bordeaux se dirigeant sur la gare de Tours. Le disque à double face n° 14 doit, d'ailleurs, être tourné de manière à fermer la voie directe d'Orléans à Nantes.

4° Trains se dirigeant sur Nantes.

L'aiguilleur de Tours transmet la demande à l'aiguilleur de la bifurcation de Nantes, lequel, avant de répondre, s'assure, par l'inspection des leviers, que la circulation de tous les trains d'Orléans à Nantes et de Nantes à Orléans, est interdite.

Sur la réponse affirmative, l'aiguilleur de Tours autorise le départ, après s'être assuré que la position des mâts interdit la circulation des trains venant d'Orléans et de Poitiers, ainsi que des trains de marchandises venant de Nantes, et la sortie des machines du dépôt de Nantes.

Art. 9. — Trains arrivant de Nantes et se dirigeant :

1° Sur Tours.

Avant l'arrivée d'un train de voyageurs, l'aiguilleur de la bifurcation de Nantes demande, au moyen du mât n° 16 (Nantes), le passage à l'aiguilleur de Tours; celui-ci, avant de répondre, s'assure que les mâts interdisent la circulation de tous les trains de voyageurs, d'Orléans à Tours et de Bordeaux à Tours, et la sortie du dépôt de Nantes. Sur la réponse affirmative, l'aiguilleur de Nantes ouvre le mât n° 28. Si le train arrivant est un train de marchandises, l'aiguilleur de la bifurcation, côté de Tours, doit, en outre, interdire l'arrivée des trains de marchandises venant d'Orléans et de Bordeaux, le départ de la gare de Tours des trains de voyageurs et de marchandises, et la sortie du dépôt de Bordeaux pour les machines en destination de la gare de Tours.

2° Sur la gare de Saint-Pierre-des-Corps.

Avant l'arrivée du train, l'aiguilleur de Nantes demande le passage aux aiguilleurs d'Orléans et de Tours, au moyen des disques n°ˢ 18 (Nantes) et 19 (Orléans-Nantes).

L'aiguilleur d'Orléans, avant de répondre, s'assure que les mâts interdisent la circulation des trains venant de Tours et de Bordeaux, en destination de Saint-Pierre-des-Corps, et de Saint-Pierre-des-Corps en destination de Tours. Il s'assure que le mât n° 32 *bis* est ouvert. Il ouvre alors les mâts n°ˢ 11 (Orléans) et 10 (Nantes-Orléans). Si le train arrivant est un train de marchandises, l'aiguilleur d'Orléans prévient en outre, au moyen des mâts n°ˢ 17 et 17 *bis* solidaires, la gare de Saint-Pierre-des-Corps et l'aiguilleur chargé des aiguilles n°ˢ 27 et 28, et attend l'ouverture du mât n° 8 (marchandises).

L'aiguilleur de Tours, avant de répondre au moyen du mât n° 20 (Nantes-Orléans), attend que le mât n° 10 (Nantes-Orléans), ait été manœuvré par l'aiguilleur d'Orléans, et interdit le départ de tout train ou machines de Tours; il s'assure aussi, par la position des leviers, que la circulation de tous les trains venant de Poitiers est interdite, et il ferme la voie directe de Bordeaux à Tours par le disque à double face n° 14.

Sur la réponse affirmative des deux aiguilleurs, l'aiguilleur de Nantes ouvre le disque n° 28.

Art. 10. — Trains arrivant de Bordeaux en destination :

1° De Tours.

Avant l'arrivée du train, l'aiguilleur de Bordeaux annonce le train à l'aiguilleur de Tours par le disque n° 4 (Bordeaux); celui-ci, avant de répondre, interdit la circulation des trains venant d'Orléans et de Nantes, et l'expédition de

Tours, des trains de voyageurs ou de marchandises se dirigeant sur Nantes, ainsi que la sortie des machines du dépôt de Nantes. Il doit également s'assurer que la circulation sur la ligne directe de Nantes à Orléans est interdite, et tourner le disque à double face n° 14, de manière à fermer cette voie.

Sur la réponse affirmative, l'aiguilleur de Bordeaux ouvre le disque n° 30.

2° De la gare de Saint-Pierre-des-Corps.

Avant l'arrivée du train, l'aiguilleur de Bordeaux annonce le passage à l'aiguilleur d'Orléans; celui-ci, avant de répondre, interdit la circulation aux trains venant de Nantes et de Tours, en destination de Saint-Pierre-des-Corps, et de Saint-Pierre-des-Corps en destination de Tours et de Nantes; il s'assure que le mât n° 32 *bis* est ouvert. Si le train arrivant est un train de marchandises, l'aiguilleur d'Orléans opère comme il vient d'être dit à l'art. 9, pour les trains venant de Nantes.

Sur la réponse affirmative, l'aiguilleur de Bordeaux, après s'être assuré que la position des mâts interdit la circulation de tout train partant de Tours pour Bordeaux, ouvre le mât n° 30.

Art. 11. — *Trains partant de la gare de Saint-Pierre-des-Corps pour Orléans.*

1° Trains de voyageurs.

Avant le départ d'un train, l'aiguilleur de l'entrée en gare des marchandises ouvre le mât n° 33, après s'être assuré que le mât n° 37 est fermé.

2° Trains de marchandises.

Avant le départ d'un train, la gare des marchandises demande l'autorisation d'expédier le train au moyen du disque n° 36. L'aiguilleur de l'entrée en gare autorise le départ en ouvrant le mât n° 37, après s'être assuré que les mâts n° 33 et 35 sont fermés.

§ III. Mouvement des machines entre les dépôts et les gares de Tours et de Saint-Pierre-des-Corps.

Art. 12. — *Mouvement des machines entre le dépôt des machines à voyageurs, et la gare des voyageurs de Tours.*

Le dépôt, dit *Dépôt de Nantes*, est spécialement affecté au service des voyageurs.

Lorsqu'une machine doit sortir du dépôt pour se rendre à la gare des voyageurs, le machiniste s'annonce par un coup de sifflet prolongé; alors l'aiguilleur de la bifurcation de Tours s'assure, par l'inspection des leviers, que les voies d'arrivée d'Orléans, de Bordeaux et de Nantes sont fermées; il interdit le départ des trains de marchandises de Tours pour Nantes, et s'assure que le mât n° 12 est tourné au rouge; ces mesures prises, et après avoir vérifié si les voies à parcourir sont libres, l'aiguilleur ouvre le disque n° 46.

La machine effectue son mouvement en venant prendre l'aiguille n° 50, pour s'engager sur la voie de départ, qu'elle suit jusqu'à la gare.

Lorsqu'une machine veut quitter la gare des voyageurs pour rentrer au dépôt, le machiniste doit prendre les ordres du chef ou sous-chef de gare de service; ce dernier demande l'autorisation d'expédier la machine, à l'aiguilleur de la bifurcation de Tours, au moyen du mât jaune n° 44 (dépôt). L'aiguilleur s'assure, par l'inspection des leviers, que les voies d'arrivée d'Orléans, de Bordeaux et de Nantes sont fermées, et interdit le départ de tout train de marchandises, de Tours pour Nantes. Ces précautions prises, et après avoir vérifié si les voies à parcourir sont libres, il donne l'autorisation de faire partir la machine en ouvrant le mât n° 12.

Le mouvement de la machine s'effectue de la manière suivante : Si elle se trouve placée sur la voie d'arrivée, elle prend la voie des machines, longeant le contrôle, pour aller joindre par l'aiguille n° 33 la voie principale de départ, qu'elle suit jusqu'à l'aiguille n° 48, et rentre au dépôt par l'aiguille n° 52.

Si la machine se trouve sur la voie de départ, elle suit cette voie jusqu'à l'aiguille n° 48 et rentre au dépôt par l'aiguille n° 52.

Art. 13. — *Mouvement des machines entre le dépôt des machines à marchandises, et la gare des marchandises de Tours.*

Le dépôt, dit *Dépôt de Bordeaux*, est spécialement affecté au service des marchandises.

Lorsqu'une machine doit sortir du dépôt, dit de Bordeaux pour se rendre à la gare des marchandises, le machiniste s'annonce par un coup de sifflet prolongé, il donne en outre à l'aiguilleur de la bifurcation de Tours, l'avis verbal de la destination de la machine; alors cet aiguilleur vérifie si les voies à parcourir sont libres, interdit l'arrivée des trains de marchandises venant de Saint-Pierre-des-Corps, de Poitiers et de Nantes, et s'assure que les mâts n°s 12 et 41 sont fermés. Ces précautions prises, il ouvre le disque n° 45. La machine effectue son mouvement en venant prendre l'aiguille n° 1 pour s'engager sur la voie principale de départ, qu'elle suit jusqu'à la gare.

Lorsqu'une machine veut quitter la gare des marchandises par l'aiguille de sortie n° 13, pour rentrer au dépôt, dit de Bordeaux, l'autorisation de l'expédier est demandée, au moyen du disque jaune n° 40 (marchandises), à l'aiguilleur de la bifurcation de Tours, qui a dû être préalablement informé, par avis verbal, de la destination de la machine. Alors, cet aiguilleur vérifie si les voies à parcourir sont libres, interdit l'arrivée des trains de marchandises venant de Saint-Pierre-des-Corps, de Poitiers et de Nantes, et s'assure que les disques n°s 12 et 45 sont fermés. Ces précautions prises, il ouvre le disque n° 41. La machine fait son mouvement sur la voie principale de départ, qu'elle suit jusqu'à l'aiguille n° 1 de rentrée au dépôt.

Si la machine doit quitter la gare des marchandises par l'aiguille de sortie n° 35, pour rentrer au dépôt, dit de Bordeaux, le machiniste doit prendre les ordres du chef ou sous-chef de gare de service à la gare des voyageurs; celui-ci demande l'autorisation d'expédier la machine, à l'aiguilleur de la bifurcation de Tours, au moyen des mâts n° 44 (dépôt) et n° 25 (Bordeaux). Alors cet aiguilleur vérifie si les voies à parcourir sont libres, interdit l'arrivée des trains de marchandises venant de Saint-Pierre-des-Corps, de Poitiers et de Nantes, et s'assure que les mâts n°˙ 41, 45 et 46 sont fermés. Ces précautions prises, il donne l'autorisation de faire partir la machine, en ouvrant le disque n° 12.

La machine fait son mouvement sur la voie principale de départ, qu'elle suit jusqu'à l'aiguille n° 1 de rentrée au dépôt.

Art. 14. — Mouvement des machines marchant isolément, ou remorquant des wagons, entre la gare des voyageurs et le dépôt des machines à marchandises, ou la gare des marchandises de Tours.

Lorsqu'une machine doit quitter la gare des voyageurs pour se rendre au dépôt, dit *de Bordeaux*, ou à la gare des marchandises, le machiniste doit prendre les ordres du chef ou sous-chef de gare de service; celui-ci demande l'autorisation d'expédier la machine, à l'aiguilleur de la bifurcation de Tours, au moyen des mâts n° 44 (dépôt) et n° 25 (Bordeaux). Alors, cet aiguilleur vérifie si les voies à parcourir sont libres, interdit l'arrivée des trains de marchandises venant de Saint-Pierre-des-Corps, de Poitiers et de Nantes, et s'assure que les disques n°˙ 41, 45 et 46 sont tournés au rouge. Ces précautions prises, il donne l'autorisation demandée en ouvrant le disque n° 12. Le mouvement de la machine s'effectue de la manière suivante :

1° Si elle est placée sur la voie d'arrivée, elle prend, à l'aiguille n° 39, la voie des machines longeant le contrôle, pour aller joindre, par l'aiguille n° 33, la voie principale de départ; elle suit cette voie jusqu'à l'aiguille n° 1, lorsqu'elle doit aller gagner le dépôt, et jusqu'à l'aiguille n° 13 lorsqu'elle se rend à la gare des marchandises;

2° Si elle se trouve sur la voie de départ, elle suit cette voie jusqu'à l'aiguille n° 1 ou jusqu'à l'aiguille n° 13, suivant sa destination.

Lorsqu'une machine doit sortir du dépôt, dit de Bordeaux, ou de la gare des marchandises, pour se rendre à la gare des voyageurs, les mesures suivantes doivent être prises :

1° Si la machine doit sortir du dépôt, le mécanicien s'annonce par un coup de sifflet prolongé, et donne en outre à l'aiguilleur de la bifurcation de Tours, l'avis verbal de la destination de la machine. Alors cet aiguilleur vérifie si les voies à parcourir sont libres, interdit l'arrivée des trains de marchandises venant de Saint-Pierre-des-Corps, de Poitiers et de Nantes, et s'assure que les disques n°˙ 12, 41 et 46 sont tournés au rouge. Ces précautions prises, il ouvre le disque n° 45. La machine fait son mouvement en venant prendre, par l'aiguille n° 1, la voie principale de départ, qu'elle suit jusqu'à la gare des voyageurs;

2° Si la machine doit quitter la gare des marchandises, l'autorisation de l'expédier est demandée au moyen du disque n° 40 (marchandises) à l'aiguilleur de la bifurcation de Tours, qui a dû être préalablement informé, par avis verbal, de la destination de la machine. Alors cet aiguilleur vérifie si les voies à parcourir sont libres, interdit l'arrivée des trains de marchandises venant de Saint-Pierre-des-Corps, de Poitiers et de Nantes, et s'assure que les disques n°˙ 12, 45 et 46 sont tournés au rouge. Ces précautions prises, il ouvre le disque n° 41. La machine fait son mouvement en venant prendre, par l'aiguille n° 13, la voie principale de départ, qu'elle suit jusqu'à la gare des voyageurs.

Art. 15. — *Mouvement des machines marchant isolément, ou remorquant des wagons, entre le dépôt des machines à voyageurs et le dépôt des machines à marchandises, ou la gare des marchandises de Tours.*

Lorsqu'une machine doit sortir du dépôt, dit de Nantes, pour se rendre au dépôt, dit de Bordeaux, ou à la gare des marchandises, le machiniste s'annonce par un coup de sifflet prolongé, et donne, en outre, à l'aiguilleur de la bifurcation de Tours, l'avis verbal de la destination de la machine. Alors, cet aiguilleur vérifie si les voies à parcourir sont libres et s'assure, par l'inspection des leviers, que les voies d'arrivée d'Orléans, de Bordeaux et de Nantes, sont fermées et que les disques n°ˢ 12, 41 et 45 sont tournés au rouge. Ces précautions prises, il ouvre le disque n° 46. La machine fait son mouvement en venant prendre, par l'aiguille n° 50, la voie principale de départ pour Nantes, qu'elle emprunte jusqu'à la bifurcation avec la voie de départ pour Orléans, sur laquelle elle s'engage par l'aiguille n° 24 ; elle suit cette voie jusqu'à l'aiguille n° 1, ou seulement jusqu'à l'aiguille n° 13, suivant que sa destination est le dépôt ou la gare des marchandises.

Lorsqu'une machine doit sortir du dépôt, dit de Bordeaux, ou de la gare des marchandises pour se rendre au dépôt, dit de Nantes, les mesures suivantes doivent être prises :

1° Si la machine doit sortir du dépôt, le machiniste s'annonce par un coup de sifflet prolongé, et donne, en outre, à l'aiguilleur de la bifurcation de Tours, l'avis verbal de la destination de la machine. Alors, cet aiguilleur vérifie si les voies à parcourir sont libres et s'assure, par l'inspection des leviers, que les voies d'arrivée d'Orléans, de Bordeaux et de Nantes sont fermées et que les disques n°ˢ 12, 41 et 46 sont tournés au rouge. Ces précautions prises, il ouvre le disque n° 45. La machine fait son mouvement en venant prendre, par l'aiguille n° 1, la voie de départ pour Orléans ; elle la suit jusqu'à l'aiguille n° 24, au moyen de laquelle elle s'engage sur la voie de départ pour Nantes, qu'elle quitte à l'aiguille n° 48 pour entrer au dépôt.

2° Si la machine doit quitter la gare des marchandises, l'autorisation de l'expédier est demandée, au moyen du disque n° 40 (marchandises), à l'aiguilleur de la bifurcation de Tours, qui a dû être préalablement informé, par avis verbal, de la destination de la machine. Alors, cet aiguilleur vérifie si les voies à parcourir sont libres et s'assure, par l'inspection des leviers, que les voies d'arrivée d'Orléans, de Bordeaux et de Nantes sont fermées et que les disques n°ˢ 12, 45 et 46 sont tournés au rouge. Ces précautions prises, il ouvre le disque n° 41. La machine fait son mouvement en venant prendre, par l'aiguille n° 13, la voie de départ pour Orléans ; elle la suit jusqu'à l'aiguille n° 24, s'engage sur la voie de départ pour Nantes, qu'elle quitte à l'aiguille n° 48 pour se rendre au dépôt.

Art. 16. — *Mouvement des machines entre le dépôt des machines à voyageurs, et la gare des voyageurs de Saint-Pierre-des-Corps.*

Lorsqu'une machine doit sortir du dépôt, dit de Nantes, pour se rendre à la gare des voyageurs de Saint-Pierre-des-Corps, le machiniste s'annonce par un coup de sifflet prolongé ; il donne, en outre, à l'aiguilleur de la bifurcation de Tours, l'avis verbal de la destination de la machine. Alors, cet aiguilleur vérifie si les voies à parcourir sont libres, s'assure, par l'inspection des leviers, que les voies d'arrivée d'Orléans, de Bordeaux et de Nantes, sont fermées et que les mâts n°ˢ 12, 41 et 45 sont tournés au rouge. Lorsque ces mesures ont été prises, il demande le passage à l'aiguilleur de la bifurcation d'Orléans, au moyen du mât n° 23 (Tours). Celui-ci, après avoir pris toutes les mesures qui lui sont prescrites par l'art. 8 du présent ordre, pour l'expédition des trains de voyageurs de Tours pour Saint-Pierre-des-Corps, donne l'autorisation au moyen du mât n° 23 (Tours). Sur la réponse affirmative, l'aiguilleur de Tours ouvre le disque n° 46. La machine fait son mouvement en venant prendre, par l'aiguille n° 50, la voie de départ pour Nantes, qu'elle emprunte jusqu'à sa bifurcation avec la voie de départ pour Orléans, sur laquelle elle s'engage par l'aiguille n° 24, et la suit jusqu'à la gare de Saint-Pierre-des-Corps.

Lorsqu'une machine doit quitter la gare des voyageurs de Saint-Pierre-des-Corps pour rentrer au dépôt, dit de Nantes, le machiniste doit prendre les ordres du chef ou du sous-chef de gare de service, qui demande l'autorisation d'expédier la machine, à l'aiguilleur de la bifurcation d'Orléans, au moyen du disque jaune n° 21 (Tours). Celui-ci transmet la demande au moyen du mât n° 7 (Orléans), à l'aiguilleur de Tours, lequel donne une réponse affirmative, après s'être assuré que la position des mâts interdit l'arrivée des trains de Bordeaux et de Nantes, et que les mâts n°ˢ 12, 41 et 46 sont tournés au rouge. L'aiguilleur d'Orléans autorise alors l'expédition de la machine, après avoir interdit l'arrivée de tout train de Bordeaux ou de Nantes, ainsi que l'expédition de tout train ou machine de Tours, pour la gare des marchandises de Saint-Pierre-des-Corps. La machine suit la voie de départ de Saint-Pierre-des-Corps à Tours, jusqu'à sa bifurcation avec la voie d'arrivée de Nantes, sur laquelle elle s'engage par l'aiguille n° 23, pour rentrer au dépôt par l'aiguille n° 52.

Art. 17. — Mouvement des machines entre le dépôt des machines à marchandises de Tours, et la gare des marchandises de Saint-Pierre-des-Corps.

Lorsqu'une machine doit sortir du dépôt, dit de Bordeaux, pour se rendre à la gare des marchandises de Saint-Pierre-des-Corps, le machiniste s'annonce par un coup de sifflet prolongé; il donne, en outre, à l'aiguilleur de la bifurcation de Tours, l'avis verbal de la destination de la machine. Alors, cet aiguilleur vérifie si les voies à parcourir sont libres; s'assure, par l'inspection des leviers, que les mâts n°ˢ 12 et 41 sont tournés au rouge. Ces précautions prises, il demande le passage à l'aiguilleur de la bifurcation d'Orléans, au moyen du mât n° 23 (Tours) et du mât n° 38 (marchandises-bifurcation). Celui-ci, après avoir pris toutes les mesures qui lui sont prescrites par l'art. 8 du présent ordre, pour l'expédition des trains de marchandises de Tours pour Saint-Pierre-des-Corps, autorise le passage au moyen des disques n° 7 (Orléans) et n° 39 (marchandises). Sur la réponse affirmative, l'aiguilleur de Tours ouvre le disque n° 45. La machine fait son mouvement en venant prendre la voie de départ pour Orléans, à l'aiguille n° 1, et suit cette voie jusqu'à l'aiguille n° 38, qu'elle prend pour entrer à la gare des marchandises.

Lorsqu'une machine doit quitter la gare des marchandises de Saint-Pierre-des-Corps, pour rentrer au dépôt de Tours, le machiniste doit prendre les ordres du chef ou sous-chef de gare de service, qui demande l'autorisation d'expédier la machine, à l'aiguilleur de la bifurcation d'Orléans, au moyen des disques jaunes n° 21 (Tours) et n° 8 (marchandises). Celui-ci transmet la demande, au moyen des mâts n° 7 (Orléans) et n° 39 (marchandises), à l'aiguilleur de Tours, lequel donne une réponse affirmative, après s'être assuré que la position des mâts interdit l'arrivée des trains de Bordeaux, et que les disques n°⁵ 12, 41 et 45, sont tournés au rouge.

L'aiguilleur d'Orléans autorise alors l'expédition de la machine, après avoir interdit l'arrivée de tout train de Bordeaux ou de Nantes, ainsi que l'expédition de Tours, de tout train ou machine pour la gare des marchandises de Saint-Pierre-des-Corps. La machine suit la voie de départ de Saint-Pierre-des Corps pour Tours, jusqu'à l'aiguille n° 3, où elle doit s'arrêter pour prendre les ordres de l'aiguilleur chargé des aiguilles du dépôt. Celui-ci, après avoir été autorisé par l'aiguilleur de la bifurcation de Tours, ouvre successivement les aiguilles n° 3 et n° 1 pour faire rentrer la machine au dépôt.

Art. 18. — *Délais d'expédition des machines, entre Tours et Saint-Pierre-des-Corps.*

Les machines partant du dépôt de Tours, pour aller se mettre en tête des trains à la gare de Saint-Pierre-des-Corps, et celles qui partiront de cette gare pour rentrer au dépôt, devront être expédiées, autant que possible, quinze minutes avant l'heure de départ des trains de voyageurs partant des gares de Tours ou de Saint-Pierre-des-Corps, et quinze minutes avant l'heure d'arrivée des trains de marchandises venant de Poitiers et de Nantes.

Les trains expédiés, de la gare des marchandises de Tours à la gare de Saint-Pierre-des-Corps, et réciproquement, devront partir, autant que possible, vingt minutes avant l'heure de départ des trains de voyageurs partant des gares de Tours ou de Saint-Pierre-des-Corps, et vingt minutes avant l'heure d'arrivée des trains de marchandises venant de Poitiers ou de Nantes.

EXÉCUTION.

Art. 19. — En cas d'interruption dans la transmission des signaux destinés à mettre les postes d'aiguilleurs en communication les uns avec les autres, le service sera immédiatement centralisé à la gare de Tours.

La circulation des trains ou machines, sur les courbes de raccordement direct d'Orléans à Bordeaux et d'Orléans à Nantes, sera interdite.

En conséquence, tous les trains de voyageurs et de marchandises, seront reçus et réexpédiés par la gare de Tours. Dans cette circonstance, l'aiguilleur de la bifurcation de Tours remplira les fonctions d'aiguilleur central, conformément à l'ordre général n° 35. Les mâts à disque rouge n°⁵ 47 et 48 seront mis en service pour couvrir la bifurcation de Tours, l'un du côté d'Orléans, et l'autre du côté de Nantes. Le côté de Bordeaux sera couvert par le disque n° 14, en remplaçant par la couleur blanche la face rouge qui regarde la gare de Tours.

La gare de Tours devra d'ailleurs prévenir, dans le plus bref délai, les gares d'Orléans, de Poitiers et d'Angers, afin que les conducteurs et mécaniciens reçoivent l'ordre d'entrer en gare; elle devra également leur donner avis du rétablissement du service.

NOTE 9. (Page 67.)

MODIFICATION DES DISPOSITIONS DES DISQUES
COUVRANT LES BIFURCATIONS DU CHEMIN DE FER DU NORD.

(Rapport de M. Brame.)

La compagnie du Nord a modifié les dispositions des disques couvrant les bifurcations, à la suite du Rapport ci-dessous que nous avons adressé à l'administration.

RAPPORT.

« Les disques à distance établis aux bifurcations doivent, d'après les règlements, être ordinairement fermés; ils ne sont ouverts que lorsqu'un train se présente et qu'il peut sans danger poursuivre sa marche.

« Les mécaniciens des trains doivent faire jouer leur sifflet pour demander passage. L'agent préposé à la garde de la bifurcation efface ensuite le disque, qui est refermé immédiatement après le passage du train.

» Les disques établis, quel que soit leur système, peuvent, dans l'organisation actuelle, conserver deux positions : celle de l'arrêt, celle du libre passage, et sans qu'il soit nécessaire que l'agent ait en main le levier de manœuvre.

« Il résulte de cette situation, divers inconvénients qui peuvent occasionner des accidents.

« Souvent, l'agent chargé de la manœuvre, connaissant la direction des trains attendus, tourne le disque avant l'arrivée de ces trains; les mécaniciens négligent alors de faire jouer leur sifflet, et s'astreignent moins à modérer leur marche, ainsi que le prescrivent les règlements.

« Quelquefois, l'agent oublie de refermer le disque après le passage du train; deux directions sont alors ouvertes en même temps, et il peut en résulter une collision.

« Enfin, lorsque deux trains s'engagent simultanément sur les voies de bifurcation, il devient très-difficile de reconnaître si le fait doit être attribué au mécanicien, qui a désobéi au signal, ou à l'agent de la bifurcation, qui a négligé de fermer le disque. On conçoit, en effet, que le premier soin de l'agent de la bifurcation, lorsqu'un accident arrive, est de dissimuler sa faute en tournant son disque à l'arrêt ; cela lui est possible dans les moments de trouble qui suivent les accidents.

« Il semble qu'il serait facile de remédier aux inconvénients ci-dessus signalés, en disposant le levier et les contre-poids des disques de bifurcation, de telle sorte qu'ils se tournent d'eux-mêmes à l'arrêt, toutes les fois que l'agent chargé de les manœuvrer n'exerce pas une pression sur les leviers.

« Ce système de disques ne présenterait aucune difficulté comme exécution matérielle, et il donnerait une garantie qui, actuellement, n'est pas complétement obtenue.

« Au point de vue logique, ces signaux répondraient parfaitement au règlement qui veut, qu'aux points de bifurcation, les voies soient toujours couvertes.

« Un seul agent étant chargé de la manœuvre des disques, il y aurait certitude matérielle que, jamais deux voies ne seraient ouvertes en même temps. Cette garantie serait analogue à celle que l'on obtient du pilote qui, lorsque la circulation s'effectue sur une voie, doit accompagner tous les trains.

« Avec ce système, aucune incertitude n'est à craindre en cas d'accident, sur la responsabilité à attribuer aux agents. Le garde de la bifurcation est désintéressé dans la question. A coup sûr, il n'a effacé qu'un disque, puis, il ne peut disculper un coupable qu'en accusant un innocent.

« Enfin, les mécaniciens sachant qu'ils ne peuvent, comme aujourd'hui, chercher à s'excuser en rejetant leurs fautes sur les gardes de bifurcation, obéiront d'une manière plus stricte aux indications des disques.

« Une seule objection peut être faite. D'après les règlements sur les aiguilleurs, ces agents doivent, à la traversée des trains sur les aiguilles des bifurcations, soutenir le levier des changements de voie, afin que les aiguilles ne s'écartent pas des rails. Cette objection ne serait pas sérieuse. En fait, cette prescription n'est pas observée ; les contre-poids des changements suffisent pour maintenir l'adhérence, et, en fût-il autrement, la force du garde ne pourrait maintenir l'équilibre, si des contre-pressions se manifestaient, par suite du passage du train.

« Il est, du reste, facile de s'affranchir des contre-pressions en multipliant les points d'appui de l'aiguille contre le rail, ou de donner plus de fixité à l'aiguille au moyen d'une sorte de verrou.

« Le soussigné est convaincu que cette modification est de nature à garantir d'une manière plus satisfaisante, la sécurité de la circulation sur les points de bifurcation, et que les compagnies l'adopteraient sans difficulté, si leur attention était appelée sur ce point par l'initiative de l'administration.

Paris, le 2 octobre 1863.

L'Ingénieur des Ponts et Chaussées,
attaché au service de contrôle du chemin de fer du Nord,

E. BRAME.

NOTE 10 [*]. (Page 90.)

NOUVEAU SYSTÈME DE MATS
DESTINÉS A ASSURER, AUX STATIONS DU CHEMIN DE FER D'ORLÉANS,
L'ESPACEMENT DES TRAINS.

Sur le chemin de fer d'Orléans, l'espacement des trains est assuré, à chaque station, par des mâts qui la protégent. Ce système, généralement adopté sur les lignes du réseau français, présente les inconvénients suivants :

1° Si l'on oublie de rouvrir le mât dix minutes après le passage d'un train, on peut arrêter à tort le train suivant, et, dans le cas où le vent ne porte pas, l'arrêt peut durer assez longtemps, parce qu'à la distance du mât, le sifflet ne s'entend pas très-distinctement.

2° Un train arrêté devant le mât n'a rien pour se couvrir à distance, et est obligé de détacher un homme en arrière. Or, les hommes du train mettent peu d'empressement à en descendre pour rester en route, de sorte que, bien souvent, le signal de protection en arrière n'est pas fait aussitôt qu'il devrait l'être.

On évite ces inconvénients, ainsi que cela a lieu sur la ligne de Lyon-Méditerranée, en plaçant près de la station un mât spécialement affecté à assurer l'écartement des trains, et en réservant l'usage des mâts de défense pour le cas où les voies ne sont pas libres.

La condition à remplir par cet appareil est d'être simple et économique. M. Sevène, ingénieur en chef de la Compagnie, s'est attaché à le combiner de telle manière, qu'un seul appareil serve pour les deux voies.

Il se compose d'un mât ordinaire, portant deux disques rouges, l'un tourné vers l'amont, l'autre tourné vers l'aval. Chacun de ces disques est à charnière sur son diamètre vertical. Quand le disque est déployé, il ferme la voie qui lui

---

[*] Ces renseignements ayant été remis lorsque déjà l'ouvrage était sous presse, il n'a pas été possible de les insérer à leur place, page 90.

correspond; quand il est replié, les deux demi-cercles rouges se recouvrent l'un l'autre, et le signal disparaît.

Une lanterne rouge est placée entre les deux disques, et la moitié fixe de chaque disque est percée d'une ouverture correspondant à cette lanterne, tandis que la moitié mobile est pleine. Il en résulte que le disque déployé laisse passer la lumière rouge, et que le disque replié l'intercepte ; de sorte que la même manœuvre ouvre ou ferme la voie, pendant le jour et pendant la nuit.

NOTE 11. (Page 162.)

CIRCULAIRE EN DATE DU 29 NOVEMBRE 1865,

DE SON EXCELLENCE M. LE MINISTRE DE L'AGRICULTURE, DU COMMERCE ET DES TRAVAUX PUBLICS,
AU SUJET DE LA COMMUNICATION A ÉTABLIR
ENTRE LES AGENTS DES TRAINS EN MARCHE ET ENTRE LES VOYAGEURS ET LES AGENTS,

adressée à MM. les Administrateurs des Compagnies des chemins de fer français.

Messieurs, par la lettre que j'ai eu l'honneur de vous adresser le 21 avril 1865, je vous ai fait connaître que, d'après l'avis de la commission d'enquête sur la construction et l'exploitation des chemins de fer, je consentais à ajourner la mise en communication des conducteurs gardes-freins avec le mécanicien, jusqu'à ce que l'Administration fût complétement édifiée sur le résultat des expériences auxquelles étaient alors soumis les appareils électriques de MM. Prudhomme et Achard.

Ces expériences, qui ont eu lieu à la fois sur le chemin de fer du Nord et sur la ligne de l'Est, peuvent être considérées aujourd'hui comme terminées, et l'efficacité des systèmes qui en ont été l'objet, paraît suffisamment démontrée. Les difficultés qui avaient retardé si longtemps l'exécution de l'art. 23 de l'ordonnance du 15 novembre 1846, ayant dès lors cessé d'exister, rien ne s'oppose plus à l'application immédiate des prescriptions réglementaires.

Je vous invite en conséquence, Messieurs, à prendre les dispositions nécessaires pour que, dans un délai de quatre mois, une communication soit établie entre les gardes-freins et le mécanicien, dans tous les trains de voyageurs et même dans les trains mixtes de votre réseau, soit au moyen du système Prudhomme, soit à l'aide du système Achard, soit même en recourant à tout autre procédé qui vous paraîtrait préférable, et dont l'adoption serait préalablement approuvée par l'administration.

Cette utile mesure serait, toutefois, incomplète, si elle ne recevait pas une extension que réclame impérieusement l'intérêt de la sûreté publique. Des attentats qui ont eu un douloureux retentissement, et des accidents récents, notamment l'incendie d'une voiture à voyageurs sur la ligne de Paris à Lyon, près de la station de Joigny, ont démontré combien il est dangereux de laisser les voyageurs dans un isolement tel, qu'en cas de détresse leurs cris et leurs signaux ne peuvent arriver jusqu'aux conducteurs du train, que par des circonstances fortuites. Il ne suffit donc pas de mettre en communication les agents entre eux, il faut aussi que les voyageurs puissent communiquer avec les agents. L'expérience ayant démontré que ce problème peut recevoir une solution simple et peu coûteuse, le moment est venu de combler la lacune que présentait, sous ce rapport, l'exploitation des chemins de fer.

Je vous prie donc, Messieurs, de combiner un système de communication entre les voyageurs et les agents, avec l'appareil destiné à établir cette même communication entre les gardes-freins et le mécanicien.

Je me réserve d'arrêter, de concert avec votre compagnie, les mesures réglementaires que pourra nécessiter le fonctionnement du mécanisme mis à la disposition des voyageurs; mais je ne saurais, dès à présent, trop insister sur sa prompte installation. Je ne doute pas que je ne rencontre chez vous le concours le plus empressé, pour satisfaire sur ce point aux vues de l'administration et aux exigences de l'opinion publique.

Veuillez, je vous prie, Messieurs, m'accuser immédiatement réception de la présente dépêche, et me faire connaître les dispositions que vous aurez prises pour en assurer l'exécution.

Recevez, Messieurs, l'assurance de ma considération très-distinguée.

Le Ministre de l'agriculture,
du commerce et des travaux publics,

Armand Béhic.

NOTE 12.

PRIX DE DIVERS APPAREILS.

Disque du Nord (compensateur Robert).

	francs.
1 Levier de manœuvre.	43,00
1 Retour d'équerre à deux sommets.	32,00
1 Disque complet avec son pied.	203,50
1 Appareil de tension complet.	51,75
1 Gros contre-poids et 3 rondelles.	8,70
1 Lanterne.	55,00
1 Tambour à lentille.	8,75
1200 mètres de fil de 2 millimètres et demi.	40,13
55 Piquets ordinaires.	33,00
55 Crampons ronds esplats.	2,20
9 Piquets à poulies simples horizontales.	31,50
8 Piquets à poulies simples verticales.	28,00
3 Piquets à poulies spéciales d'appareils de tension.	12,60
1 Grand piquet.	7,00
Pose : 8 journées à 6ᶠ,75.	54,00
Imprévu.	14,24
1 Petit contre-poids et 3 rondelles.	4,63
Total.	630,00

Disque Bataille (Est).

	francs.
Disque et levier de rappel, non compris la lanterne fixe (fonte 360 kil., fer 172 kil.).	438,00
Levier de manœuvre (la pièce).	100,00
Poulie verticale galvanisée avec axe en cuivre, pour *ligne droite*.	1,75
Poulie inclinée, pour *courbe*.	2,35
Fil recuit galvanisé de 3 millimètres, qualité du télégraphe, le kilogr.	0,615

Mât de signaux de 6 mètres, avec poteau en tôle (Orléans).

1° Fonte.

		kil.
1	Support de pivot.	11,13
1	Plateau.	7,75
1	Pièce de mouvement.	4,85
1	Support inférieur.	1,17
1	Poulie inférieure.	2,07
1	Poulie supérieure.	2,22
2	Entretoises.	0,41
1	Pièce du levier de manœuvre.	18,67
1	Plaque posée sur la charpente.	1,16
		49,43

2° Fer et Tôle.

		kil.
1	Pivot.	1,45
1	Boulon 18/125, tête et écrous six pans, reliant le plateau avec le support.	0,47
2	Boulons, tête et écrous six pans, reliant le support à la charpente.	0,82
2	Boulons, tête à ergots, écrous six pans, *id.* *id.*	0,48
1	Vis d'arrêt de la pièce du mouvement, 2 boulons 15/77 servant d'axe aux poulies inférieures en bronze.	0,36
2	Arrêts avec écrous et rondelles.	2,81
1	Vis du support inférieur.	0,09
1	Chappe à tige et 2 écrous à six pans.	0,99
1	Chaine de 12^m,60.	4,75
1	Chaine de 0^m.30.	0,12
1	Axe de la poulie inférieure avec tête et écrou six pans.	0,22
1	Support inférieur des guides de la lanterne.	1,15
1	Vis de pression.	0,05
2	Guides de lanterne, 8 écrous à six pans.	16,66
2	Guides de la tige du disque.	4,25
1	Tige du disque.	58,00
4	Boulons 18/55, tête ronde, écrou six pans, de la tige du disque.	1,00
1	Disque.	22,00
2	Boulons 10/60, tête ronde, reliant le disque sur la tige.	0,20
1	Support de la poulie supérieure et des guides.	6,00
1	Boulon axe de la poulie, tête ronde, écrous six pans 15/250.	0,59
1	Charriot de la lanterne.	3,23
1	Levier de manœuvre.	8,80
2	Arrêts avec tige et écrous six pans.	2,27
1	Tige axe du levier de manœuvre, 2 rondelles, 2 écrous six pans.	2,70
2	Boulons tête ronde, écrous six pans 15/60, servant d'axe aux poulies du levier de manœuvre.	0,26
	Pièces principales du montant vertical.	61,00
2	Tôles.	48,00
	A reporter.	248,72

	Report.	248,72
2 Couvre-joints		10,00
1 Couvre-joints.		7,00
1 Dessous de pied.		18,00
5 Cornières, 1 fourrure.		61,00
20 Degrés.		18,00
25 Rivets 15/50.		3,00
66 Rivets 15/10.		3,00
93 Rivets 15/30.		8,00
		376,72

3° *Acier.*

	kil.
2 re sorts.	0,15

4° *Bronze.*

	kil.
1 Poulies.	0,43

Récapitulation.

	kil.
1° *Fonte*.	49,43
2° *Fer et Tôle*.	376,72
3° *Acier*.	0,15
4° *Bronze*.	0,43
Total.	426,73

À 69 fr. les **100** kil. Soit en chiffres ronds 300 fr.

Disque à distance (Ouest).

DÉSIGNATION des PARTIES DE L'APPAREIL.	SPÉCIFICATION.	PRIX MOYEN.	OBSERVATIONS.
		fr.	
Manœuvre.	Ferrures et Fontes.	70,00	Avec contre-poids de 30 k.
	2ᵐ,00 de chaine en 8, n° 27.	2,00	
	Chaine en 8, n° 24, pour le réglage	0,75	
	Charpente.	39,00	
Signal proprement dit	Ferrures, fontes et Chaines.	205,00	Non compris la lanterne.
	Poteau.	69,00	
Levier de rappel.	Ferrures et fontes.	36,50	
	1ᵐ,564 de chaîne en 8, n° 24, avec crochet.	1,40	
	Charpente.	43,00	
Fil de transmission.	Les 100 mètres.	8,75	Fil n° 20 galvanisé, Diamètre 0ᵐ,0044.
Piquets.	Pour poulies à 1 fil, l'un. .	1,10	
	Pour poulies à 2 fils, l'un..	1,35	
	Pour poulies verticales superposées, l'un.	1,70	
	Pour poulies à 3 fils, l'un. .	2,40	
Supports.	A 1 poulie verticale. . . .	1,60	Y compris les vis d'attache.
	A 2 poulies verticales. . .	2,95	
	A 2 poulies verticales superposées.	2,75	
	A 3 poulies verticales.. . .	4,20	
	A 1 poulie horizontale. . .	2,25	
	A 2 poulies horizontales. .	4,50	
	A 3 poulies horizontales. .	6,60	
Poulie de traversée.	Ferrures et fontes.	23,75	
	2ᵐ,00 de chaîne en 8, n° 24.	1,60	
	Charpente.	21,50	
Caisse pour traversée.	Le mètre.	3,60	Non compris les piquets-supports.

DÉSIGNATION des PARTIES DE L'APPAREIL.	SPÉCIFICATIONS.	PRIX MOYENS.	OBSERVATIONS.
		fr.	
Système de rappel, pour un signal à deux transmissions.	Ferrures et fonte.	92,00	Y compris la tringle rigide.
	Charpente.	130,00	
Système de rappel, pour un signal à trois transmissions.	Ferrures et fontes.	111,00	Y compris la tringle rigide.
	Charpente.	130,00	
Sonnerie électrique, pour un signal à 600 mètres de la sonnerie.	Tout compris, fourniture et pose.	160,00	
Supplément de prix, pour 100 mètres de distance en plus.	Tout compris.	6,50	

NOTE 13.

SUR L'ORGANISATION DE SIGNAUX DE DIVERSES COULEURS
DANS LA GARE DE NEVERS.

Un agencement de signaux de diverses couleurs a été installé récemment à la gare de Nevers.

Nous croyons intéressant d'insérer ici l'extrait du rapport relatif à cette organisation spéciale, présenté par M. Jutier, ingénieur des mines, attaché au service de contrôle du Bourbonnais.

« L'ouverture de la ligne de Chagny (section de Cercy-La-Tour), la présence
« d'une rotonde de 32 machines, la formation assez fréquente de trains spé-
« ciaux à destination de Cercy-La-Tour, ou de Saincaize, ont donné à la gare
« de Nevers une certaine importance que viendra bientôt accroître l'ouverture
« de la ligne de Clamecy à Auxerre.

« Le règlement spécial, n° 16, appliqué à partir du 11 juin 1866, a pour
« objet de régler les nombreuses manœuvres d'aiguilles et de signaux, destinés
« à assurer, dans cette gare, la circulation des trains de toute nature et des
« machines du dépôt.

« Quatre postes d'aiguilles et de signaux fixes sont échelonnés aux points
« suivants :

« 1° Au croisement de la ligne principale par la ligne de Chagny ;

« 2° Au pont de la route de Fourchambault ;

« 3° A la gare des marchandises ;

« 4° Au pont de la Grippe.

« L'arrivée des convois, ou des marchandises, n'a que deux signaux. L'ar-
« rivée est signalée par un ou par deux coups de corne : la machine s'étant
« approchée demande le passage par des coups de sifflet, au nombre de 1 à 5,
« suivant le cas (art. 2, 6, 1re annexe, art. 9).

« Quant aux signaux fixes, ils sont de cinq espèces :

« 1° DES SÉMAPHORES.

« Les sémaphores s'adressent aux trains qui circulent sur la ligne. L'élé-
« vation plus ou moins grande des sémaphores les distingue l'un de l'autre,
« et désigne la ligne à laquelle ils s'adressent (art. 2).

« 2° DES SIGNAUX D'ARRÊT, DISQUES ROUGES.

« Des disques rouges couvrent à distance les croisements ; ils sont habituel-
« lement effacés. On ne les trouve à l'arrêt que dans les cas spécifiés par le
« règlement, et où il convient, pour supplément de précaution, de couvrir le
« croisement sur lequel s'engage un train.

« 3° DES SIGNAUX D'AVERTISSEMENT, DISQUES BLEUS.

« Ces signaux, manœuvrés par les postes n°ˢ 1, 2 et 3, sont habituellement
« maintenus à l'arrêt, et servent à indiquer aux aiguilleurs s'ils peuvent donner
« le passage aux trains.
« Les signaux de cette couleur ne s'adressent ni aux trains ni aux machines,
« mais seulement aux aiguilleurs.

« 4° DES SIGNAUX DE FEUX VERTS.

« Un feu blanc ou vert indique pour quelle voie l'aiguille a été faite.

« 5° DES SIGNAUX JAUNES.

« Ces disques s'adressent spécialement aux machines à destination, ou en
« provenance du dépôt.
« L'aiguilleur doit maintenir, au moyen des signaux des sémaphores, un in-
« tervalle de dix minutes au moins entre le passage des trains se succédant
« sur la même voie principale au départ de Nevers. »

FIN DES NOTES.

TABLE PAR ORDRE DE MATIÈRES.

PREMIÈRE PARTIE.

SIGNAUX FIXES.

SERVICE TÉLÉGRAPHIQUE.

DEUXIÈME PARTIE.

SIGNAUX MOBILES.

TROISIÈME PARTIE.

SIGNAUX DES TRAINS.

NOTES.

FIN DE LA TABLE PAR ORDRE DE MATIÈRES.

TABLE DES MATIÈRES

PAR ORDRE ALPHABÉTIQUE.

A

B

INSCRIPTION des dépêches. — V. *Service télégraphique.*
INTERPRÉTATION des règlements relatifs aux disques à distance, 90.
ITINÉRAIRE des dépêches. — V. *Service télégraphique.*

J

JAMAR. — V. *Historique. — Signaux des trains.*
JUCQUEAU. — V. *Disques conjugués.*
JUTIER. — V. *Note* 13.

L

LANGUETTE métallique pour interrompre la sonnerie d'un disque (Midi), 38.
LANTERNES des disques à distance. — Est, 10. — Lyon, 15, 48 et note 6. — Midi, 30. Nord, 5, 47 et note 5. — Orléans, 20. — Ouest, 26.
LARTIGUE. — V. *Sonneries électriques (Nord).*
LECHATELIER. — V. *Note* 1.
LIMOUSE. — V. *Disques automoteurs.*
LORRIS circulant sur les voies (signaux destinés à les couvrir). — V. *Signaux mobiles.*
LYON. — V. 2 à 4, 14 à 20, 31, 34 à 37, 40 à 46, 48 à 50, 53, 61, 70, 75, 77, 84, 86, 90, 92, 125, 126, 128, 130, 131, 133, 135, 136, 138, 140 à 145, 149, 181 à 195, 217, 218, 240, 247 *et* 248.

M

MACHINES en marche (signaux des). — V. *Signaux des trains.*
MANIPULATEUR. — V. *Appareils télégraphiques.*
MANOEUVRE des disques, 5, 8, 11, 15, 22, 26, 30, Notes 7 et 8. — Des appareils télégraphiques, 95, 115.
MANOEUVRES combinées des signaux et des aiguilles. — V. *Appareil Vignier.*
MARCHE dans les manœuvres, aux stations et sur la ligne. — V. *Signaux mobiles.*
MARIÉ. — V. *Notes* 3 *et* 6.
MARIÉ-DAVY. — V. *Appareils télégraphiques.*
MATS. — V. *Disques.*
MÉCANICIENS. — V. *Signaux mobiles, et signaux des trains.*
MÉLANGE des fils. — V. *Appareils télégraphiques.*
MIARD. — V. *Disques automoteurs.*
MIDI. — V. 1, 3, 30, 38, 50, 55, 65, 66, 76, 77, 88, 91, 93, 108, 125 à 130, 132, 134 à 137, 139 à 141, 149, 162, 168 *et* 169.
MINOTTO. — V. *Appareils télégraphiques.*
MODIFICATION des dispositions des disques couvrant les bifurcations du chemin de fer du Nord. — V. *Note* 9.
MONCEL (le comte Th. DU). — V. *Appareil d'Arlincourt.*
MORSE. — V. *Appareils télégraphiques.*

N

O

P

R

T

V

ERRATA.

Page.	Ligne.	Au lieu de :	Lisez :
12	3	de transmission	de la transmission
20	9, en montant.	différences de tension.	différences de tension ou de tem- pérature.
26	9	deux guides GG	deux guides G, G
31	13	sur le Lyon	sur Lyon.
Id.	18	Id.	Id.
59	18	aux transport	aux transports
62	14	des diverses directions	de diverses directions
66	6	erme	ferme
69	20	rai	rail
75	11	les yeux fixes	fixés
84	23	momont	moment
107	4	de deux bornes B,B'.	de deux bornes B,B',
108	25	un axe. sur lequel	un axe, sur lequel
127	1, en montant.	3° Actes de violence ;	3° Actes de violence.
133	12	autant que possible	autant que possible.
137	16	arrêtés sur la voie.	arrêté sur la voie.
138	28	lignes en déclivité	lignes en déclivités
139	21	la vitesse des trains	la vitesse et la masse des trains.
147	2, en montant.	Conductenr de tête,	Conducteur de tête,
153	18	système de disque	système de disques
154	7, en montant.	de sorte, que si,	de sorte que, si,
157	6, id.	mouvement de va et-vient,	mouvement de va-et-vient,
159	4, id.	sous toute la longeur	sur toute la longueur
164	17	les lignes du Nord.	les lignes du Nord et d'Orléans.
166	9, en montant.	Bonnelli, plaçait	Bonnelli plaçait
174	7	aiignements.	alignements.
178	1ʳᵉ colonne du tableau.	$+1$	$+1$
	2ᵉ id.	2	$+2$
182	20	haut plus	plus haut
185	2, en montant.	Kilomètres	Kilogrammes
186	8	Résistance	G° Résistance
189	4	e	c
190	23	maximun	maximum
194	8ᵉ colonne du tableau.	$0,^m01^5$	$0^m,015$
		$0,^m02^0$	$0^m,020$
197	26	avant que la voie ne soit ouverte.	avant que la voie soit ouverte.
199	15	ou vice versâ,	ou vice-versâ,
	2, eu montant.	le poids de lᵃ poulie	le poids de la poulie
227	3	a bifurcation	la bifurcation

Paris. — Imprimé par E. Thunot et Cᵉ, rue Racine, 26.

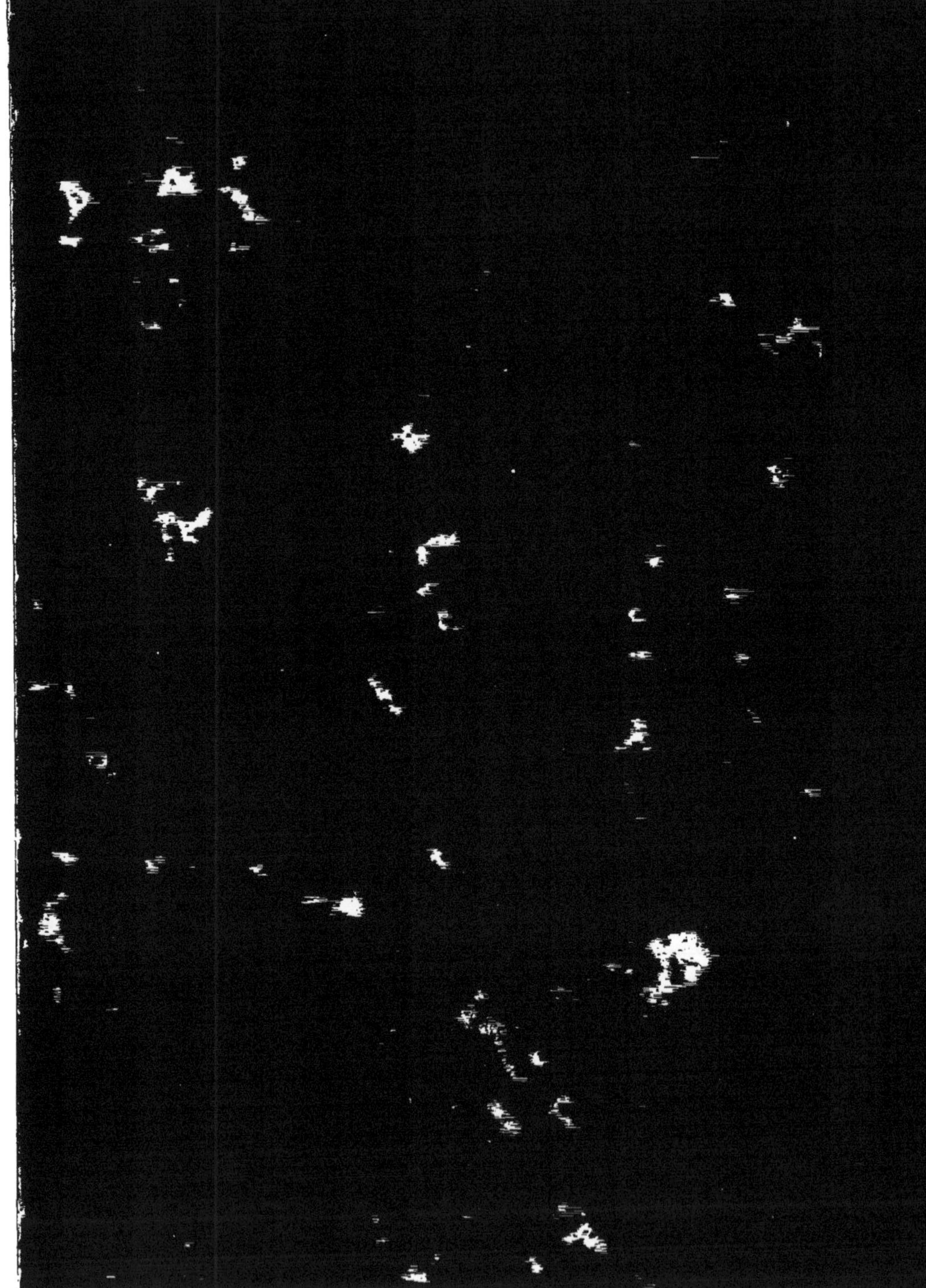